守望大明宫

——西安唐大明宫西宫墙周边地区设计

2012 两校本科联合毕业设计作品

重庆大学 / 西安建筑科技大学
建筑学专业 / 城乡规划专业 / 风景园林专业

重庆大学　　　　　　　卢　峰　董世永　夏　晖
西安建筑科技大学　　　尤　涛　邸　玮　成　辉　编
　　　　　　　　　　　张　群　沈葆菊　岳邦瑞

中国建筑工业出版社

图书在版编目（CIP）数据

守望大明宫——西安唐大明宫西宫墙周边地区设计　2012
两校本科联合毕业设计作品／卢峰等编．—北京：中国建筑
工业出版社，2016.2
　（建筑学·城乡规划·风景园林毕业设计工作营）
　ISBN 978-7-112-19071-3

Ⅰ.①守…　Ⅱ.①卢…　Ⅲ.①建筑设计－作品集－中国－
现代　Ⅳ.①TU206

中国版本图书馆CIP数据核字（2016）第028573号

责任编辑：陈　桦　杨　琪
责任校对：刘　钰　姜小莲

建筑学·城乡规划·风景园林毕业设计工作营
守望大明宫——西安唐大明宫西宫墙周边地区设计
2012两校本科联合毕业设计作品
重庆大学／西安建筑科技大学　建筑学专业／城乡规划专业／风景园林专业
重庆大学　　　　　　卢　峰　董世永　夏　晖
西安建筑科技大学　尤　涛　邸　玮　成　辉　编
　　　　　　　　　张　群　沈葆菊　岳邦瑞
＊
中国建筑工业出版社出版、发行（北京西郊百万庄）
各地新华书店、建筑书店经销
北京锋尚制版有限公司制版
北京缤索印刷有限公司印刷
＊
开本：880×1230毫米　1/16　印张：18　字数：557千字
2016年7月第一版　2016年7月第一次印刷
定价：**128.00元**
ISBN 978 – 7 – 112 – 19071 – 3
　　　　（28264）
版权所有　翻印必究
如有印装质量问题，可寄本社退换
（邮政编码 100037）

序

　　地域性是不同地区的历史、地理与社会长期互动发展形成的文化特质之一，建筑作为一种文化现象，地域性自然也是其固有属性之一。然而，在全球化背景下，地域性的继承与延续也面临更大的挑战，特别是在信息高度发达、经济高度一体化的当代社会状态下，传统地域文化所依存的那种较封闭的社会基础已逐步弱化甚至消失，金融、商业、贸易、旅游、娱乐等第三产业的发展，必然会带来全球性的文化流行趋势和生活方式。面对日益突出的文化趋同现象，如何更加真实、全面地展示当代城市与建筑的地域特性，将成为未来我国建筑实践与教育的核心课题之一。

　　在当代发展背景下，地域性的内涵与外延已发生了深刻变化：地域性并不仅仅意味着过去，也意味着当下；不仅体现在个体，更需表达城市集体的意念。即地域文化不可能是由个体或一些孤立的小群体创造出来的，地域性也不可能是由一个建筑物所能创造出来的，作为一种可被明确认知的文化现象，地域性应是集体的行为与价值观的集中体现。个体性的地域性建筑虽然表达了地域文化的某些特质，但其表达是有限的，也无法为大部分城市公众所认知与体验，其传达的信息缺乏全面的展示度和作为地域文化基础的当地社会、经济结构的支持。因此，如果不从城市整体形态的角度去研究建筑的地域性，将很难将建筑形态与当地的自然与人文特征密切联系起来。只有将其置于真实的城市生活环境之中，通过对此时此地真实的城市日常生活的观察与理解，才能真正体现当代建筑的地域性含义。从本质上讲，基于特定场地的真实建构，既是对建筑场所性、地域性的本原表达，也是建筑教育的深层次追求。在教学过程中强调设计场地环境和文化形态的多样性，将使学生更加关注有特色的地域性活动和相应的城市、建筑空间形态的变化，提高学生在不同限制背景下对具体问题具体分析的设计适应能力。

　　本次西安建筑科技大学建筑学院与重庆大学建筑城规学院的联合毕业设计，正是基于建筑地域性的当代视野，从城市整体的角度去深入探讨当代城市与建筑形态的生成机制及其设计方法。为此，本次联合毕业设计打破了传统的以单一专业为主的毕业设计教学模式，集结了两校建筑学、城乡规划、风景园林三个专业的师生，并在混合教学模式、团队合作方式等方面进行了多种尝试；以"建筑与城市的关系"为主线的教学过程，将"人文环境"和"城市整体环境"作为设计的切入点，通过引导学生对特定的城市与建筑现实问题的观察和研究，使其真正认识到城市与建筑形态构建过程的复杂性与多元性，最终形成发现问题、分析问题与解决问题的综合专业能力，同时彰显不同地区建筑教育的特色与文化归属感。

　　本次联合毕业设计的场地选择在具有深厚历史积淀、同时又面临诸多现实发展困境的西安唐大明宫西宫墙周边地区，在实地踏勘和设计过程中，全体师生都深深感受到了城市发展现状与城市历史遗产保护的巨大反差，并由此带来两校师生在历史文化内涵、城市肌理延续、建筑形态塑造、景观布局等方面的观念碰撞，也使我们更加深刻地体会到这种跨地域、多专业的设计教学交流的积极意义。在此，特别感谢西安建筑科技大学建筑学院所有参与联合毕业设计教学过程的老师和领导们，正是他们的默默付出和不懈努力，才使这种全新的教学尝试获得了超出预料的成果，同时也更加坚定了我们推动这种联合教学模式的决心。本次两校联合毕业设计的成果证明：基于特定区域、特定发展时期、特定发展问题的建筑教育过程，必然带来独特的教学理念与教学方法，并因此而构成了教学过程中不可复制的地域性特征，而这种不可复制的地域性特征，才是当代中国建筑教育与实践的真正价值所在。

2013.03

2012年重庆大学&西安建筑科技大学
本科联合毕业设计　编委会成员

重庆大学

卢　峰

邓蜀阳

董世永

夏　晖

西安建筑科技大学

段德罡

尤　涛

邸　玮

成　辉

张　群

沈葆菊

岳邦瑞

目录
contents

2012年重庆大学 & 西安建筑科技大学两校本科联合毕业设计任务书

题 目：守望大明宫——西安唐大明宫西宫墙周边地区设计
The Surrounding Areas of the Xi'an Tang Daming Palace West Walls Urban Design

一、课题内容及目标

（一）选题背景

在文化遗产保护观念日益深入人心的今天，城市中的遗产地区一方面因受到重视而备受关注，往往被政府寄予厚望，另一方面却因面临矛盾重重而步履维艰，可谓机遇与挑战并存。西安是著名的十三朝古都，文物古迹众多，历史文化内涵丰厚。自20世纪90年代中期开始，西安市拉开了周秦汉唐大遗址保护的序幕，先后实施了汉阳陵遗址公园、秦始皇陵遗址公园、唐大明宫遗址公园等一系列大遗址保护项目，其中唐大明宫遗址公园尤为引人瞩目。

唐代都城长安城是当时世界规模最大的都城，也是我国古代都城的典范，大明宫就位于唐长安城城北的龙首原上，建筑规模宏大，气势雄伟，面积约为3.2km²，宫墙周长近8000m。1961年唐大明宫遗址被列为第一批全国重点文物保护单位，2007年被列入丝绸之路申遗预备名单。2010年，唐大明宫国家大遗址保护展示示范园区暨遗址公园建成，范围南至自强东路，北至重玄路及玄武路，东至太华南路，西至建强路（规划），总面积为3.81km²，是目前西安最大的城市中央公园，三分之二的区域向社会公众免费开放。

随着大明宫遗址公园的建成开放，周边地区也迎来了新的发展机遇。因此，如何发挥区位优势，在新的城市格局下进行重新定位，完成角色转变，同时实现与唐大明宫遗址公园的和谐共存，是本次设计面临的主要课题。

（二）基地概况

本次设计基地为唐大明宫西宫墙周边地区，东接大明宫遗址公园，南临明城墙以北的自强路，西至未央路（西安明城北门外正街、城市中轴线），北至玄武路，面积约2.3km²。

历史沿革

盛世宫苑——唐长安城"三大内"之大明宫

唐大明宫，位于唐长安城外龙首山，太极宫东北，禁苑东南部。是唐长安城"三大内"（即太极、大明和兴庆）之一，大明宫地位与太极宫相仿。唐大明宫始建于贞观八年(634年)。名永安宫，次年改名大明宫。自高宗以后大明宫成为帝王居住与朝会的主要场所是唐王朝的统治中心和国家象征。唐代21位皇帝中有17位生活在大明宫，大明宫作为唐朝的国家政令中心长达270年，具有丰富的历史内涵和重要的历史价值。

唐大明宫宫城平面呈南北向不规则长方形。南宽北窄，城垣周长7km余。面积约3.2km²。其营建于中国古代社会

发展的鼎盛时期，是"中国宫殿建筑的巅峰之作"。其规模宏大、气势雄伟，在总体布局、建筑艺术和施工技术等方面均达到了极高的成就。由唐大明宫所开创的宫殿建筑布置方式，奠定了中国以及东亚的宫殿制度，对中国明清故宫及日本和韩国等东亚宫殿建筑产生了重要影响。

唐中和三年(883年)、光启元年(885年)与乾宁三年(896年)连遭兵火，大明宫遂成废墟。但其整体格局和重要殿基均保存完整，是我国目前遗存最好的中古时期的宫殿遗址之一。

（三）设计任务

城乡规划专业

在整体层面的城市设计框架指导下，选择20~30hm²重点地段完成修建性详细规划。

建筑学专业

选择2~5hm²建筑用地完成建筑方案布局及单体建筑设计，可以是一条特色街道、一个重要节点、一个街坊片区、一个地块建筑群组，新建或旧建筑改造利用都可以。

风景园林专业

选择5~10hm²左右文物遗址或绿化广场用地完成风景园林设计，如唐大明宫西宫墙南段遗址展示区、唐大明宫遗址公园西入口区等。也可针对某一类型的空间要素完成详细设计，如遗址标识展示、城市家具等。

（四）设计目标

展现历史文化，塑造城市形象

纵观历史，本地区既有辉煌灿烂的盛唐文化，又有近现代西安市特殊的"道北"现象，历史的盛衰奇妙地跨时空交织在一起。唐大明宫考古遗址公园作为展现西安古都历史中盛唐文化的重要窗口，其周边地区无疑也是这一文化主题展示的重要影响区域。如何进一步展现唐大明宫遗址深厚的历史文化内涵，同时又留存西安"道北"的特殊历史记忆，共同参与构建西安新北城形象，是本课题设计的重要目标之一。

调整角色功能，增强地区活力

长期以来，"道北"一直是西安市落后地区的代名词，经济发展缓慢，社会问题突出。唐大明宫考古遗址公园开发建设以来，周边地区的社会经济环境已经发生了显著改善。如何借助这一重要契机，发掘利用基地的区位优势和潜在的资源优势，调整并注入新的城市功能，实现本地区经济社会的良性发展，改变"道北"的传统落后形象，使本地区以新的、积极的角色融入新北城，是本课题设计的重要目标之二。

提升空间品质，改善地段环境

如果说脏乱差是昔日"道北"环境的写照，唐大明宫考古遗址公园则以丰富的人文景观和良好的自然生态景观构成了新的区域环境特征。如何在展现历史文化、调整角色功能的同时，在该地段创造与遗址公园相协调的、高品质的空间环境，是本课题设计的重要目标之三。

二、各阶段的重点及要求

（一）预备阶段：调研准备

针对西安建筑科技大学初步拟定的设计任务书和提供的相关基础资料，各校教师指导学生进行课题解读、外围资料收集和现场踏勘前的相关准备工作。

（二）第一阶段：现场调研

两校师生共同商定制定调研提纲，采用跨校、跨专业方式进行分组调研。调研内容主要包括土地利用、建筑与空间形态、道路交通、绿化与景观、社会经济与文化等方面。

相关讲座：——"西安城市发展简史"
——"西安大遗址保护历程"

成果内容要求：

完成调研报告（图文结合），提出规划地段空间总体结构意象；

进行PPT成果汇报（每组15分钟）。

注：将调研成果图纸汇编成统一格式的电子文件，两校共享。西安建筑科技大学负责提供设计地段地形图（CAD）、卫星图、场地现状三维模型图等其他相关资料。

（三）第二阶段：方案构思

在调研基础上，结合基地条件和环境要求，分析现状特点及存在问题，进行总体功能定位和空间结构策划，探寻该地区的空间发展模式，完成建筑控制（高度、体量、色彩、材质等）、开敞空间组织、城市界面组织、交通组织、绿化组织、景观组织等整体层面的城市设计框架。

明确各专业设计任务，分专业进行方案初步构思。

时间安排建议（共7周）：
2周——完成总体功能定位和空间结构策划。
1周——确定设计地段，制定各专业设计任务书。
3周——各专业方案初步构思（一草）。
1周——完成中期汇报设计成果。

注：各专业具体设计成果内容及深度要求由双方任课教师商定。

（四）第三阶段：中期汇报

地点：重庆大学

成果要求：小组成果——西安唐大明宫西宫墙周边地区总体功能定位和空间结构策划相关图纸。

个人成果——重点地段初步规划方案/单体建筑初步设计方案/景观区段（景观要素）初步设计方案。

汇报方式：可灵活运用图纸、工作模型、三维表现图

及PPT等方式充分表现阶段设计结果，具体方式自定。

相关讲座：（待定）

（五）第四阶段：方案深入

时间安排建议（共7周）：
3周——各专业方案深入（二草）。
2周——各专业方案完善（三草）。
2周——完成正式设计成果。

注：各专业具体设计成果内容及深度要求由双方任课教师商定。

成果要求：

不少于7张A1排版图纸。

规划专业不少于10000字的设计说明（针对自己方案的说明文字不少于5000字），建筑、景观专业不少于5000字的设计说明，要求图文并茂。

15分钟的PPT汇报文件。

（六）第五阶段：毕业答辩

地点：西安建筑科技大学

汇报方式：采用PPT方式汇报，可辅助图纸、工作模型等其他方式。

三、项目指示书

1. **历史文化展示区**

（1）唐文化展示：设计范围包含了唐大明宫西宫墙南段遗址，应作为唐大明宫考古遗址公园的组成部分，可在参考借鉴已采用的宫墙展示方式基础上探索该段宫墙的展示方式，形成西宫墙南段遗址展示区；此外，设计范围还部分坐落在唐大明宫西内苑范围内，也具有一定的文化内涵应予展现；同时，作为城市中轴线与遗址公园的衔接地带，还应注重相关标识展示系统设计。

（2）"道北"历史记忆展示：可采用博物馆陈列、构件保存、标识等方式展现"道北"地区特殊的历史记忆。

2. **城市重要文化设施或文化创意产业基地**

沿遗址公园西侧地块布置城市重要文化设施或发展文化创意产业，与唐大明宫考古遗址公园共同构成西安重要的城市文化事业/产业聚集地。

3. **唐大明宫考古遗址公园与城市中轴线未央路之间的衔接纽带——唐大明宫考古遗址公园未来主要通过三条城市主要道路连接未央路，形成三条重要的空间功能轴线：**

南轴：自强东路——连接遗址公园南入口门户区，以及未来的火车站北广场；

中轴：龙首北路——连接遗址公园西入口门户区；

北轴：玄武路——连接遗址公园北部区域。

4. **"新道北"：城市次级商业中心**

依托原"道北"地区主要街道二马路发展商业服务功能，形成北城墙以外、北二环以内的城市次级商业中心，填补本地区城市次级商业中心空白，同时为本地区注入发展活力，为本地区居民提供大量就业和创业机会，营造"新道北"商业中心的形象。

2012年两校本科联合毕业设计时间安排表

合作单位：重庆大学/西安建筑科技大学
参加专业：建筑学专业/城乡规划专业/风景园林专业
时间安排：2012.2～2012.9（联合毕业设计分五个阶段进行）

阶段	时间	工作进度	地点	备注
预备阶段：调研准备	2.20～2.27（共1周）	熟悉任务书要求； 收集相关资料； 制定工作计划	各自学校	重大开学第1周，西建大学生提前一周布置任务
第一阶段：现场调研	2.28～3.04（共1周）	2.28日全天报到； 2.29日开幕式、相关讲座、任务布置、现场调研； 调研成果汇报（PPT）	西建大	跨校、跨专业分组；调研成果共享
第二阶段：方案构思	3.06～4.15（共6周）	整体结构研究； 明确各专业设计任务； 分专业方案构思与设计	各自学校	小组及个人成果
第三阶段：中期汇报	4.16～4.17	中期汇报与讲评； 相关讲座	重大	
第四阶段：方案深入	4.18～6.10 （共7周半）	分专业方案深入； 完成设计成果	各自学校	小组及个人成果
第五阶段：毕业答辩	6.11～6.12	毕业答辩与成果讲评	西建大	
第六阶段：展览出版	6.13～9月	成果展览及交流出版图书		

2012年重大—西建大春季本科联合毕业设计中期评图日程安排

时间		内容	主持人	地点	参加人员
4.15（日）	全天	教师入住科苑酒店；学生入住德格威尔酒店（沙坪坝店）			
4.16（一）上午	9:00—9:20	【联合毕业设计中期评图开幕仪式】介绍与会嘉宾；各校老师代表致辞、建筑城规学院赵万民院长致辞、宣布终期评图开幕	卢峰教授		联合毕业设计全体师生与相关人员
	9:20—9:40	建筑城规学院领导与联合毕业设计全体合影	卢峰教授	建筑馆一楼210教室（西门厅楼上）	
	9:40—10:10	【教师讲座一】	邓蜀阳教授		
	10:00—10:40	【教师讲座二】			
	10:40—10:50	各组准备汇报，其他人休息10分钟			
		重大第1组（15分钟） 西建大第1组（15分钟）	管虹杰、方晨美、胡瑶婷、国原卿、任知航、朱云秋 陈冠希、廖翯、刘念、孟亭圳、王捷、吴丹	卢峰 成辉	
4.16中午	12:00—14:00	教师集中安排，全体学生在建筑馆（负一楼3A空间）吃工作餐			全体中期评图的师生
		重大第2组（15分钟） 西建大第2组（15分钟）	丁新宇、仝昕、姚方、李洁、王昭希 刘沣、周燕妮、高元、韩旭、顾纲、张雯	董世永 尤涛	建筑馆二楼211国际会议厅（西门厅楼上）	
	15:10—16:00	重大第3组（15分钟） 西建大第3组（15分钟）	赵强、严卓夫、汤西子、黄丁芳、李宾、肖希 何玥琪、刘盟、刘明佳、邱田、张静怡、王珂	夏晖 沈葆菊		
4.17		各校自行安排			
4.18		哈工大师生返校			

建筑学篇 Architecture

重庆大学 Chongqing University
[考古博物馆]
[游客服务中心]
[龙首剧场设计]
[龙首博物馆设计]

西安建筑科技大学 Xi'an University of Architecture Technology
[大明宫西宫墙脚下的艺术村]
[粮仓上的瞭望]
[铁路村地段更新设计]
[唤醒龙首——苑街]
[会展中心]
["隐"•"导"]

CHONGQING UNIVERSITY

■ 设计团队 WORKING GROUP

管虹杰　　胡瑶婷　　赵强　　严卓夫　　丁新宇

重庆大学A组 [考古博物馆] 管虹杰
重庆大学B组 [游客服务中心] 胡瑶婷
重庆大学C组 [龙首剧场设计] 赵强 严卓夫
重庆大学D组 [龙首博物馆设计] 丁新宇

■ 指导教师 INSTRUCTORS

卢峰　　　　董世永　　　夏晖

考古博物馆

重庆大学
CHONGQING UNIVERSITY
A组

西安唐大明宫西宫墙周边地区设计
Space Reformation and Architectural Design for Old Gtyareas in Xi'an

指导教师：卢　峰　董世永　夏　晖

建筑篇——

设计者：管虹杰
2012届建筑学专业

本方案抓住考古体验和场地特殊性的结合，将建筑依托于西宫墙遗址，以产生更丰富的空间和体验。充分考虑场地因素和上位规划要求对建筑形体进行把握。然后抓住唐代高台建筑（含元殿）的意向，将建筑的屋面设计成可以上人的台阶面。在屋面层上将三个建筑体块联系起来，既可作为展场空间，又丰富了游览经历和路线。并在功能上充分利用场地现有元素进行功能布局。

1. 地块功能定位

博物馆所在地块紧邻大明宫西宫墙，在土地利用规划中属于文化设施用地。控规要求较低的容积，较高的绿化率，建筑限高14m。在城市设计导则中，地块有如下的控制建议：在大明宫西宫墙界面分带上，地块属于活力考古带；在步行系统中，地块属于文化体验步行区，并且是主要步行景观节点；在功能引导上，此地块的功能是博物馆建筑。

目标人群：市民、游客
原生功能：遗址参观、住宿、餐饮、服务
衍生功能：文化体验、考古体验、历史教育
次生功能：购物、休闲、娱乐、纪念品购买、古董交易、艺术品欣赏、艺术品购买

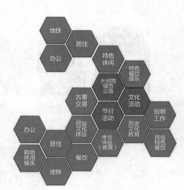

位置示意图

土地利用规划图

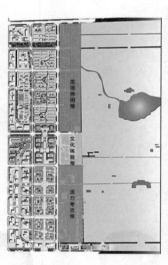
西宫墙周边功能分带

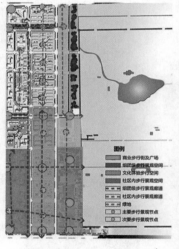
步行系统规划图

要素叠加

用地性质规划：文化设施用地　＋　场地特色条件：西宫墙遗址　＋　场地发展定位：考古体验+文化教育　→　结合考古特色活动的博物馆

2. 规划控制要求

视廊控制

建筑高度：从大明宫到未央路呈上升趋势，在入口处为最高点，在A-12形成基地标志性高点。其余地块高度分别控制为24m。

景观特色：突出含元殿形象，步行街集合硬质景观、绿化种植和城市家具形成具有文化活力的、舒适的休闲空间。

含元殿景观视廊不仅是视线廊道，还是商业活力街区，还是考古活力节点，是整个场地活力非常集中的地区。

图例

- 点式高层
- 板式高层
- 板式多层
- 裙房
- 仿古多层
- 低层

建筑体量控制

位置示意

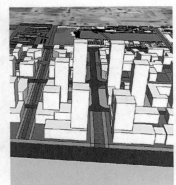

鸟瞰示意

平面示意

图则控制

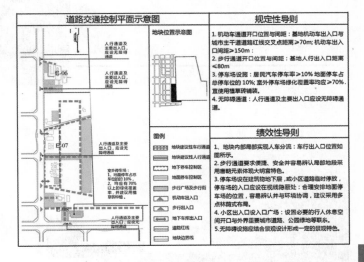

设计构思

以场地与含元殿的连线为建筑控制线，是遵循前期城市设计的要求。也是为了体现场地的特殊性。本设计以"守望大明宫"为题，要求设计与大明宫相呼应，并以大明宫为主，以衬托这个永恒历史坐标。

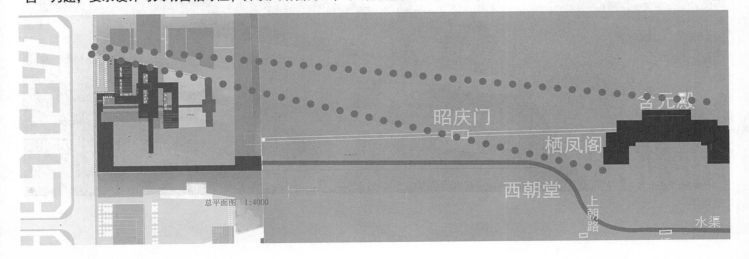

总平面图 1:4000

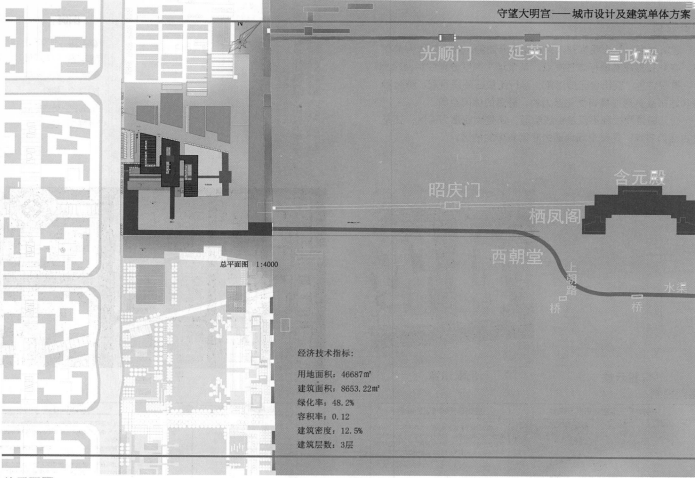

光顺门　延英门　宣政殿

昭庆门　含元殿
栖凤阁

西朝堂
上朝路
桥　桥　水渠

总平面图　1:4000

经济技术指标:

用地面积: 46687㎡

建筑面积: 8653.22㎡

绿化率: 48.2%

容积率: 0.12

建筑密度: 12.5%

建筑层数: 3层

总平面图

含元殿遗址

效果图

方案生成

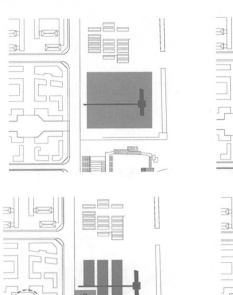
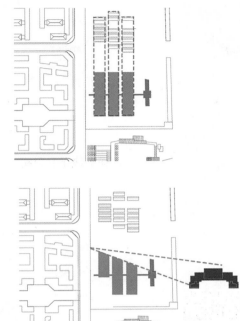

step1：依据城市设计的场地条件。

step2：顺应保留旧建筑形成三个条状的建筑体量。

step3：连接西侧的创意商街广场和东侧的大明宫次入口形成建筑自身前驱广场，吸纳人流。

step4：以含元殿遗址高台视廊为建筑控制线，达到"守望"目的，强化场地精神。

结合平缓的上人屋面设计，既将建筑与含元殿呼应起来，又可化建筑为地景，同时提供观景、展览、游玩休息的场所。

将屋面与展览流线结合，丰富展览内容和游客体验。

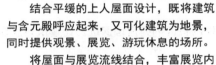

左翔鸾右栖凤，翘两阙而为翼，
环阿阁以周挥，象龙行之曲直。
　　　　　—— 节选《含元殿赋》唐　李华

含元殿龙尾道
与博物馆屋面的场景叠合

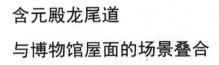

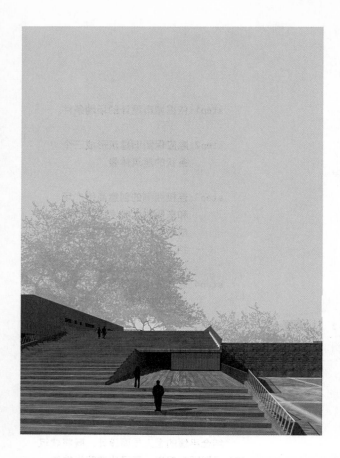

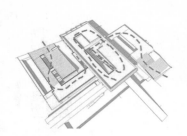

屋面流线示意分析

室外展场节点示意

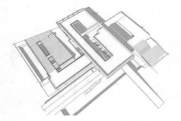

种植屋面示意

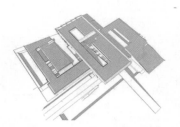

上人屋面范围示意

场地内有西内苑宫墙遗址。让建筑与宫墙发生联系，在空间和体验上将宫墙融入建筑是方案较多考虑的方面。

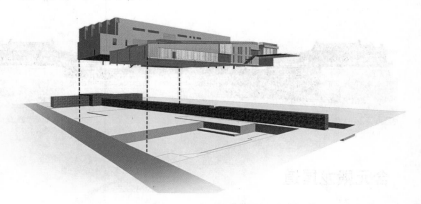

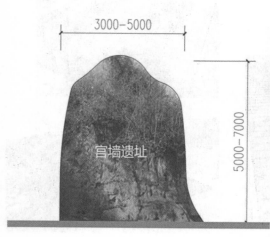

1. 书法博物馆内保存展示的一段北宫墙
2. 含光殿东南西宫墙遗址
3. 遗址公园内经过整饬的宫墙遗址

场地内有一道探明的西内苑宫墙遗址，根据现场调研和资料查阅，确定宫墙宽约3~5m，高约5~7m。这一遗址使场地独具特色，赋予了建筑更多的可能性。使建筑与宫墙发生联系，在空间和体验上将宫墙融入建筑是方案较多考虑的。

 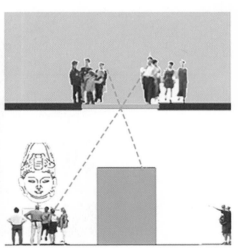

报告厅与宫墙遗址的关系：

报告厅作为重要的公共空间，是展示建筑理念的重要部分。在设计中，将报告厅休息廊与城墙遗址平行布置。使人们在休息行径的过程中感受到场地的历史。

参观路线与遗址的交织

从蜿蜒而上的屋面台阶拾级来到中层平台，再经过封闭低压的室内走道来到挑台，眼前豁然就是古旧的城墙遗址。以不同的空间序列造成的视觉冲击，在宫墙前达到高潮。

模拟考古场地的近距离接触：

在考古场地的一侧，设置了从二楼展厅到场地的楼梯，沿楼梯而下，伸手就可以抚摸千年历史的宫墙遗址。

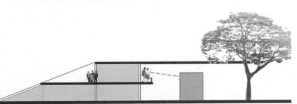

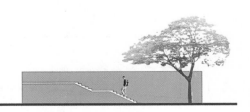

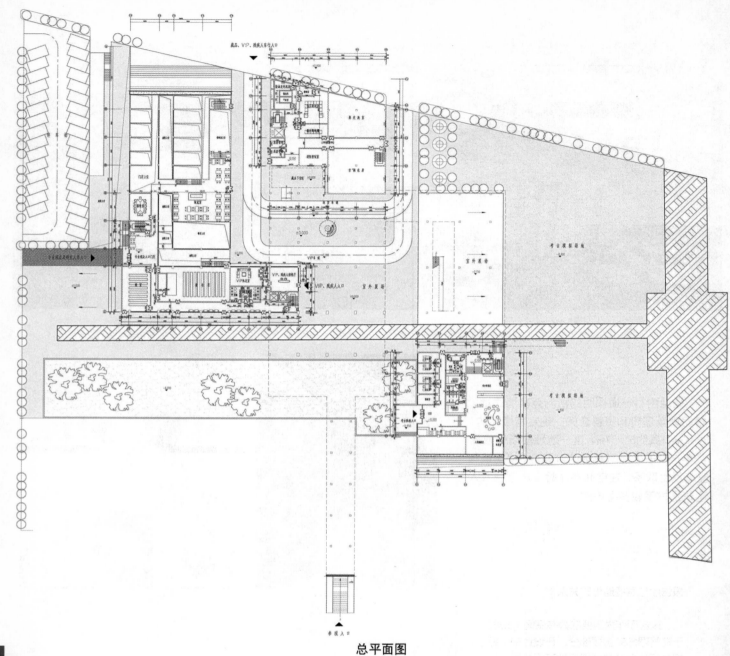

总平面图

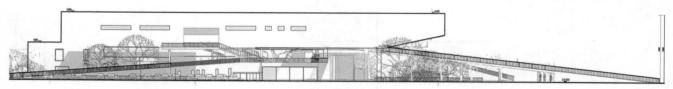

南立面图

西立面图

效果图

游客服务中心

重庆大学
CHONGQING UNIVERSITY
B组

建筑篇——

设计者：胡瑶婷
2012届建筑学专业

场地东面紧邻大明宫遗址公园，西面紧邻城市道路。根据上层次规划，毗邻大明宫遗址公园缺少一个服务于游客的功能空间。设计在场地东南角配置一个游客服务中心，作为一个串接场地与大明宫遗址公园的活动展示空间。

守望大明宫——西安大明宫西宫墙周边地区设计
Space Reformation and Architectural Design for Old cityAreas in Harbin

指导教师：卢 峰 董世永 夏 晖

宏观分析 | 场地分析

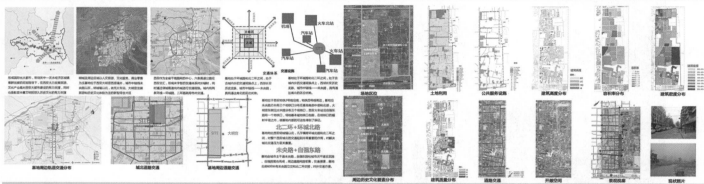

场地整体认知

认知一：西安旅游服务的重要区域　　认知二：西安城市文脉的重要区域　　认知三：西安最大城市公园的配套服务区　　认知四：城市中轴线上的商业界面　　认知五：落后的棚户区

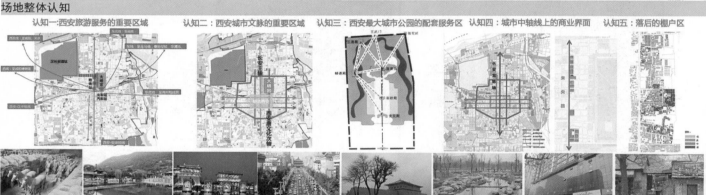

规划成果

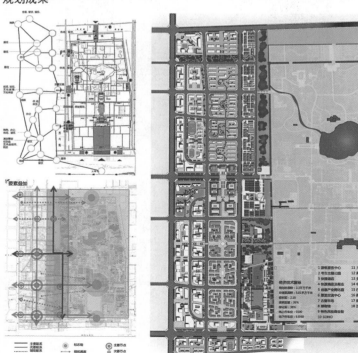

20

单体设计总平面

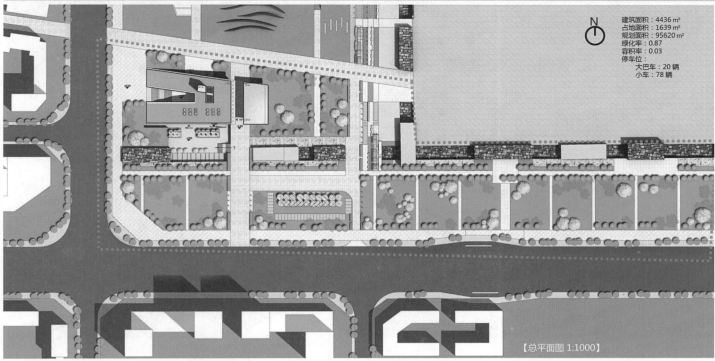

建筑面积：4436 m²
占地面积：1639 m²
规划面积：95620 m²
绿化率：0.87
容积率：0.03
停车位：
　大巴车：20 辆
　小车：78 辆

【总平面图 1:1000】

总图分析

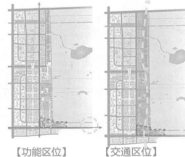

【轴线序列】

1. 城墙遗址的体验轴线
2. 保留的二马路道路轴线
3. 大量人流进入场地的视线轴线

【功能区位】

地块处于规划休闲体验旅游带上，是规划的体验式旅游的节点之一。

【交通区位】

地块为火车站人流进入地块的最快速节点，拥有良好的交通区位。

【景观区位】

地块毗邻大明宫西宫墙，为大明宫宫墙遗址体验带。

单体生成

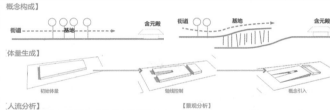

【概念构成】

【体量生成】
初始体量　　轴线控制　　概念引入

【人流分析】
人流方向

【景观分析】
大明宫

效果图

【南立面图 1:200】

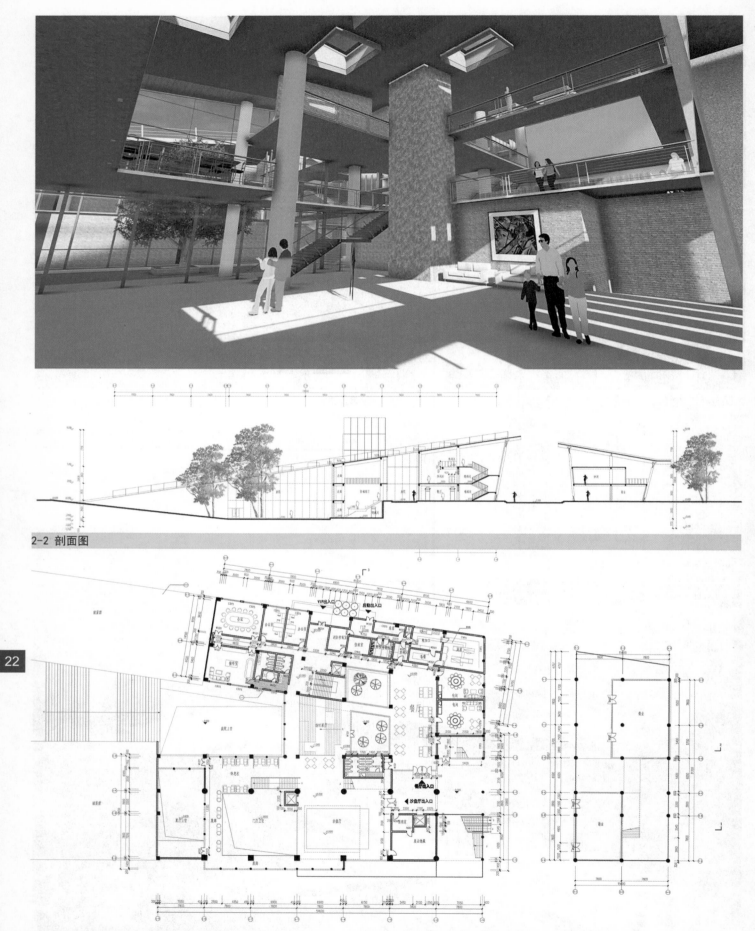

2-2 剖面图

二层平面

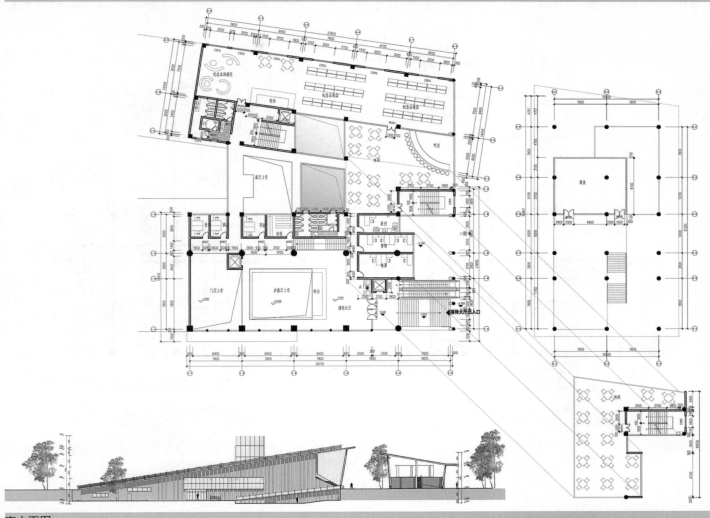

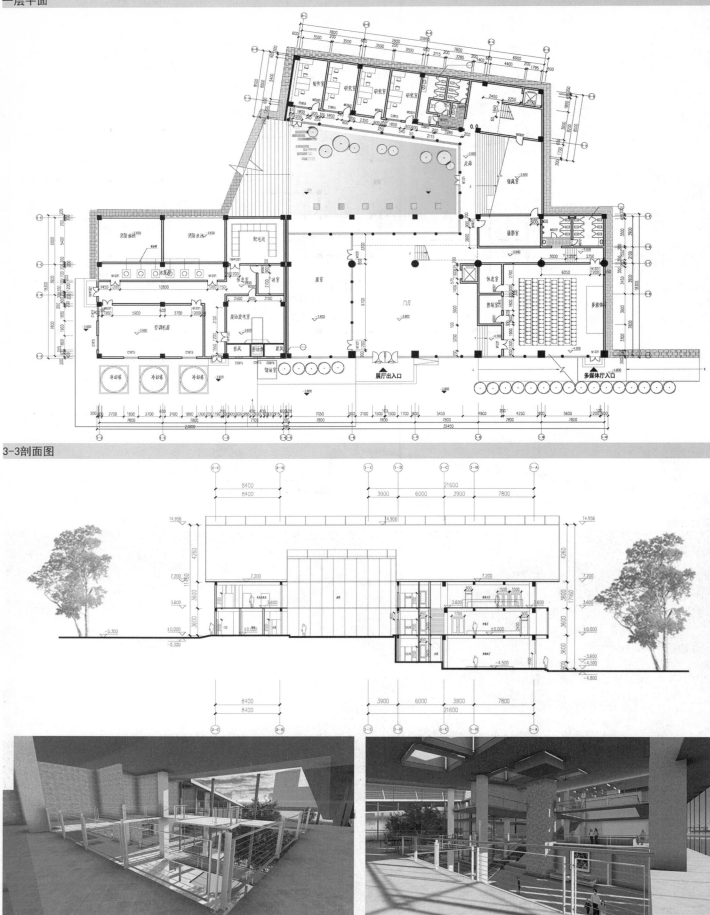

3-3剖面图

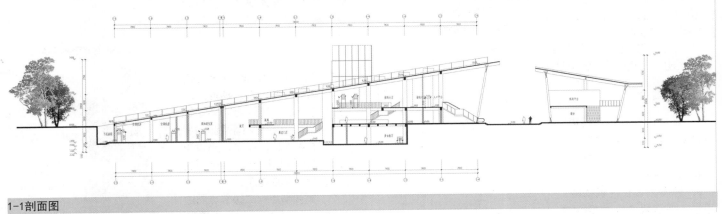

1-1剖面图

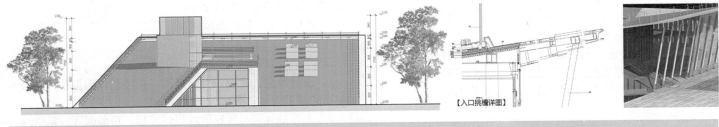

西立面图

【入口挑檐详图】

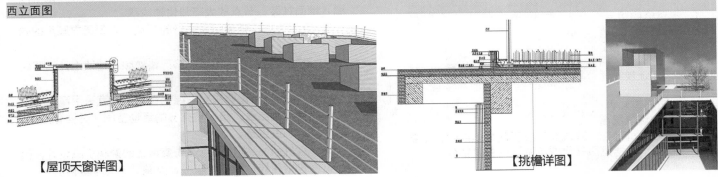

【屋顶天窗详图】

【挑檐详图】

龙首剧场设计

重庆大学
CHONGQING UNIVERSITY
C组

守望大明宫——西安大明宫西宫墙周边地区设计
Space Reformation and Architectural Design for Old cityAreas in Harbin

指导教师：卢 峰 董世永 夏 晖

地块城市设计导则

道路交通规定性导则

1. 机动车通道开口位置与间距：基地机动车出入口与城市主干道道路红线交叉点距离≥70m；机动车出入口间距≥150m。

2. 步行通道开口位置与间距：基地人行入口距离≤30m。

3. 停车场设施：居民机动车停车库≥10%，地面停车占总停车位的10%；室外停车场绿化覆盖率均应≥70%，宜使用植草转铺装。

4. 无障碍通道：人行通道及主要出入口应设无障碍通道。

道路交通绩效性导则

1. 地块内部采用步行街的形式，禁止车辆入内。

2. 步行通道要求便捷、安全并容易辨别。

3. 停车场设在建筑物地下层，或设置次级道路临时停放处，停车场入口应设在视线隐蔽处；合理安排地面停车场的位置，容易辨认与环境协调，建议采用多点林荫式布局。

4. 小区出入口设入口广场；设置必要的行人休息空间，开口与外界重要城市道路、公园绿地等联系。

5. 无障碍设施应结合景观设计，形成景观特色。

建筑控制规定性导则

1. 建筑群体组合模式：三层以内的传统建筑围合成院落空间，外面形成连续街道里面，保证视线通透性。

2. 建筑形态和界面：入口广场底层商业宜与广场有机融合，建筑高度应服从整体空间构架要求，沿街建筑底层是服务于城市生活的主要部分。

用地性质	容积率	建筑密度	绿地率	建筑限高 (m)
MXC-11-1	CR	1.0	50%	35%	12.0
MXC-11-2	G1				
MXC-11-3	C3	1.5	35%	45%	24.0
MXC-11-4	G1				
MXC-11-5	CR	1.0	50%	35%	12.0
MXC-11-6	CR	1.0	50%	35%	12.0
MXC-11-7	G1				
MXC-11-8	CR	1.0	50%	35%	12.0
MXC-11-9	CR	1.0	50%	35%	12.0
MXC-11-10	G1				
MXC-11-11	CR	1.0	50%	35%	12.0
MXC-11-12	G1				

建筑篇——

设计者：赵 强 严卓夫
2012届建筑学专业

建筑设计则强调城市设计对建筑单体的控制性，在大明宫周边引入音乐创意产业，制定城市设计导则控制。其目的是使地块在整体上尊重大明宫这一国家级遗址公园，展示盛唐文化，同时带动周边发展。

我们建筑所选地块分别对场地入口处的面粉厂进行旧工厂改造和对场地原龙首原高地剧场进行深入的设计。

建筑控制绩效性导则

1. 建筑贴线率：沿主要道路贴线率为50%～80%；靠近大明宫一侧贴线率<50%，为通透界面，保证视廊道通透性。

2. 建筑长度和距离：沿主路的建筑采用面宽<40m的底层建筑，建筑间距不小于6m，特色剧院宽度≤40m。

3. 建筑材质：沿主路的商业建筑外墙使用石材，铸石板和预制板的质地与颜色应与底层外墙石材相似。

4. 建筑色彩：不应大面积使用低明度的深灰色、黑色，或高饱和度、高彩度的暖色。点缀色比例不超过建筑外立面总面积（不含玻璃表面）的5%，在外墙等大块面上的色彩变化应渐进、细致，不应过于突出。

开放空间规定性导则

1. 公共空间：基地内主要公共空间为主入口，延伸至院落间的绿地，应结合功能塑造特质场所，公共空间两侧的界面、地面铺装、绿化、施设等设计必须风格统一；必须保持重要轴线的通透性。

2. 重要节点：二级节点周边地块必须风格统一，应设提示性标牌及雕塑等公共艺术设施。

3. 建筑后退：如右图所示。

开放空间绩效性导则

1. 设计特色：建议以文化展演、民俗创作为主题，结合丰富的细节设计，突出公共空间特色。

2. 主要景观轴：可以通过阵列灯柱、矩形树阵、景观矮墙、地面铺装、节点放大等强化轴线感。

3. 重要节点：强调特质场所的塑造，体现历史厚重的内涵。

4. 建筑后退：建筑退让道路严格按照《建筑退让道路距离规范表》控制。

5. 绿化控制：重要景观轴绿化在总体上宜采用高大乔木与硬质景观相结合，给人们充分的活动空间，并强化空间的序列感和进深感。

6. 设施控制：强化重点轴线要素上的景观小品设计，街道设施包括花坛、路灯、座椅、灯箱、信息亭等内容。

地块城市设计

从西安传统民居肌理提取出基本控制网格50m×50m基本网格,传统建筑的面宽控制在9~10m,进深因地制宜控制在20~70m范围内。

方案深化
城市设计概念生成

城市设计概念形态由西安传统的街坊出发延续古都的传统肌理的基础上进行变异。

方案深化
城市设计概念生成

方案深化
城市设计概念生成

城市空间分析
A民俗作坊

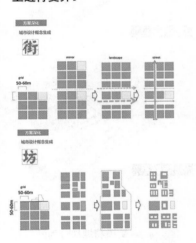

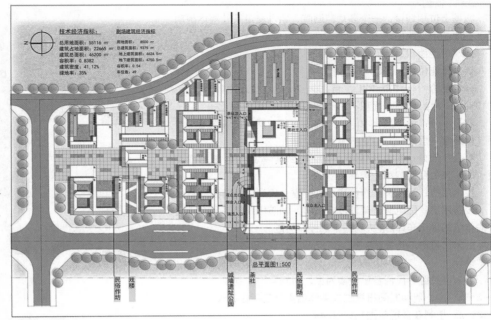

总平面图

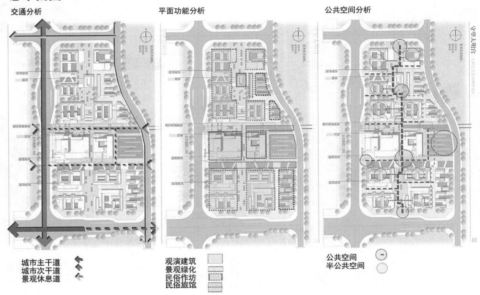

交通分析　　　平面功能分析　　　公共空间分析

城市主干道
城市次干道
景观休息道

观演建筑
景观绿化
民俗作坊
民俗旅馆

公共空间
半公共空间

建筑设计任务书

根据上位规划设计一个多功能剧院、票友交流茶社等休闲功能于一体的小型民俗艺术中心。

建筑用地面积：约8500m²

观众厅座位数：420～450

舞台部分：台口D=10M 台高6～7m 小型戏曲舞台面积约10m×12m侧台：层高6m面积不小于舞台1/3

演员部分：设演员化妆间2～3间 办公室2间，设演员卫生间，排练室（层高6m），更衣室等。

观众厅部分：视线升高值c=120 排拒950mm设软座，最远视距<28m，舞台台面据第一排标高 900mm

技术用房：灯控室、声控室、耳光室，库房，消防控制室

设备用房：配电房，柴油发电机房，消防水泵房等另需设约49辆车位的地下车库，解决观演车辆停车问题。

主入口集散广场面积：按>0.2m²/人设计，约 90m²

声学设计

表演以秦腔等民俗音乐表演为主，每座容积控制在4～5.5m³/座，混响时间根据二次装修后安装反射板和吸声材料后 控制在合适范围1.1～1.4s

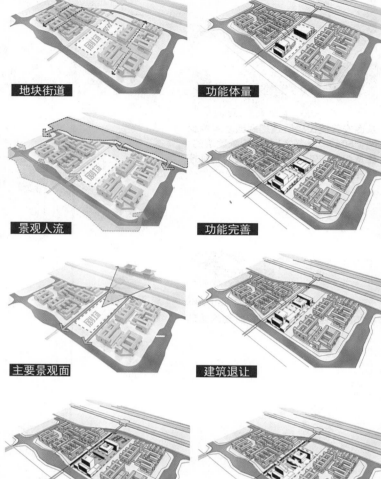

地块街道 | 功能体量

景观人流 | 功能完善

主要景观面 | 建筑退让

步行联系 | 功能联系

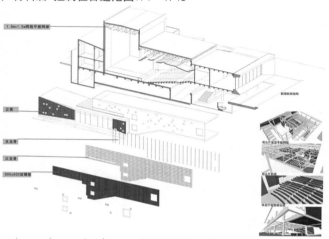

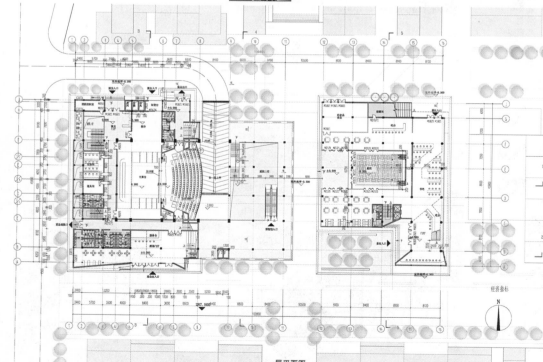

一层平面图

街道将地块分为两部分一部分作为观演剧场另一部分为票友茶社。

将主入口设立在南边绿带方向，有较好的疏散广场。

将剧场休息厅体量抬高使底层架空，退让出街道空间。

将观众厅架空空间形成庭院，与城墙公园与街道联系起来。

负一层将遗址公园和景观广场和戏迷茶社连接起来。

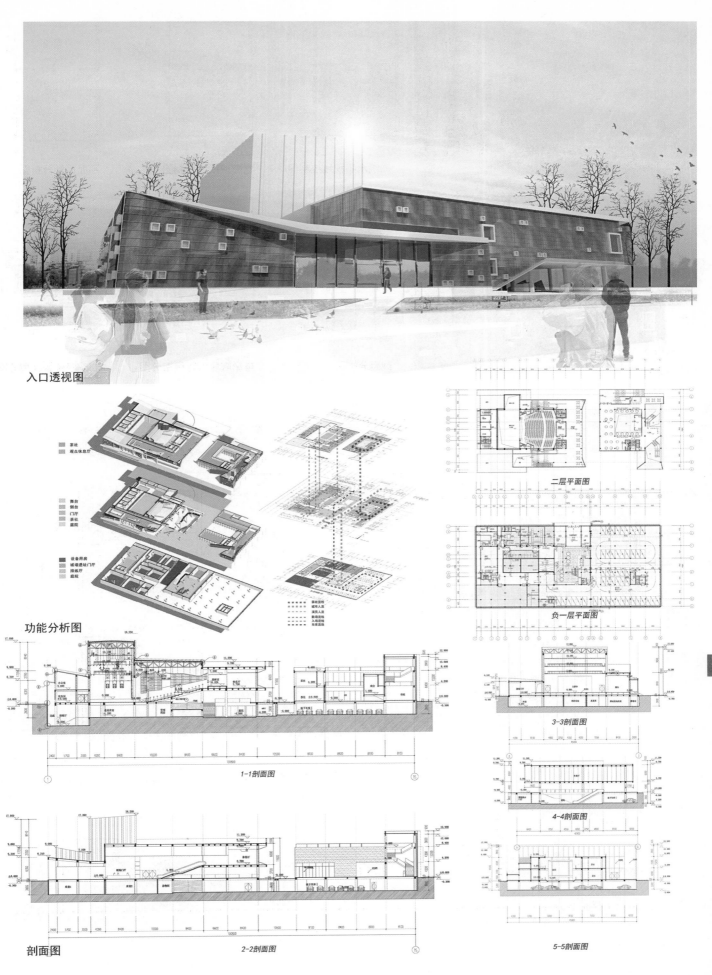

入口透视图

功能分析图

剖面图

1-1剖面图

2-2剖面图

二层平面图

负一层平面图

3-3剖面图

4-4剖面图

5-5剖面图

29

门厅透视图

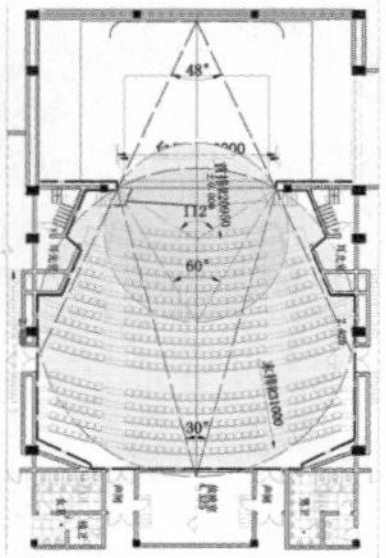

剧院水平视线控制图

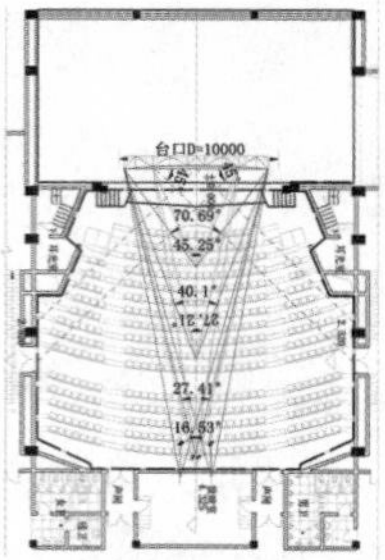

电影院视线控制图

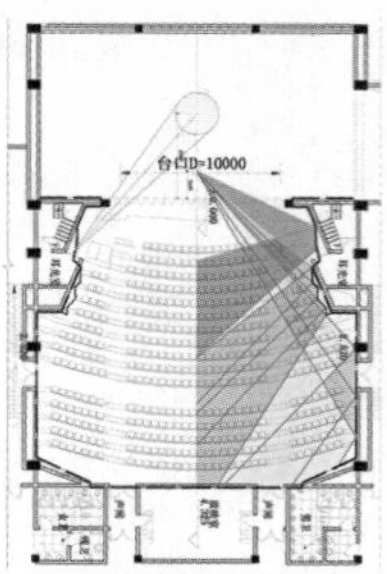

平面声学分析图

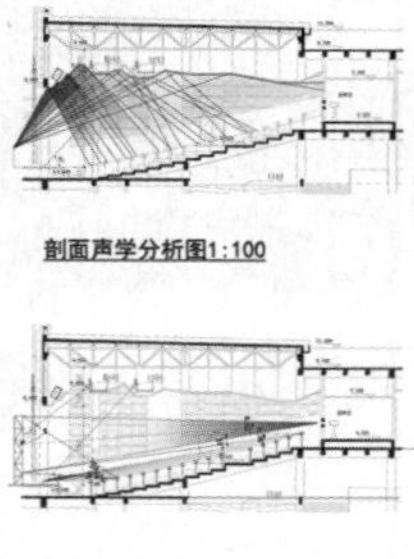

剖面分析图

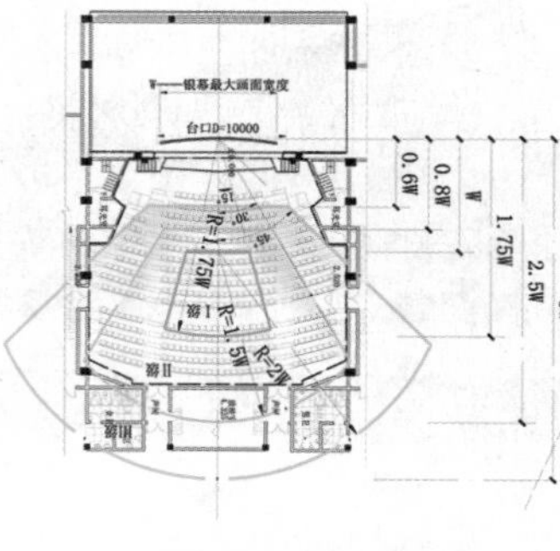

电影院座位等级划分图

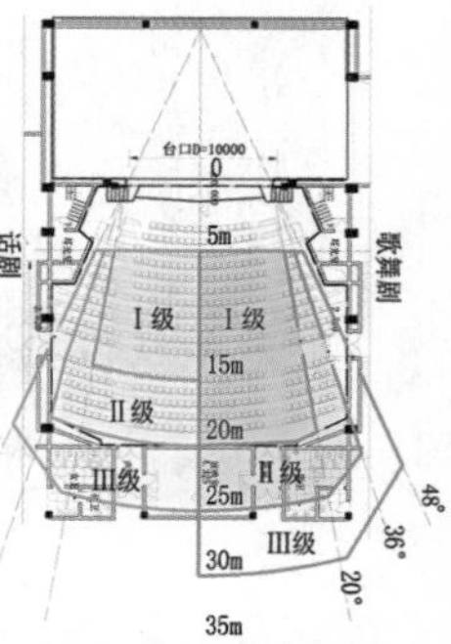

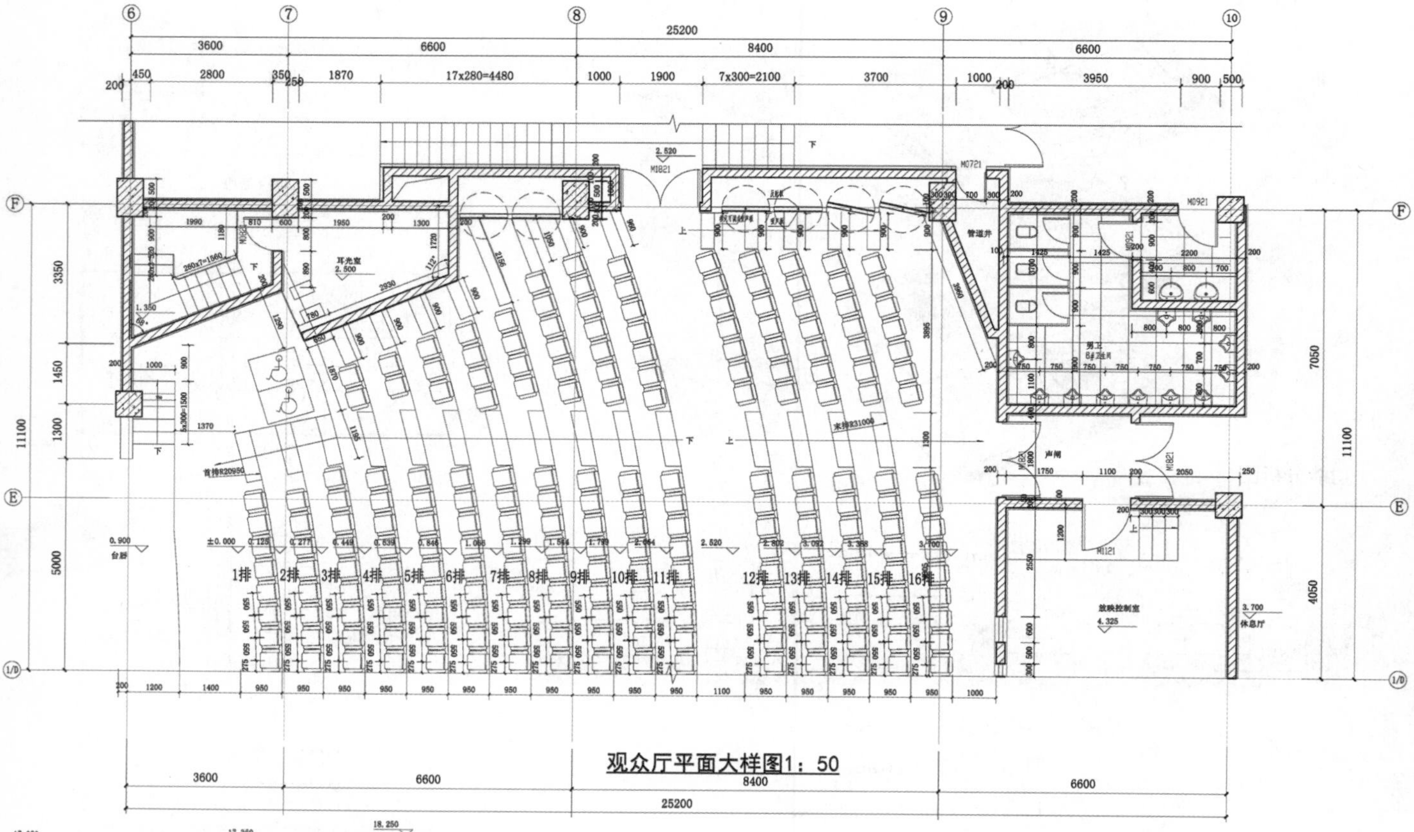

剧院座位等级划分图

观众厅平面大样图1：50

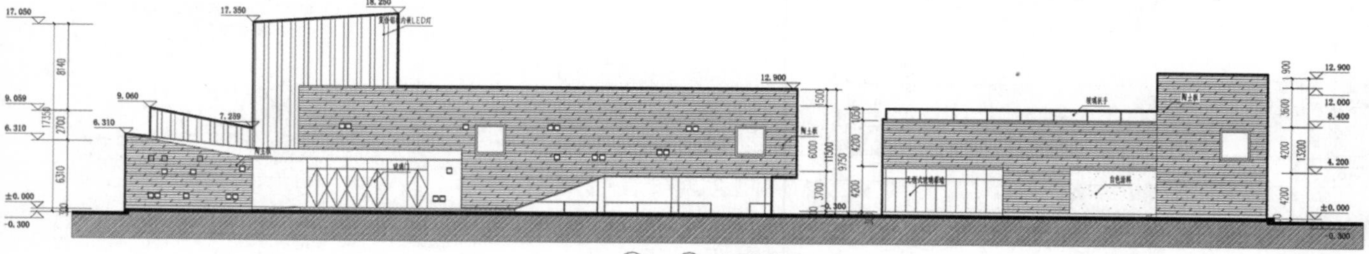

①—⑯ 立面图

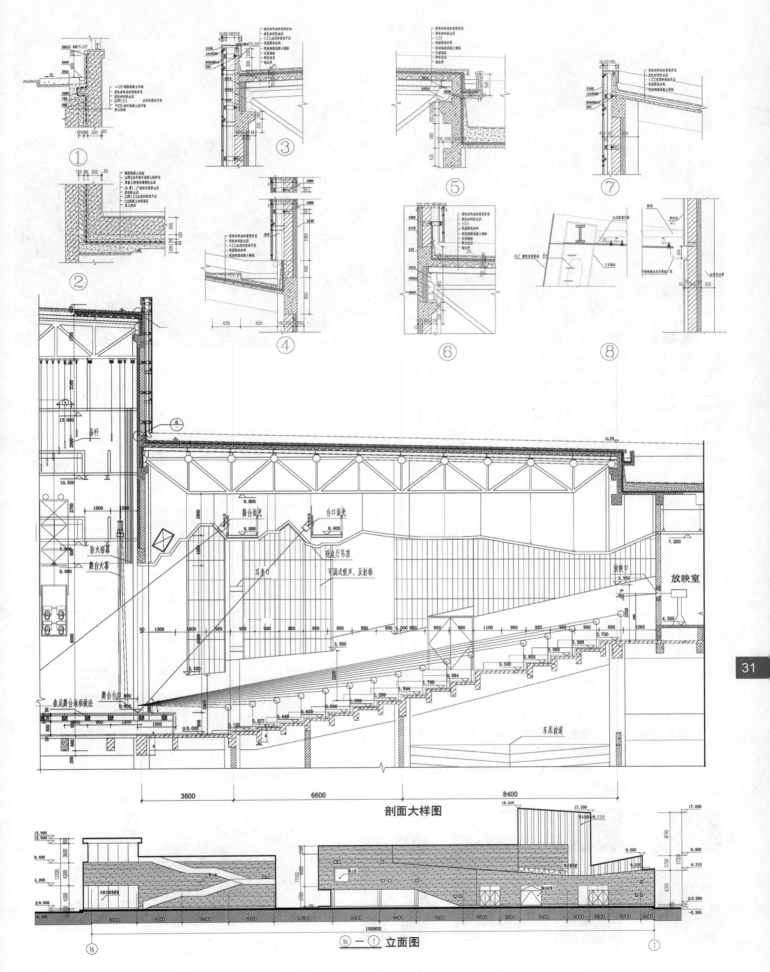

剖面大样图

⑯ — ① 立面图

设计说明：地块位于地块东南部位置，自强东路以北，火车站西北方向，紧邻西安火车站北广场，是城市进入场地的一个重要节点区域。地块主要区域为爱菊面粉厂原址，地块功能定位为西安音乐公园及大明宫游客服务中心，及相应配套的文化娱乐建筑及少量的商业建筑。本项目为旧工厂建筑更新，严格遵守GB50016—2015《建筑设计防火规范》等相关法规，结合原有建筑形式、结构、材质、空间、融合新植入的功能与需求，利用创新的"蒙太奇"概念及建筑手法，力求创造出契合，舒适，新颖，独特，具有旧工厂记忆以及音乐文化气质的空间形态。

"时""光"与"人"的恰恰中

原西安市"爱菊面粉厂"旧工厂改造设计

上位规划控制

原有厂房功能平面

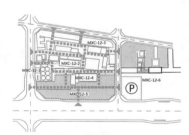

道路交通控制平面示意图

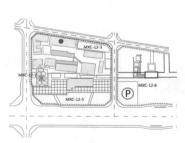

建筑实体控制平面示意图

场地现状 地块占据原西安市爱菊面粉厂老工厂区域，地块继承着近代的工业气息，承载着老一辈西安人的集体记忆，同时也保留了大量的工业遗产。

地块所在位置

1

2

3

4

5

6

7

8

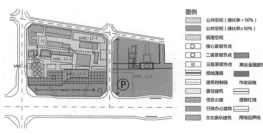

开放空间及功能控制示意图

32

总体鸟瞰图

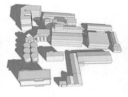 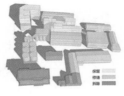 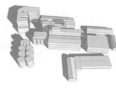 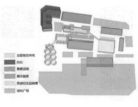

原有建筑体量　　　　　　原有建筑结构体系　　　　　拆建建筑策略　　　　　　拆建后建筑体量　　　　　　建筑功能布局

时

光

人

他们在哪里？ …… 让他们找到自己！

时

蒙太奇：打破和重组

 展览　　 创作

 多媒体　　 休闲

 教育　　商业

景观　　交通

新功能活动的植入

工业博物馆入口透视

激发全民参与及再创造

传统展览模式

MEMBERS / STUDENTS 会员学生
MUSEUM VISITORS / TOURISTS 参观游客
GENERAL PUBLIC 普通大众

建筑作为引导者与激发者

光

	体量空间	功能布局	结构体系	光体系

VIP休闲间
屋顶花园
主题休闲层
博物馆层

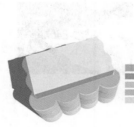

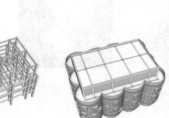

屋顶花园
多功能展示层
主题旅馆层
洗浴按摩层
主题餐饮层

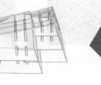

城市展示
博物馆及辅助层

34

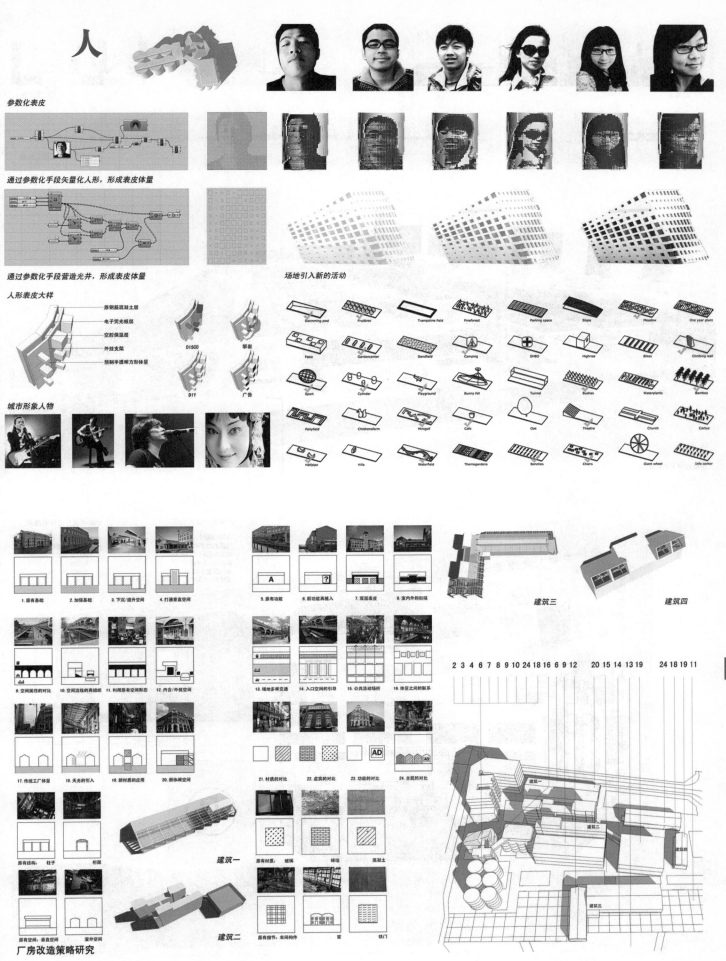

人

参数化表皮

通过参数化手段矢量化人形，形成表皮体量

通过参数化手段营造光井，形成表皮体量

场地引入新的活动

人形表皮大样

原钢筋混凝土层
电子奕光板层
空腔保温层
外挂支架
预制半透明方形体量

DISCO
攀岩
DIY
广告

城市形象人物

Swimming pool　Fruittree　Trampoline field　Pineforest　Parking space　Slope　Meadow　One year plants

Patio　Gardencenter　Sandfield　Camping　EHBO　Highrise　Bikes　Climbing wall

Sport　Cylinder　Playground　Bunny hill　Tunnel　Bushes　Waterplants　Bamboo

Ponyfield　Childrensfarm　Minigolf　Cafe　Oak　Theatre　Church　Cactus

Halfpipe　Villa　Waterfield　Themegardens　Benches　Chairs　Giant wheel　Info center

1. 原有基础　2. 加强基础　3. 下沉/提升空间　4. 打通垂直空间

5. 原有功能　6. 新功能再植入　7. 双层表皮　8. 室内外的衔接

9. 空间属性的对比　10. 空间流线的再组织　11. 利用原有空间形态　12. 内含/外挑空间

13. 场地多样交通　14. 入口空间的引导　15. 公共活动场所　16. 体量之间的联系

17. 传统工厂体量　18. 天光的引入　19. 新材料的应用　20. 新体闲空间

21. 材质的对比　22. 虚实的对比　23. 功能的对比　24. 主题的对比

建筑三　建筑四

2 3 4 6 7 8 9 10 24 18 16 6 9 12　20 15 14 13 19　24 18 19 11

建筑一

建筑二

建筑三

原有结构：柱子　桁架

原有空间：垂直空间　室外空间

建筑一

原有材质：玻璃　砖墙　混凝土

原有细节：车间构件　窗　铁门

建筑二

厂房改造策略研究

35

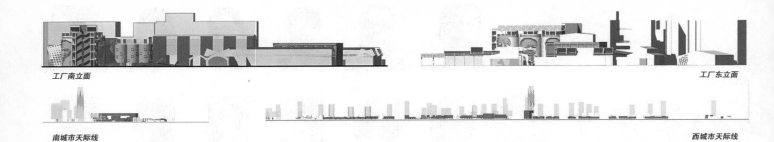

工厂南立面

工厂东立面

南城市天际线

西城市天际线

总体城市关系效果图

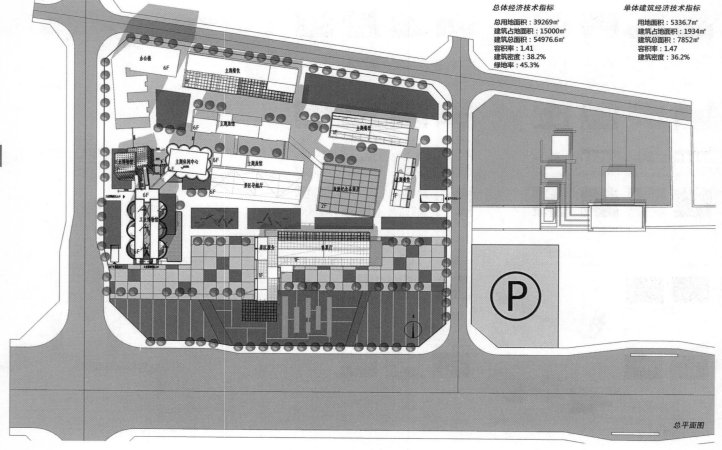

总体经济技术指标

总用地面积：39269㎡
建筑占地面积：15000㎡
建筑总面积：54976.6㎡
容积率：1.41
建筑密度：38.2%
绿地率：45.3%

单体建筑经济技术指标

用地面积：5336.7㎡
建筑占地面积：1934㎡
建筑总面积：7852㎡
容积率：1.47
建筑密度：36.2%

总平面图

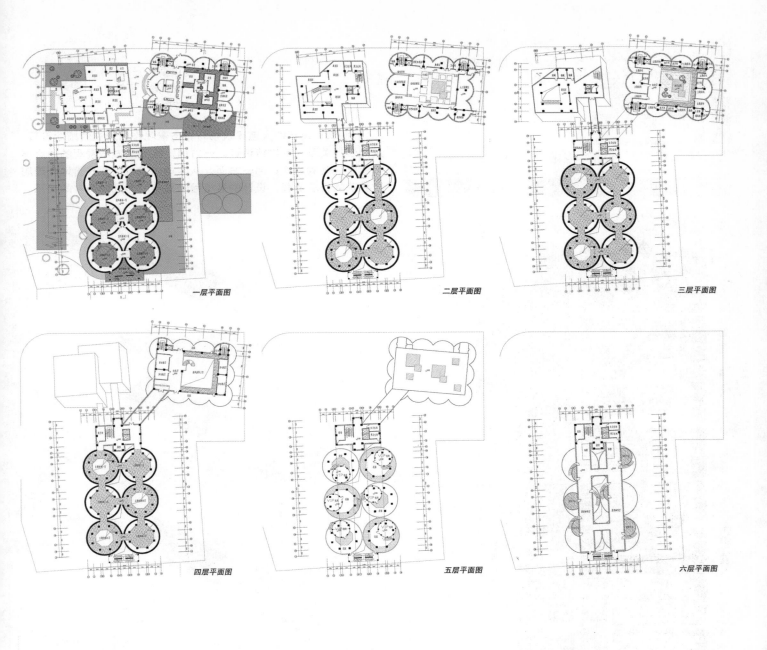

一层平面图　　　二层平面图　　　三层平面图

四层平面图　　　五层平面图　　　六层平面图

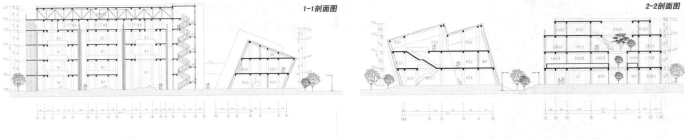

1-1剖面图　　　2-2剖面图

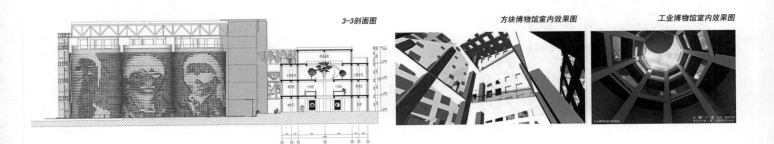

3-3剖面图　　　方块博物馆室内效果图　　　工业博物馆室内效果图

龙首
博物馆设计

重庆大学
CHONGQING UNIVERSITY
D组

建筑篇——
设计者：丁新宇
2012届建筑学专业

西安唐大明宫西宫墙周边地区设计
Space Reformation and Architectural Design for Old cityAreas in Harbin

指导教师：卢 峰 董世永 夏 晖

筑·景：设计把人造建筑物与城市景观作为对立的概念设置，从两者的关系入手进行设计。一方面，需要从城市景观的角度思考建筑呈现的方式；另一方面，从建筑出发也需要妥善地处理周边特殊的景观资源，设计的最终目的是自然地处理两者的关系。

区位图

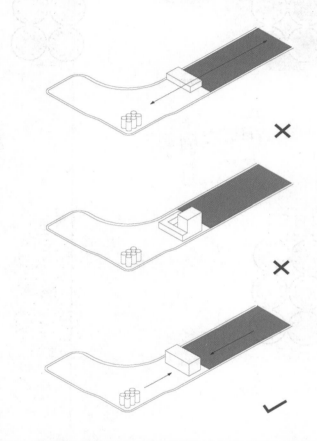

体量推敲

建筑所处的城市环境中最显著的特征是位于基地北侧长达千米的城市绿轴，怎样回应这样的城市景观是设计首先需要回应的问题。

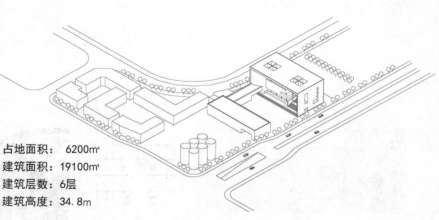

占地面积： 6200m²
建筑面积：19100m²
建筑层数：6层
建筑高度：34.8m

轴侧鸟瞰图

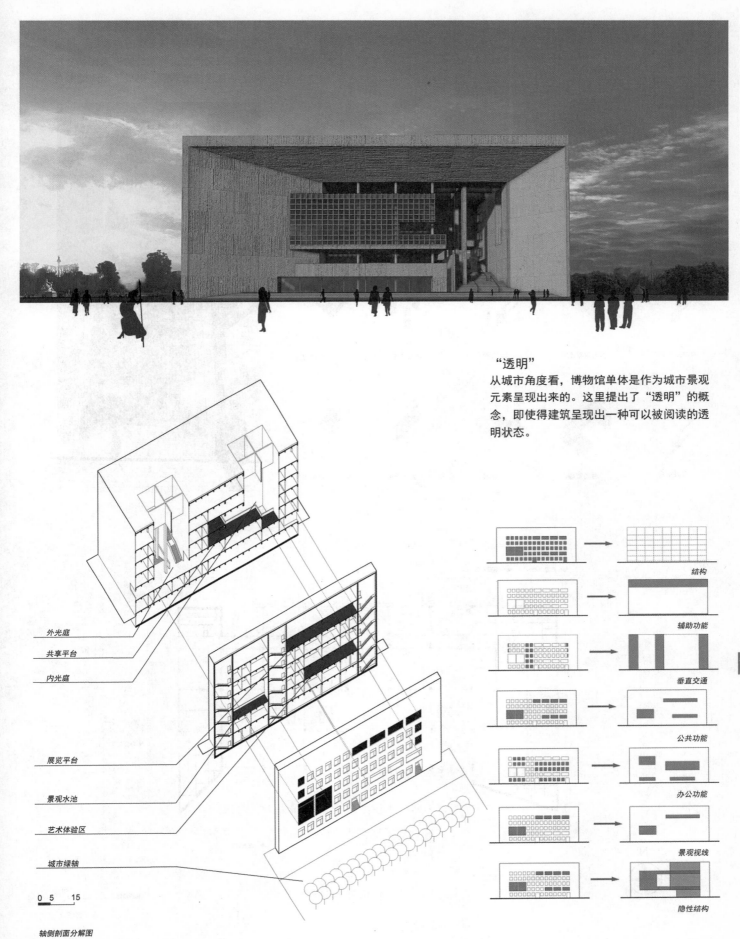

"透明"

从城市角度看，博物馆单体是作为城市景观元素呈现出来的。这里提出了"透明"的概念，即使得建筑呈现出一种可以被阅读的透明状态。

外光庭
共享平台
内光庭

展览平台

景观水池

艺术体验区

城市绿轴

0 5 15

轴侧剖面分解图

结构

辅助功能

垂直交通

公共功能

办公功能

景观视线

隐性结构

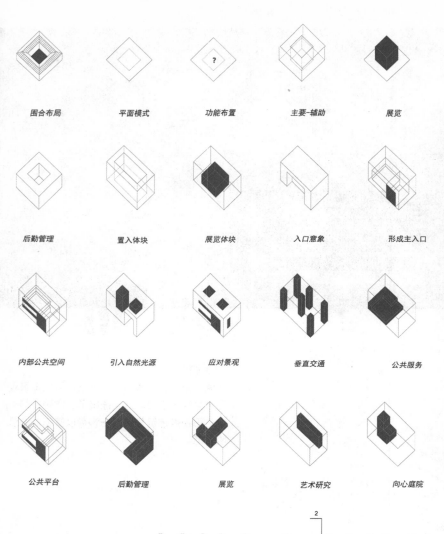

围合布局　　平面模式　　功能布置　　主要-辅助　　展览

后勤管理　　置入体块　　展览体块　　入口意象　　形成主入口

内部公共空间　　引入自然光源　　应对景观　　垂直交通　　公共服务

公共平台　　后勤管理　　展览　　艺术研究　　向心庭院

建筑以围合作为基本的形式生成逻辑，并把这种平面的关系往三维方向发展，景观元素同时又促使这种围合的形式在某个方向上一定程度地消解，形成了朝向城市景观的洞口。

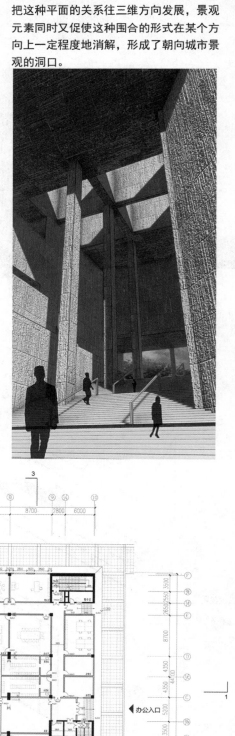

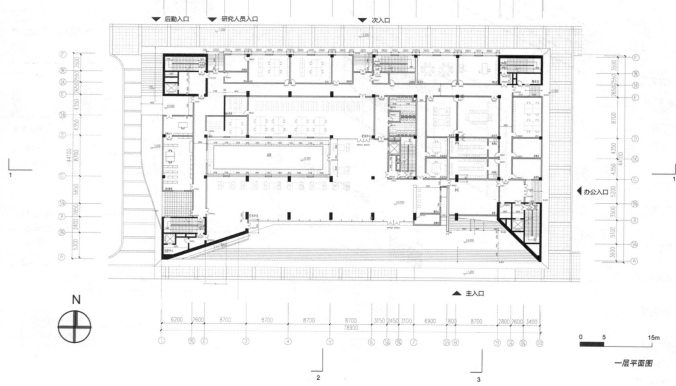

一层平面图

N

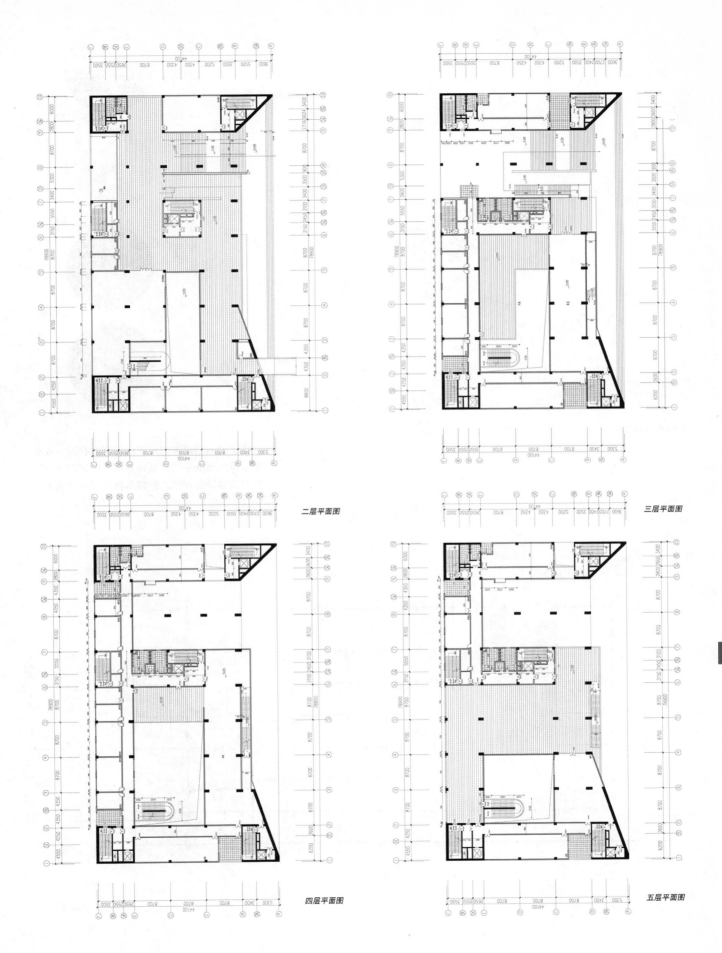

二层平面图

三层平面图

四层平面图

五层平面图

41

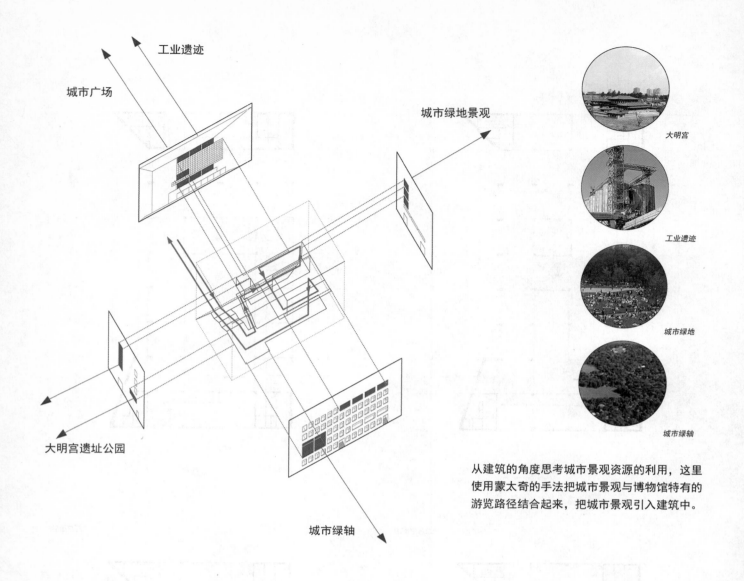

城市广场

工业遗迹

城市绿地景观

大明宫遗址公园

城市绿轴

大明宫

工业遗迹

城市绿地

城市绿轴

从建筑的角度思考城市景观资源的利用，这里使用蒙太奇的手法把城市景观与博物馆特有的游览路径结合起来，把城市景观引入建筑中。

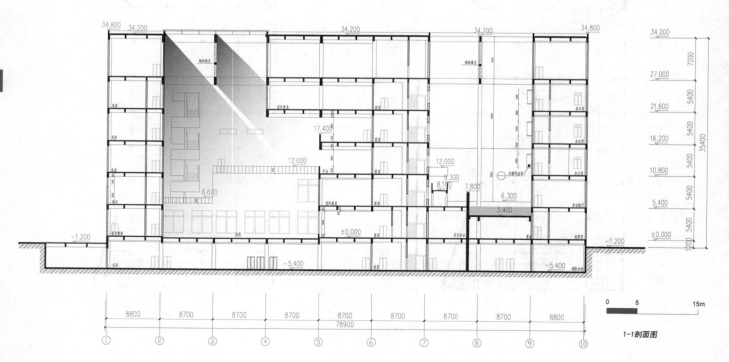

1-1剖面图

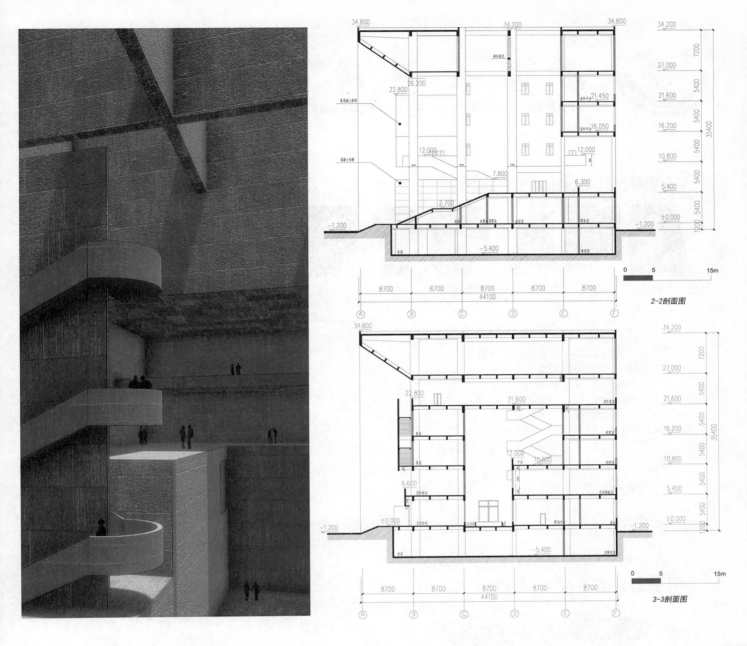

2-2剖面图

3-3剖面图

设计总结：

　　本次设计是在前期城市设计的基础上进行的，同时由建筑学、城乡规划、风景园林三个专业共同进行深化设计工作。从单纯的建筑学的角度看，方案有不尽如人意的地方，这同时也是整个教学最有趣的特质，即在现有的教学环境下力求更加真实地表现市场的运作机制，这一点我受益匪浅，设计不再囿于本专业的设计知识，在方案过程中与人交流能力的训练以及其他专业知识的取得是这次设计我最大的收获。扩初深度的图纸暴露了我本科学习的很多不足，也让我进一步认识到建筑学专业知识的广博，在将来的日子里，好好修炼建筑是我的目标。最后，感谢这次联合设计，感谢重大和西建大的同学们，感谢给予无私帮助的老师们，谢谢！

西安建筑科技大学
XI`AN UNIVERSITY OF ARCHITECTURE AND TECHNOLOGY

设计团队 WORKING GROUP

陈冠希　　廖翕　　刘念　　孟亭圳　　王捷　　吴丹

西安建筑科技大学A组［大明宫西宫墙脚下的艺术村］　　陈冠希
西安建筑科技大学B组［粮仓上的瞭望］　　廖翕
西安建筑科技大学C组［铁路村地段更新设计］　　刘念
西安建筑科技大学D组［唤醒龙首——苑街］　　孟亭圳
西安建筑科技大学E组［会展中心］　　王捷
西安建筑科技大学F组［"隐"·"导"］　　吴丹

指导教师 INSTRUCTORS

成辉　　　张群

大明宫西宫墙脚下的艺术村

西安建筑科技大学
XI' AN UNIVERSITY OF
ARCHITECTURE AND TECHNOLOGY
A组

建筑篇——

设计者：陈冠希
2012届建筑学专业

西安唐大明宫西宫墙周边地区设计
The Surrounding Areas of the Xi'an Tang Daming Palace West Walls Urban Design

指导教师：张 群 成 辉

基地现在原住民自建住宅，是以二马路为核心的道北人聚集地的典型。如今大明宫已经成为大明宫国家遗址公园。宫殿变为城市公园，宫墙也成为博物馆，虽保持了原来的格局、某些建筑形成，但功能已更新，更适合这个城市。为延续一个区域的历史、文化，若仅仅是保留其主要的物质形态，而忽略其中包含的人文的情感，那这样的历史文化是断层的。所以有必要提取出基地原有建筑空间的有益部分，并与新功能相适应，对话大明宫。

交通区位（一）

交通区位（二）

资源区位（一）

资源区位（二）

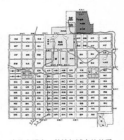

唐代大明宫、基地与城市的关系

西安市文化性商业分布

发现艺术品交易都紧邻历史文化资源尤其是那些具有城市公共空间性质的

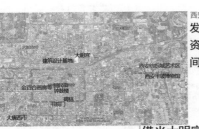

借光大明宫

所以紧邻着这个国家遗址公园、城市公园旁，可以做商业性质的画廊、工作室街区

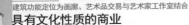
建筑功能定位为画廊、艺术品交易与艺术家工作室结合

具有文化性质的商业

建筑设计基地，属于商业用地，从南到北的商业，即文化用地。由西到东的商业用地，即遗址公园的过渡地带，其商业属性应兼容文化属性，因此可以做带有文化性质的商业。

土地利用规划及建筑设计基地范围

基地旧建筑形式适合于新的商业功能

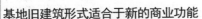
经调研发现，基地原建筑质量地下，尺度不宜人，但它的房屋可以合并给一户或者拆分为几家，以及它二三层的住户都有地面直接入户的楼梯。这样的划分更灵活，且二、三层具有趣味的可达性，也会给楼上的商铺带来更大的人流，非常适合新的商业业态。

延续基地原有建筑空间形式与大明宫对话

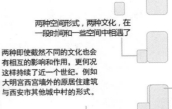

两种空间形式，两种文化，在一段时间和一些空间中相遇了

两种即使截然不同的文化也会有相互的影响和作用，更何况这样持续了近一个世纪。例如大明宫西宫墙外的原居住建筑与西安市其他城中村的形式。

它们还是有各自原来的样子，相对独立，又相互契合

基地调研照片

如今的大明宫形式保存，对功能进行了功能置换：皇宫变为城市公园、宫墙变为博物馆

基地保留原来对新功能有益的建筑空间形式，也进行与大明宫新功能契合的新功能，来与大明宫对话、守望大明宫

基地原建筑体块构成的特色

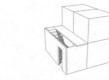

01小减法　　02大减法　　03灰白黑空间组合

04加法　　05跨街巷加建　　06闪电形连廊

基地原建筑的楼梯形式

07同层不同标高　　08上屋面　　09简易独立入口

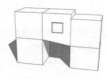

10灰空间楼梯入户　　11二层多户入口　　12底层楼梯加院子

13底层楼梯加斜院子　　14加体快上楼梯入户　　15跨街房子的楼板是楼梯

基地原建筑一个典型窄长院落的解析

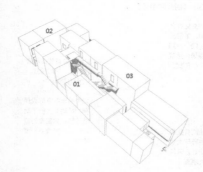
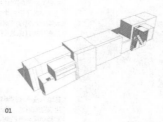
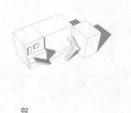
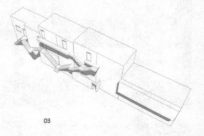

01　　02　　03

基地与大明宫时空关系示意图

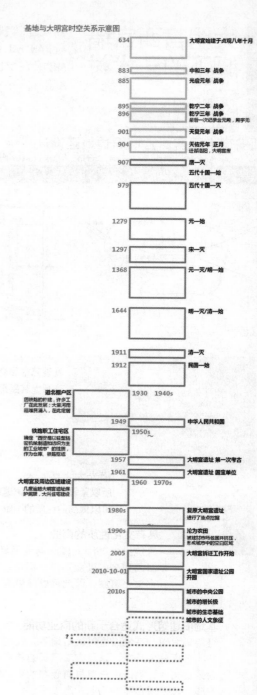

634	大明宫始建于贞观八年十月
883	中和三年 战争
885	光启元年 战争
895	乾宁二年 战争
896	乾宁三年 战争　唐末一次记录含元殿，两字无
901	天复元年 战争
904	天佑元年 正月　迁都洛阳，大明宫废
907	唐一灭　五代十国一始
979	五代十国一灭
1279	元一始
1297	宋一灭
1368	元一灭/明一始
1644	明一灭/清一始
1911	清一灭
1912	民国一始

道北棚户区
因铁路的护建，许多工厂在此发展；大量河南籍难民涌入，在此定居　1930　1940s

铁路职工住宅区
确定"西安帮以轻型精密机械制造和动力为主的工业城市"的性质，作为仓库、铁路枢纽　1949　1950s～

大明宫及周边区域建设
几原迫越大明宫遗址保护范围，大兴庄宅建设　1960　1970s

1957	大明宫遗址 第一次考古
1961	大明宫遗址 国宝单位
1980s	复原大明宫遗址　进行了重点挖掘
1990s	沦为农田　被城北扩并将围并挤压，年成城中的空白区域
2005	大明宫拆迁工作开始
2010-10-01	大明宫国家遗址公园开园
2010s	城市的中央公园
	城市的增长极
	城市的生态基础
	城市的人文象征

?

建筑的生成过程示意图

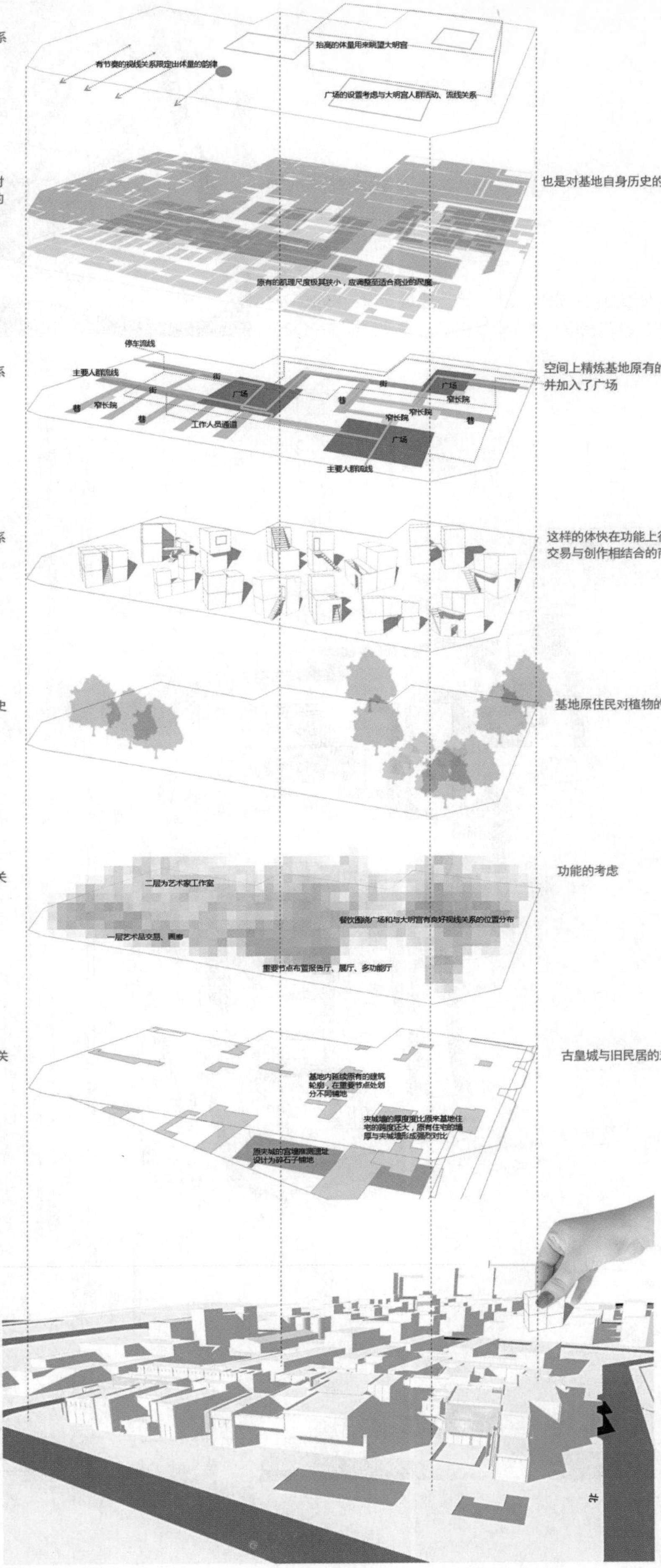

在空间最初的组织上、视线上考虑与大明宫的关系

抬高的体量用来眺望大明宫

有节奏的视线关系限定出体量的韵律

广场的设置考虑与大明宫人群活动、流线关系

运用与大明宫曾经交织的肌理，以一种新的方式，是对话，更是对大明宫遗址及周边地区乃至整个城市历史的延续

也是对基地自身历史的尊重

原有的肌理尺度极其狭小，成调整至适合商业的尺度

交通、空间的组织与大明宫的关系

停车流线
主要人群就观线
街
巷 穿长院 巷
工作人员通道
街
广场
穿长院 穿长院 巷
长院 巷
广场
广场
主要人群观线

空间上精炼基地原有的特色空间，并加入了广场

在运用原有特色体块组织空间顾及与大明宫的关系

这样的体快在功能上很适合艺术品交易与创作相结合的商业

树木见证了历史

基地原住民对植物的喜爱溢于言表

功能的分布与大明宫相关

二层为艺术家工作室

一层艺术品交易、画廊

重要节点布置报告厅、展厅、多功能厅

餐饮围院广场和与大明宫有良好视线关系的位置分布

功能的考虑

铺地的设计与大明宫相关

基地内延续原有的建筑轮廓，在重要节点处划分不同铺地

夹城墙的厚度顺北顺来基地住宅的宽度延伸，原有住宅的墙厚与夹城墙形成强烈对比

原夹城的官墙痕迹基地设计为碎石子铺地

古皇城与旧民居的对比

北

鸟瞰图

技术经济指标

用地面积：15064.1m²

占地面积：6733.4m²

建筑总面积：20987.8m²

地下车库面积：7359.1m² 地上建筑面积：13628.7m²

容积率：0.91 建筑密度：43.0% 绿化率：37.7% 车位：132个

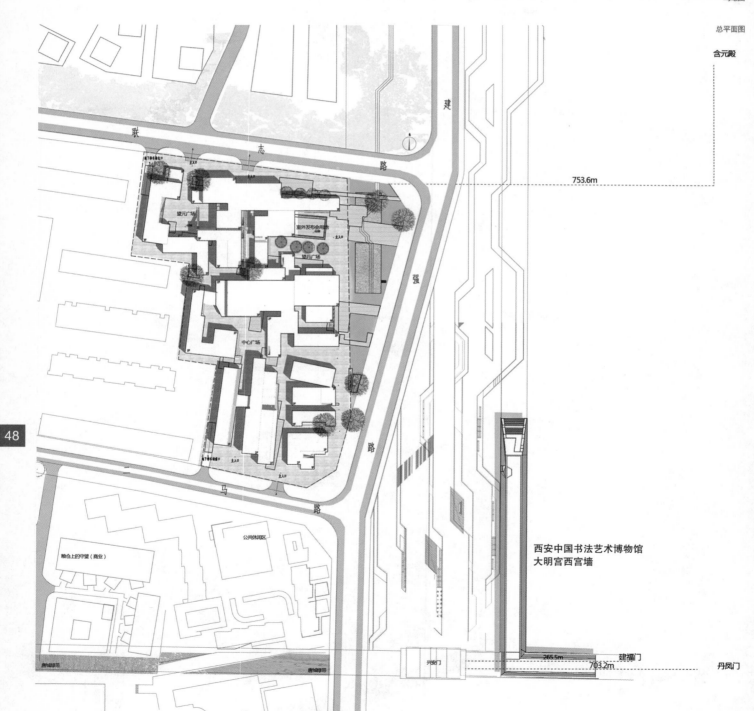

总平面图

含元殿

753.6m

西安中国书法艺术博物馆
大明宫西宫墙

265.5m 建福门

703.2m 丹凤门

兴安门

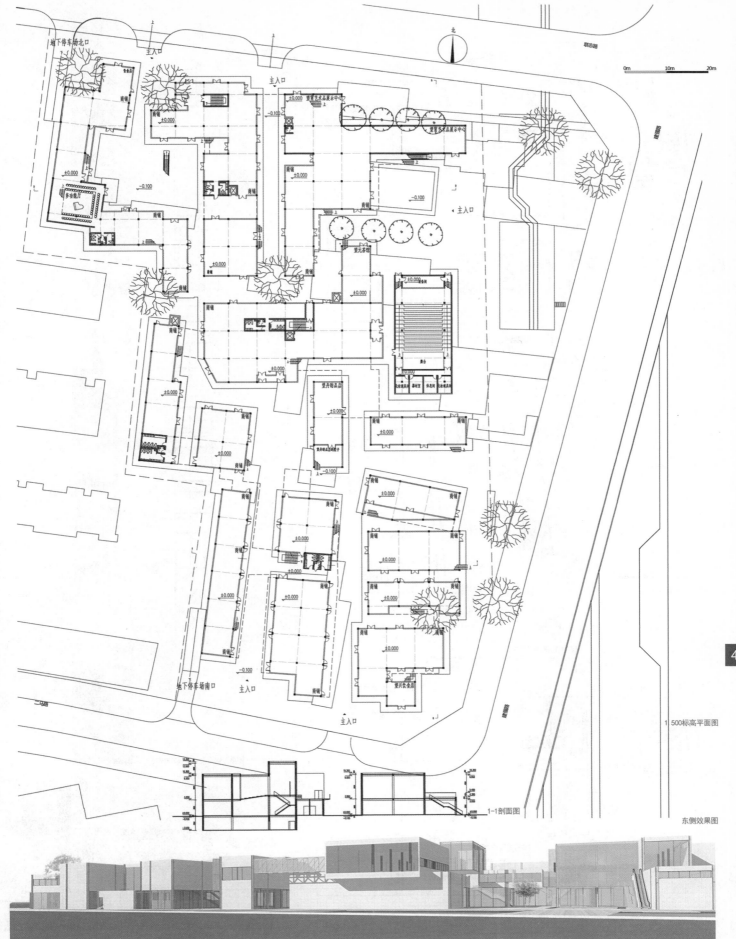

地下停车场北口

主入口

主入口

光

联芳路

0m 10m 20m

饮食店

商铺

±0.000

±0.000

-0.100

望重艺术品展示中心

望重艺术品展示中心

主入口

商铺

±0.000

±0.000

-0.100

多功能厅

±0.000

-0.100

商铺

±0.000

商铺

±0.000

望光茶馆

商铺

±0.000

±0.000

±0.000

商铺

商铺

±0.000

舞台

±0.000

7 ±0.000 影剧院

商铺

±0.000

±0.000

望丹钢品店

±0.000

商铺

±0.000

商铺

±0.000

望丹钢品店自选柜子

-0.100

商铺

±0.000

商铺

±0.000

商铺

±0.000

商铺

±0.000

±0.000

商铺

±0.000

±0.000

±0.000

±0.000

商铺

商铺

±0.000

商铺

±0.000

商铺

±0.000

望兴饮食店

商铺

地下停车场南口

-0.100

主入口

商铺

主入口

1:500标高平面图

1-1剖面图

东侧效果图

5.500标高平面图

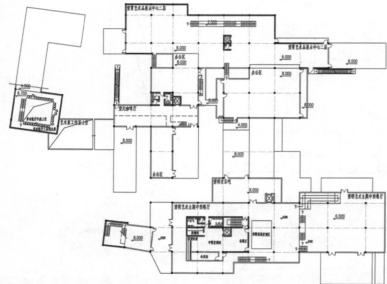

10.500标高平面图

3~3剖面图

东立面图

望霄艺术品展示中心楼梯空间示意图

望霄艺术品展示中心外部空间示意图

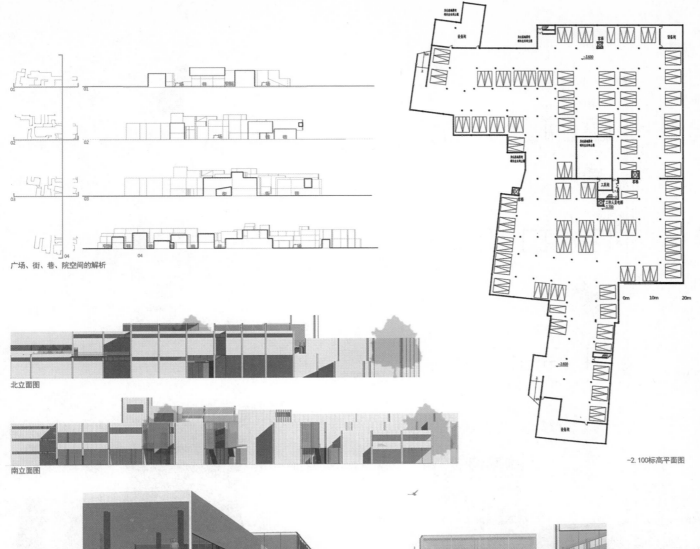

广场、街、巷、院空间的解析

北立面图

南立面图

-2.100标高平面图

0m   10m   20m

东入口效果图

2-2剖面图

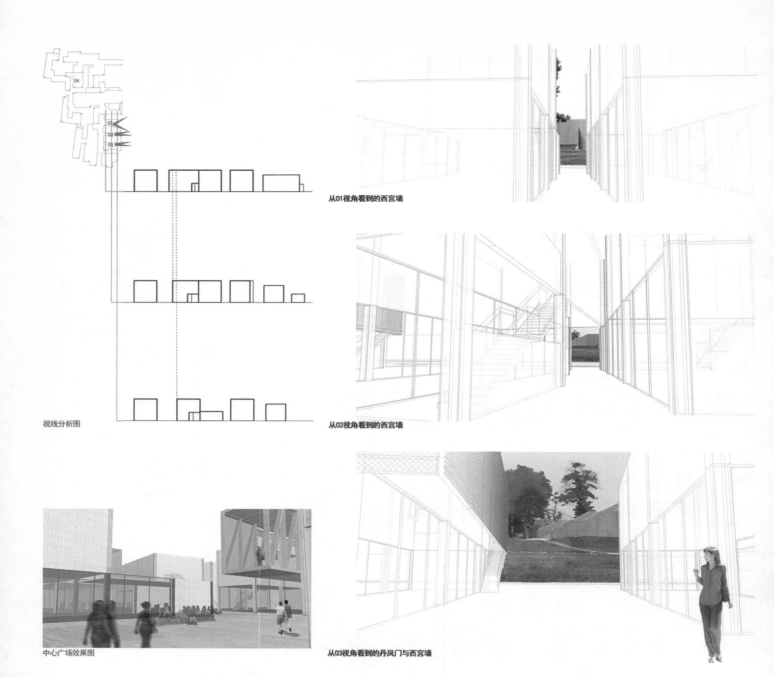

视线分析图

从01视角看到的西宫墙

从02视角看到的西宫墙

中心广场效果图

从03视角看到的丹凤门与西宫墙

04区域的屋顶效果图

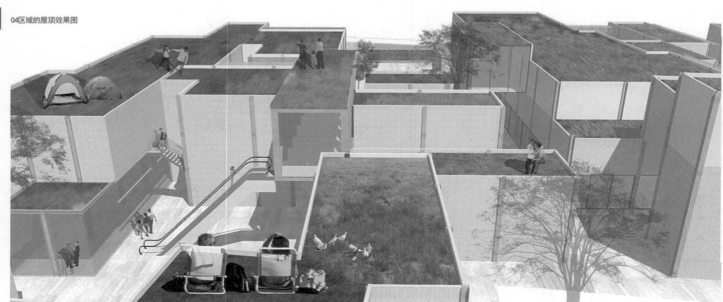

粮仓上的瞭望

西安建筑科技大学
XI'AN UNIVERSITY OF
ARCHITECTURE AND TECHNOLOGY
B组

建筑篇——

设计者：廖翕
2007级建筑学专业

西安唐大明宫西宫墙周边地区设计
The Surrounding Areas of the Xi'an Tang Daming Palace West Walls Urban Design

指导教师：张 群 成 辉

旧厂房改造利用与大明宫国家遗址公园保护双重矛盾相互交织，具有挑战性，如何科学地更新大明宫周边地段的工业遗产？运用城市更新的理论，通过实地调研、资料分析、案例研究等方法，否定了激进的"推倒重来"的城市更新模式，更对其造成的"城市特色危机"表示忧虑；倡导渐进的更新思路，采用功能置换等方法给丧失功能的地块注入新的活力。通过研究，在历史文化街区与城市工业遗产再利用之间找到一种平衡的切入点，在处理保护与发展问题方面提供了新探索。

城市认知

▲亚欧大陆桥经济带上的核心城市
古都西安是欧亚大陆桥（中国段）上最大的中心城市。作为大西北发展的龙头和政府规划的欧亚大陆桥经济带的心脏，西安发展潜力巨大。其中，现代服务业是西安最著力发展的支柱产业之一。

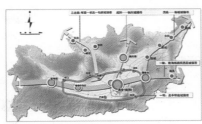

▲国际化背景下的区域金融、商贸中心
《关中·天水经济区发展规划》对西安提出：加快推进西咸一体化建设，着力打造西安国际化大都市。把西安市建设成为：国家科技研发中心、区域商贸物流中心、区域金融中心、国际一流旅游目的地。

▲世界东方历史人文之都
国际化大都市建设的首要措施即:传承历史文化，彰显华夏文明，打造世界东方历史人文之都。重点保护和利用各个历史时期的重要历史文化遗存。

规划定位

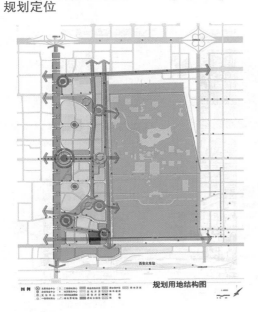

规划用地结构图

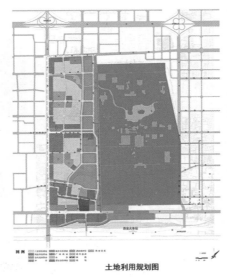

土地利用规划图

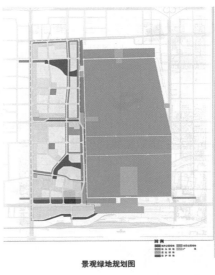

景观绿地规划图

基地周围辐射二马路片区研究

原二马路地段建筑肌理

二马路地段道路体系

基地周边供应设施

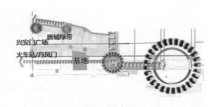

二马路地段绿化体系

问题梳理

消解基地内对城市的不良体量，将主要体量重点研究,基地如何迎合城市？

确定多向主入口开口方向，如何组织基地人流？

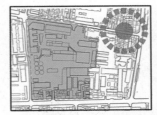

作为最为邻近大明宫周边的次级商业中心，如何扮演其角色？

基地内部植入唐长安城外郭城景观绿带，如何在基地内组织关系？

53

基地周边复合人群需求

当地居民

原面粉厂工人

爱运动的人群

大明宫及火车站游客

潜在商务人士

当代中国艺术家

住房

记忆

极限

住宿

休闲
商机
交流

基地复合功能定位渗透图1

相关类型功能分析

八号桥

田子坊

新天地

M50

北京798

图例：■餐饮 ■建筑设计公司 ■艺术家工作室 ■大型画廊 ■店铺 ■时尚设计公司

基地构成功能组成

| 居住 | 酒店 | 办公 | 零售 | 娱乐 | 文化 |

居住
酒店
办公
零售
娱乐
文化

— 消极影响
○ 中立
+ 积极影响

基地复合功能定位渗透图2

"守望" 大明宫

唐代皇城与大明宫的关系

唐代大明宫与基地的关系

1933年基地周围状况

现在基地与大明宫的关系

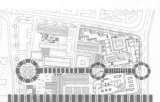
基地内部植入唐长安城外郭城景观绿带

基地内主要建筑质量评价

Plan of existing buildings
现状建筑平面
基地建筑

Architecture Style
建筑风格

Conditions plan of the buildings
建筑质量分类

Visual quality analisis
景观质量分析

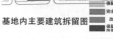
完全拆除建筑
保留柱子建筑
完全保留建筑
改造立面
保留内部结构
沿街补贴建

基地内主要建筑拆留图

54

交通分析

景观和开放空间分析

人流组织及活动分析

功能区域的分析

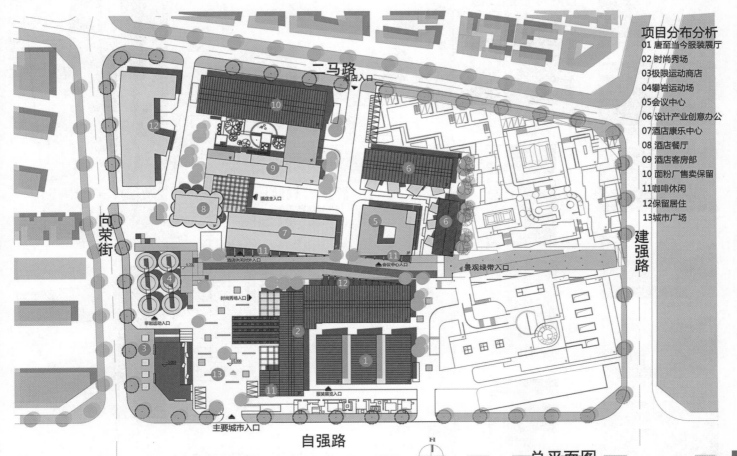

二马路

向荣街

建强路

自强路

总平面图

项目分布分析

01 唐至当今服装展厅
02 时尚秀场
03 极限运动商店
04 攀岩运动场
05 会议中心
06 设计产业创意办公
07 酒店康乐中心
08 酒店餐厅
09 酒店客房部
10 面粉厂售卖保留
11 咖啡休闲
12 保留居住
13 城市广场

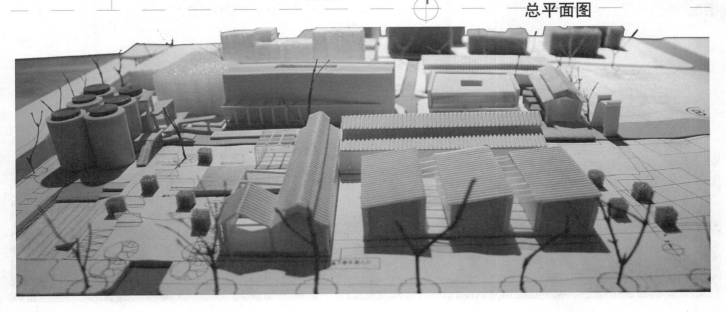

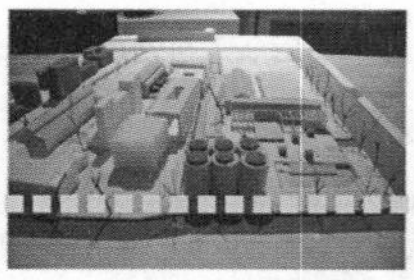

9 人们走到粮仓的顶端，回望大明宫城墙及绿带，对历史的一种回应感油然而生

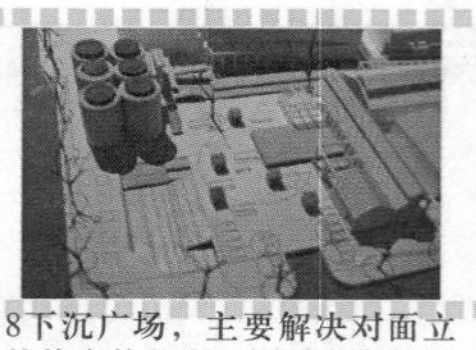

8 下沉广场，主要解决对面立体停车的问题，同时有极限运动商场和展示的作用

7 城市广场，以树和城市家具组成

5 绿带在粮仓的终点进行垂直绿化的诞生，绿带置入基地内建筑，同时高起的台子是演出的良好场所

6 另一个存粮仓改建的餐厅前的喷泉广场

4 两条道路的交汇处

3 建筑契合绿地，切去一部分体量，使在两边建筑的人们在绿带上产生交流

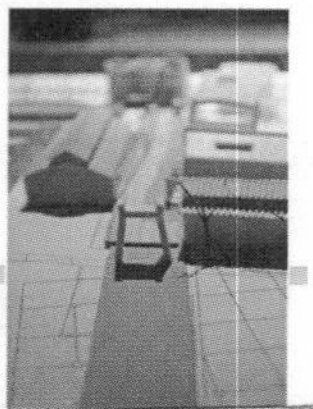

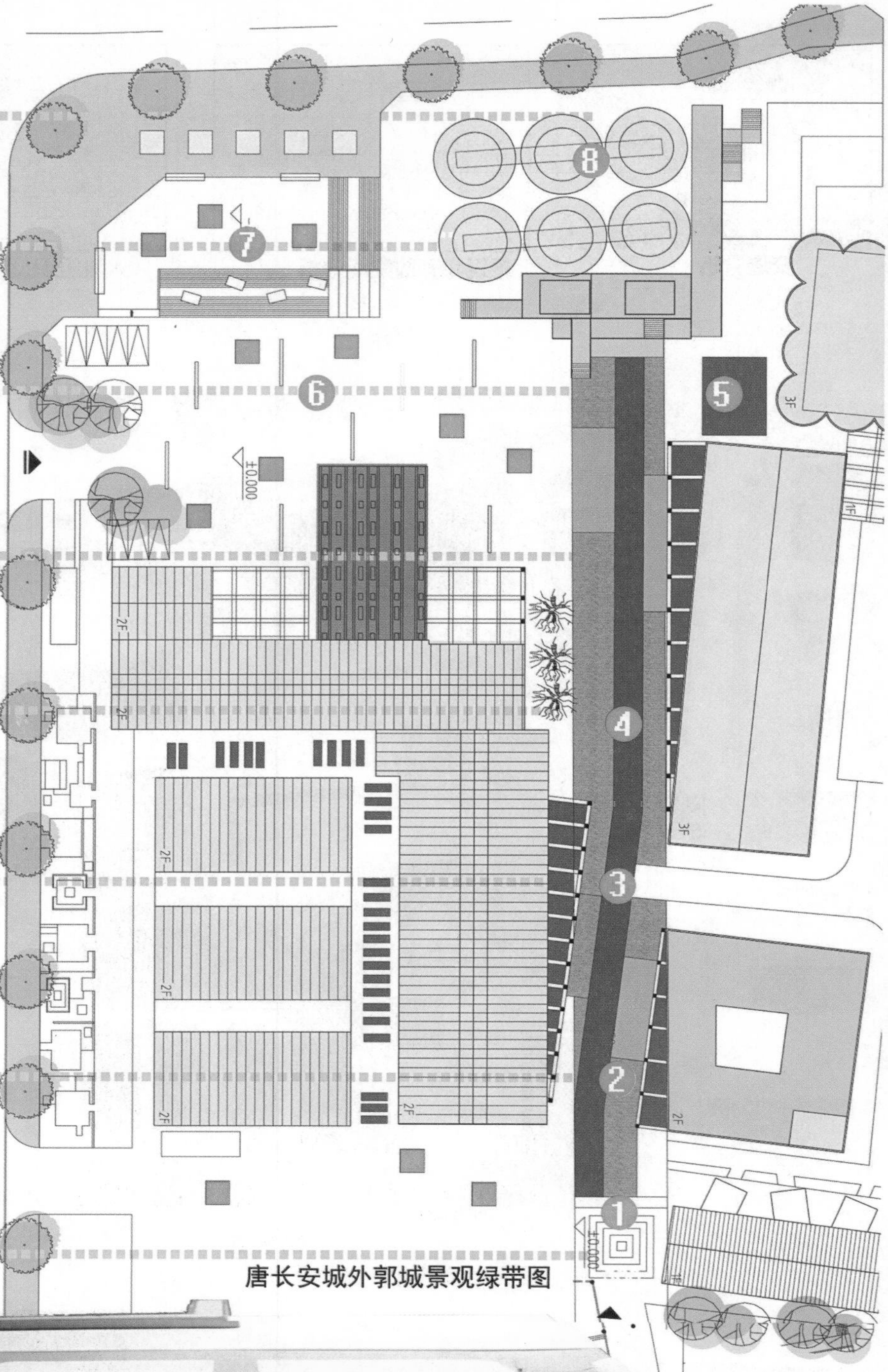

2 绿带两边的柱廊会不定期展出城墙或唐代服饰的展览

1 基地入口处隋城墙遗址标识

唐长安城外郭城景观绿带图

改造手法阐述

原厂房建筑

原厂房建筑

T台秀场

穿越城市——秀场

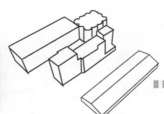
原有散乱的建筑体量

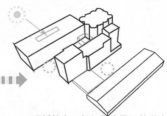
重新整合，加入新体量，整理流线，同时产生2个庭院

改造手法：

嵌入——整合没有城市界面的沿街空间

旧建筑改建过程的实际上是一个在对既有建筑结构改造的可能性的清晰理解基础之上，创造能够满足新的使用者需求的过程。在新和旧之间形成一种明确的划分界限，但同时又使新旧之间产生一种明确的联系。

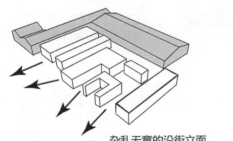
杂乱无章的沿街立面

原旧有建筑立面　　原旧有建筑室内空间

休闲中心内部改造　　整体组团鸟瞰图

改造方式：

介入—整合空间感，引入室内阳光

确保新的部分和旧的部分是完全不被分割开来的。放入到既有建筑中的新元素，已经成为其本身和结构的一部分。

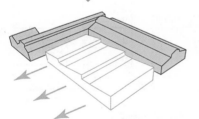
积极的面向城市空间

结构利用，保留柱网　　上部结构支撑改建

立面改造

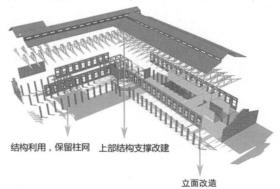

原厂房样貌

原厂房样貌

改造后创意办公区

创意办公室内透视

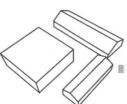
原有建筑体量

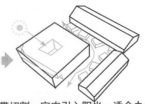
迎合绿带切割，室内引入阳光，适合办公建筑，加入小盒子，使流线更具趣味性

改造方式：

插入

通过加入一些可以独立支撑的结构，重新塑造既有建筑，这些对象以一种既呼应主空间又不破坏主空间的方式布置，这种重新塑造的方法叫做"插入"。

时尚秀场及展览组团

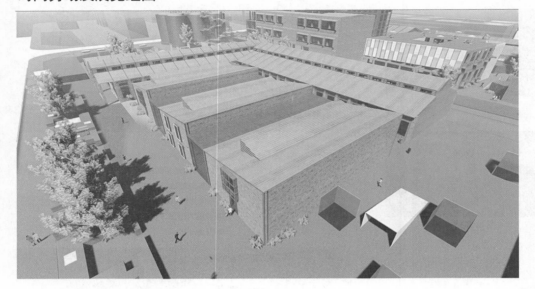

任务书细化设定：

时尚秀场：2269㎡

唐服饰展厅：602㎡

工业时代展厅：400㎡

现代服饰展厅：400㎡

咖啡茶饮：200㎡

室外秀场：411㎡

组团平面位置示意图

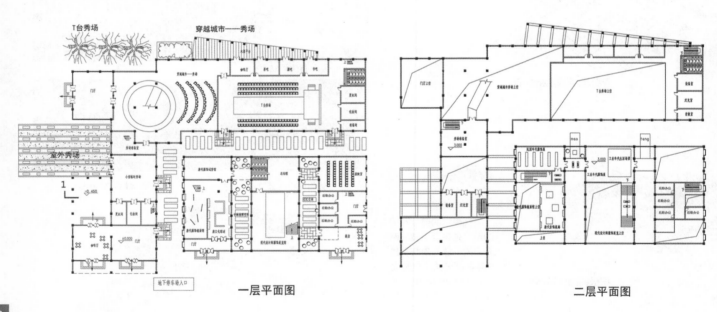

一层平面图

二层平面图

1—1剖面图

南立面图　　　　　　　　　　　　北立面图

创意办公组团

会议中心：2600m²
创意办公区1：1200m²
创意办公区2：600m²

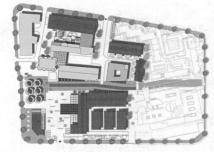

组团平面位置示意图

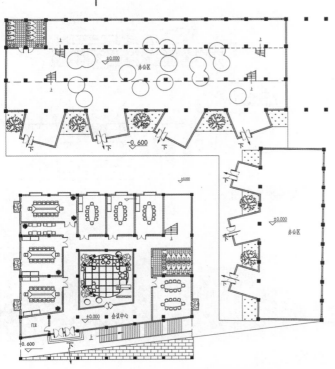

一层平面图

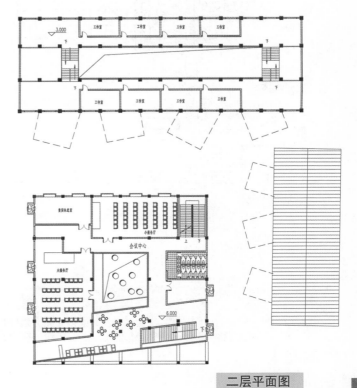

二层平面图

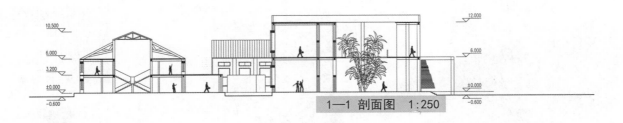

1—1 剖面图 1：250

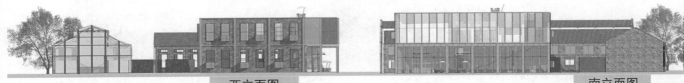

西立面图　　　　　　　　南立面图

酒店组团

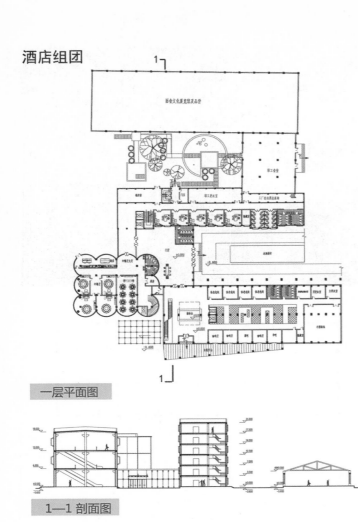

一层平面图

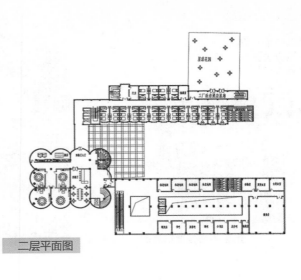

二层平面图

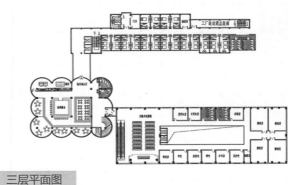

三层平面图

1—1 剖面图

南立面图　　　　　　　　　　北立面图

任务书细化设定

客房部分：220间，中型旅馆
门厅大堂：700m²
餐饮用房：1810m²
休闲康乐中心：3178m²
后勤部分：1600m²
面食文化展览馆及品尝：1500m²

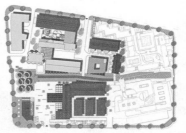

组团平面位置示意图

铁路村地段更新设计

西安建筑科技大学
XI'AN UNIVERSITY OF
ARCHITECTURE AND TECHNOLOGY
C组

建筑篇——

设计者：刘 念
2012届建筑学专业

西安唐大明宫西宫墙周边地区设计
The Surrounding Areas of the Xi'an Tang Daming Palace West Walls Urban Design

指导教师：张 群 成 辉

此次基于历史地段更新的设计方案，位于大明宫遗址西侧。所选取的地块为20世纪50年代作为铁路职工住宅区的铁路村，该地块与周边地区相比，有着更显著的建筑肌理和明晰的空间特点。针对该地段现存在的问题经过深入调研，通过分析周边资源，得出所需功能体，并与所提取的原始空间类型加以整合得出设计整体框架。并对餐饮空间、住宿空间、和剧场进行了深入设计。

Part 1. 地段规划

基地现状

公共服务设施现状　道路交通现状　绿地现状分布　景观现状

行政办公用地　商业金融用地　宾馆业用地　医疗卫生用地　教育科研设计用地
城市快速路　城市主干路　城市次干路　城市支路
道路绿地　城市公共绿地　居住小区公共绿地　单位附属绿地
视线通廊　历史预留　自然地形　区域地形

基地区位

交通区位　资源区位

本次规划设计基地为唐大明宫西宫墙周边地区，位于西安市明城墙区域（城市一环）北侧与城市二环之间，西至未央路（城市中轴线），北至玄武路，东接大明宫遗址公园、南至陇海铁路，并邻近火车站，面积约2.3km²。

基地在城市中所处的区域范围内现分布有数座大型公共服务设施，在规划时可依托这些先期建设的公共设施，从而招聚人气与活力并拓展游客市场，带动基地的综合发展。

土地利用

二类居住用地　商业商务用地　文化设施用地　中　城市公共绿地　广场用地　水系　遗址公园用地　遗址保护区　城市道路　城墙　用地范围

小学　中学

历史沿革

唐
唐代长安城禁苑，是唐帝国的政治中心，皇帝朝会的地方，世界史上最宏伟和最大宫殿建筑群之一。

五代、北宋、明清
长安城降格为地方城市，城市规模大为缩减，大明宫遗址被划在西安城址范围之外。

1930~1940s
因铁路的修建许多工厂在此地域迅速发展；大量河南籍难民涌入，定居道北，形成道北棚户区。

1950s
确定"西安是以轻型精密机械制造和纺织为主的工业城市"的性质，作为仓库、铁路枢纽和铁路职工住宅区。

1960~1970s
大明宫区域的建设一度超越大明宫遗址保护地线，殿前区大量的六层、七层砖混结构住宅即在那里建起。

1980s
进行了重点发掘，复原了大明宫遗址。

1990s
被建材市场包围并挤压，形成城市中心的一片空白，大明宫遗址沦为与城市脱节的农田。

2000s
2010年10月1日，大明宫国家遗址公园开园。

2010s
西安的城市中央公园，城市的增长极，未来城市发展的生态基础，最重要的人文象征。

大明宫遗址周边地区依托大明宫国家遗址公园的保护、建设，按照"一次规划、分步实施、重点突破"的原则，建设集文化、旅游、商贸、居住为一体的城市新区。

唐代的大明宫和城市的关系

五代十国至明清大明宫与城市的关系

2012年前后大明宫地区的建设

Part 2 . 地块分析

历史背景

贞观八年	1930	1950	1961	2005	2010
禁苑	道北	工业	重点文物	拆迁	开园

确定"西安是以轻型精密机械制造和纺织为主的工业城市"的性质作为仓库、铁路枢纽和铁路职工住宅区。

铁路村

区域特点

地理位置： 该地区毗邻大明宫，位于龙首北路北侧。
公共设施： 基地处于北二环和明城区两大公共中心辐射范围的夹缝地带，内部公共设施匮缺，尤其公共教育设施分布不合理，市政公用设施不完全。
社会经济： 聚落以简易房为主，景观性差，街道窄小且不规整，存在一定的安全隐患。
发展条件： 依托大明宫国家遗址公园的保护、建设集文化旅游、商贸、居住为一体的城市新区。

建筑类型

住宅楼 简易平房

交通状况

交通流量过于集聚
交通设施规模不足
交通设施容量有限
系统性功能不完善
交通结构不尽合理
个体机动发展过快

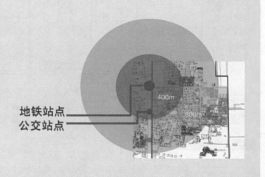

400m
800m

地铁站点
公交站点

建筑质量

基地以龙首北路为界，以南建筑为新建居住区，建筑质量较高；以北建筑大多以1990年代早期建造，建筑质量较差，急需治理改造，其中铁一村、铁二村及二马路附近棚户区的环境尤为混乱。

绿化系统

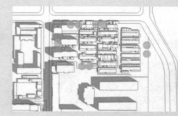

建筑肌理

居民构成

居民年龄构成

未成年人	青年人	中青年人	中年人	老年人

居民职业构成

机关	学生	教师	商人	无业

居民收入情况

0~500	1000~2000	2000~5000	5000以上

家庭构成

单身 夫妻两人	一家三口	三代同堂	四代同堂

建筑高度

居住区　居住区　棚户区　大明宫

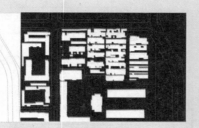

少年儿童　　中年人　　老年人

Part 3 . 设计产生

城市记忆

　　每座城市之所以不同，是因为他们在时间长河里生长的过程中有着不用的文脉和历史文化的记忆。我们必须尊重城市每个角落空间的成长，因为这里，记录着人们的生活和文脉的取向。这是独一无二的时间与空间构成的城市质感，是一种文化，一种历史。

地段空间形态

街道　　　　　　节点　　　　　　　　肌理

组织

　　网格式布局形成秩序，以单元式组合发展衍生平面，整合不同性质的空间解决功能。具体到操作，则是以 8m×10m 的单元格为基本要素，街区长度控制在40m，形成 8m×40m 的条状肌理作为设计母体。

确定网格　　　　划分空间性质　　　　形成功能体块

设计框架

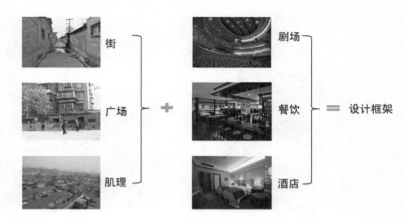

街　　　　　　剧场
广场　　＋　　餐饮　　＝　设计框架
肌理　　　　　　酒店

　　对提取的空间类型，如街、广场、肌理形态予以保留。获得不同的功能体，包括剧场、餐饮、酒店。对以上功能体进行整合，获得尺度和形态上可能的契合。将基本空间类型和整合后的功能体实施叠加，构成设计的基本框架。

传承

　　对于历史地段的新建建筑，特别是形象总是敏感。一方面历史地段确实需要能够反映民族生活历史文化背景的建筑，从而延续其特有的城市风貌；另一方面，在材料技术文化都产生了巨大变化的今天，建筑需求更多地集中在一种既能唤起对传统文化的认可，又符合现代潮流的建筑风格上。

a. 坡屋顶
b. 砖墙
c. 木材

鸟瞰图

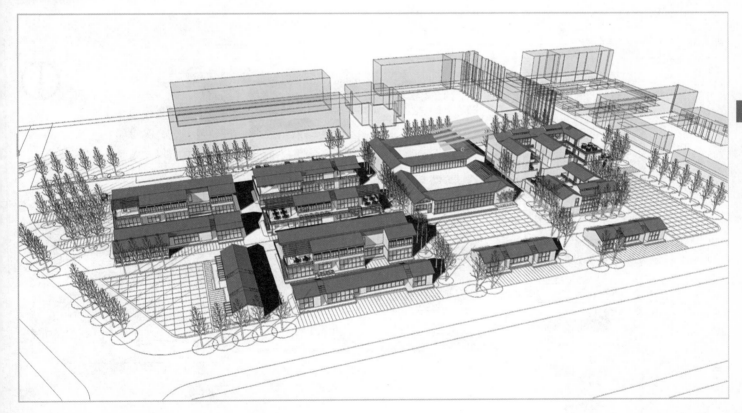

63

Part 4 . 地块规划

64

地块位置示意图

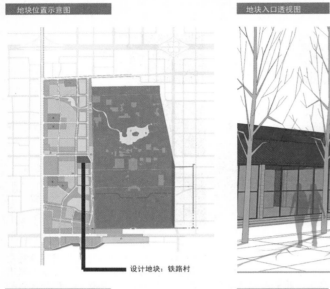

设计地块：铁路村

地块入口透视图

车形入口透视图

分析图

主要人流和主要车流

地面停车

主要路径

主要广场

主要外部景观

主要内部景观

功能分区

建筑肌理

总平面图

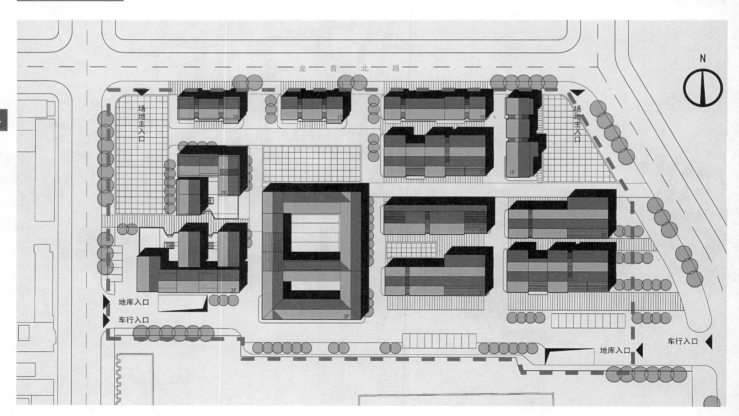

龙首北路

场地主入口

地库入口

车行入口

场地主入口

车行入口

地库入口

N

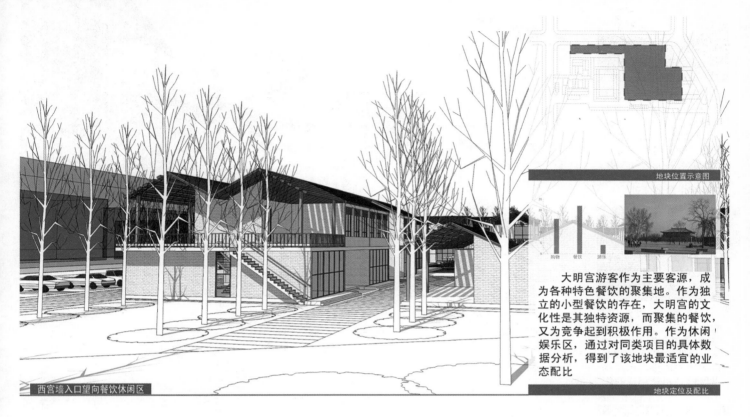

地块位置示意图

购物　餐饮　游乐

大明宫游客作为主要客源，成为各种特色餐饮的聚集地。作为独立的小型餐饮的存在，大明宫的文化性是其独特资源，而聚集的餐饮，又为竞争起到积极作用。作为休闲娱乐区，通过对同类项目的具体数据分析，得到了该地块最适宜的业态配比。

西宫墙入口望向餐饮休闲区

地块定位及配比

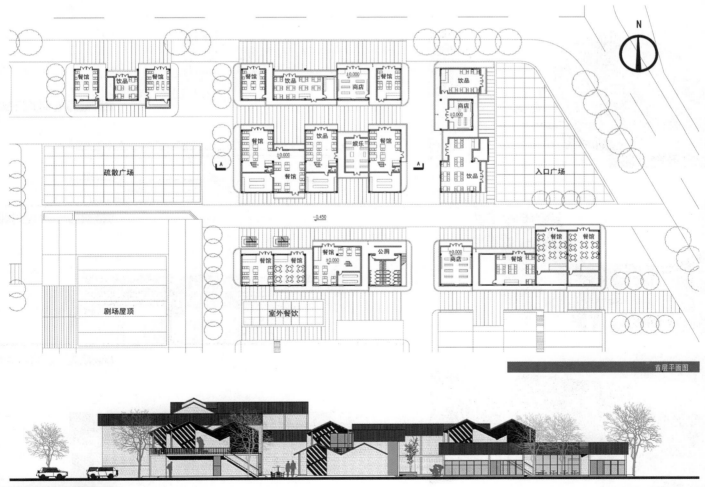

餐馆　饮品　餐馆

餐馆　饮品　±0.000　商店　餐馆

饮品

商店　±0.000

疏散广场

餐馆　±0.000　饮品　娱乐　餐馆

A　A

入口广场

餐馆

饮品

−0.450

餐馆　餐馆　±0.000　公厕　餐馆　餐馆

商店　餐馆

剧场屋顶

室外餐饮

首层平面图

基地东立面图

休闲餐饮区的主题是仰望,分别表现在形式上和功能上。形式上的仰望,通过靠近大明宫的区域适当降低层高,采取仰视的姿态和提供与大明宫视线交流的场所来达到仰望主题的体现。

另一方面,以大明宫的旅游资源,文化资源为依托,通过分析得出餐饮休闲功能的需要,使遗址区周边的建设与遗址的发展得到相辅相成的作用。

仰望

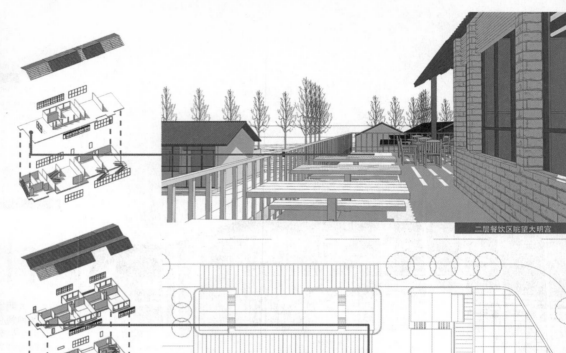

二层餐饮区眺望大明宫

餐饮区单体轴测图

二层平面图

从餐饮区望向广场

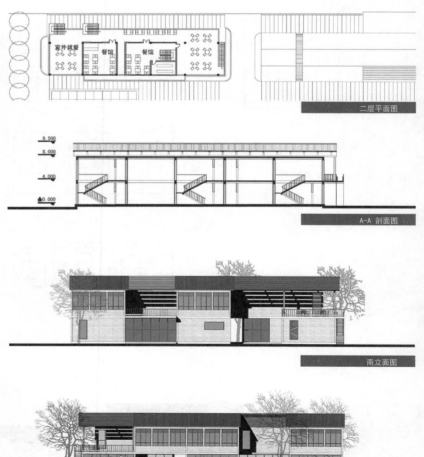

A-A 剖面图

南立面图

从基地外望向餐饮区

从广场望向餐饮区

北立面图

66

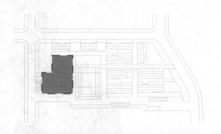

地块位置示意图

　　住宿区的主题的回望，是对铁路村地区这段历史记忆的追溯。回迁了少数当地居民，经营体验式酒店，一方面作为自己的起居场所，一方面用于对外经营。既满足了生活保障又有了经济来源，并且直接成为了道北地区这段历史活动的遗产。
　　而对于参观游览大明宫的人群，又有了便利的居住条件，能更直接，多时段多角度的领略大明宫的魅力。

回望

从B栋望向A栋二层平台

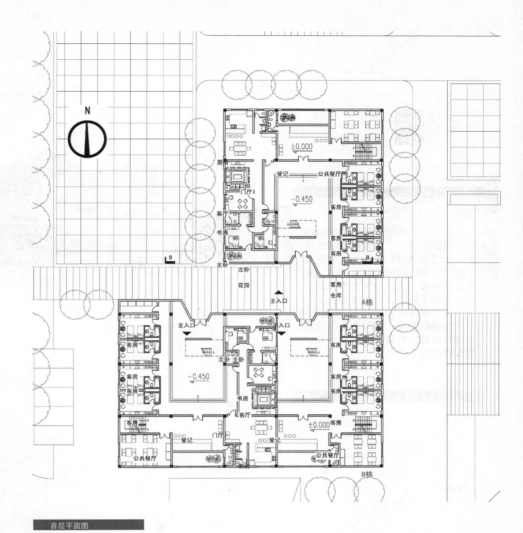

首层平面图

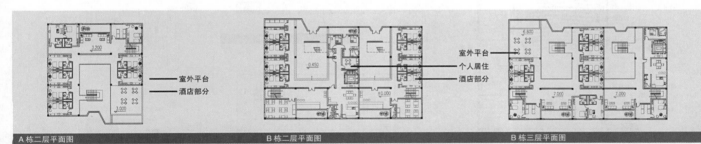

A栋二层平面图　　　　　　　　　B栋二层平面图　　　　　　　　　B栋三层平面图

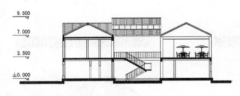

B-B剖面图

A栋北立面图

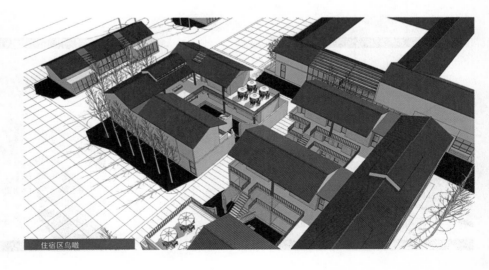

住宿区鸟瞰

地块位置示意图

在大明宫周边地区经过项目调研，得出建设一个地方性剧院的需要。大明宫IMAX影院两者共同完善了大遗址周边的配套服务设施，同时也是服务于北郊地区的市民剧场。丰富了周边民众的休闲生活。

该剧场可以容纳320人，属于中小型规模的剧场，同时在无剧目表演的时候可以放映电影，来保证剧院运转的经济来源。

展望

剧院前广场透视图

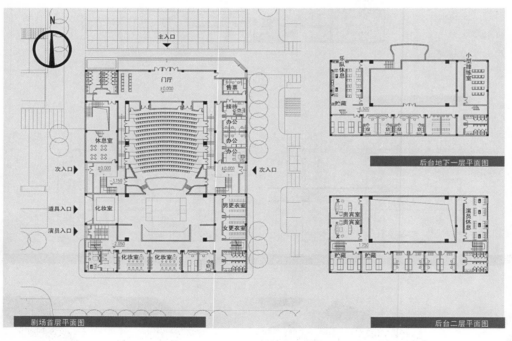

主入口

门厅
±0.000

售票

接待

办公

办公

办公

休息室

次入口 ±0.000

次入口 ±0.000

-1.150

道具入口

化妆室

男更衣室

演员入口 -2.050

女更衣室

化妆室 化妆室

剧场首层平面图

乐队休息

小型排练室

贮藏 -6.500

后台地下一层平面图

贵宾室

贵宾室

演员休息

贮藏 贮藏 -1.750

后台二层平面图

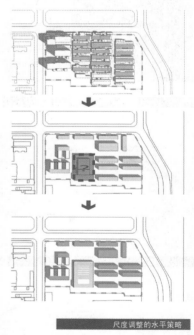

尺度调整的水平策略

剧场出口对向的室外餐饮区

餐饮区疏散口望向前广场

唤醒龙首
——苑街

西安建筑科技大学
XI'AN UNIVERSITY OF
ARCHITECTURE AND TECHNOLOGY
D组

建筑篇——

设计者：孟亭圳
2012届建筑学专业

西安唐大明宫西宫墙周边地区设计
The Surrounding Areas of the Xi'an Tang Daming Palace West Walls Urban Design

指导教师：张　群　成　辉

该方案通过龙首塬的等高线提取富于商业街区，让商业街区更有层次感，将西内苑所具有的园林概念抽象提取，成为商业街区中的公共空间的节点，让人在购物的同时，还能体会游园的乐趣。通过水平式守望和垂直式守望，进一步加强基地和大明宫的关系，并且能在满足现代人们生活需求的同时，让人想起曾经的龙首塬和西内苑，唤醒了沉睡中的龙首塬。

1. 基地的选择

根据我们的前期分析和调研，以及对整个2.3平方公里的大地块规划，个人感觉该基地设计所要面对的问题更为复杂，极具挑战性，所以选择了该地块进行建筑深化设计。

图1 基地的选择

2. 基地的分析

区位分析

交通资源分析

基地和大明宫的关系

基地和龙首塬的关系

The Xinei Yuan
Base

Cultural landscape space
Building base range
City Square

商业现状分析

城市次级商业中心业态种类配比

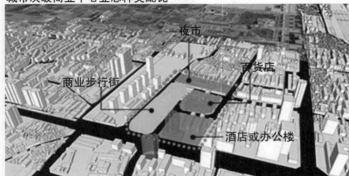

城市次级商业中心业态面积配比

3．基地的主题定位

基地和大明宫的关系

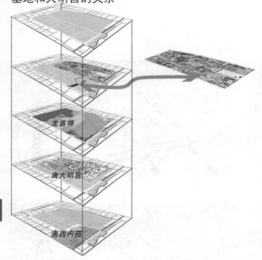

愿景：基地能很好的和现在的大明宫遗址公园和谐共存，在满足现代人生活需求的同时，还能和历史长河中那烛焰一方的世界文明中心唐长安城联系在了一起。

在水平的时间轴上，唐文化景观廊带将基地和大明宫联系在了一起。

在垂直的时间轴上，基地曾在这段龙首塬上。龙首塬极大的吸引着一代代"真龙天子"在此独占"龙脉"，龙首塬以区区不及20公里一线集中凝聚了十二个王朝的历史精华。在基地附近的龙首塬部分显得更为重要，凝聚了中国古代最鼎盛时期唐朝的历史文化精华。

在垂直的时间轴上，唐代在公元6到9世纪曾是世界文化的中心，是当时最繁盛的时期，唐代最著名的宫殿群当属大明宫，曾经的基地默默的守在大明宫附近。

在垂直的时间轴上，基地也和唐代的西内苑相重合。曾经的西内苑是皇家园林，充满了游园的乐趣，皇帝和他的妃子或者大臣们曾在那游耍，可是在今日园林气息已经消系。

A水平式守望

基地和大明宫的关系

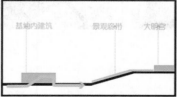

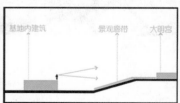

通过本身已有的景观廊带设计流线，引入人流　　在建筑中设计流线，让人在行走时，不知觉的被引入　　在建筑中设计高度变化的流线，进一步加强联系　　在建筑中设计中，能让人在高处视线上看到景观廊带

B垂直式守望

龙首塬　　西内苑　　商业

将龙首塬的等高线进行提取富于商业街区，让商业街区更有层次感，将西内苑所具有的园林概念抽象提取，成为商业街区中的公共空间园的节点，让人在购物的同时，还能体会游园的乐趣。

通过水平式守望和垂直式守望，进一步加强基地和大明宫的关系，并且能在满足现代人们生活需求的同时，让人想起曾经的龙首塬和西内苑，唤醒了沉睡中的龙首塬。

4. 方案的生成

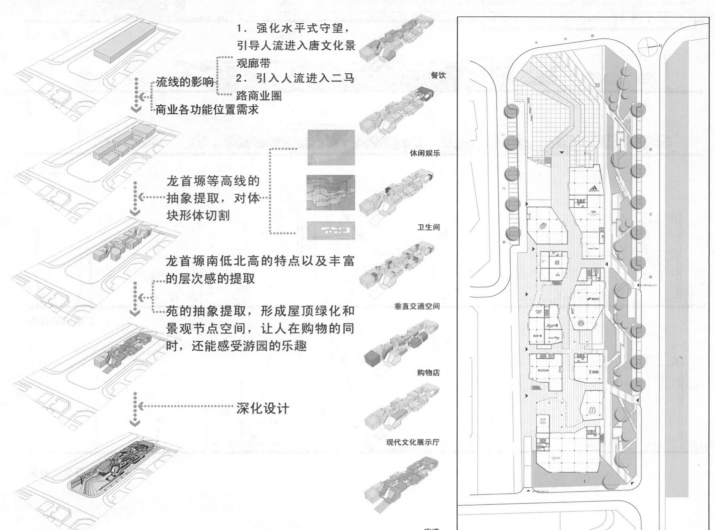

功能分区　　一层平面图

流线的影响

商业各功能位置需求

1. 强化水平式守望，引导人流进入唐文化景观廊带
2. 引入人流进入二马路商业圈

龙首塬等高线的抽象提取，对体块形体切割

龙首塬南低北高的特点以及丰富的层次感的提取

苑的抽象提取，形成屋顶绿化和景观节点空间，让人在购物的同时，还能感受游园的乐趣

深化设计

餐饮

休闲娱乐

卫生间

垂直交通空间

购物店

现代文化展示厅

廊道

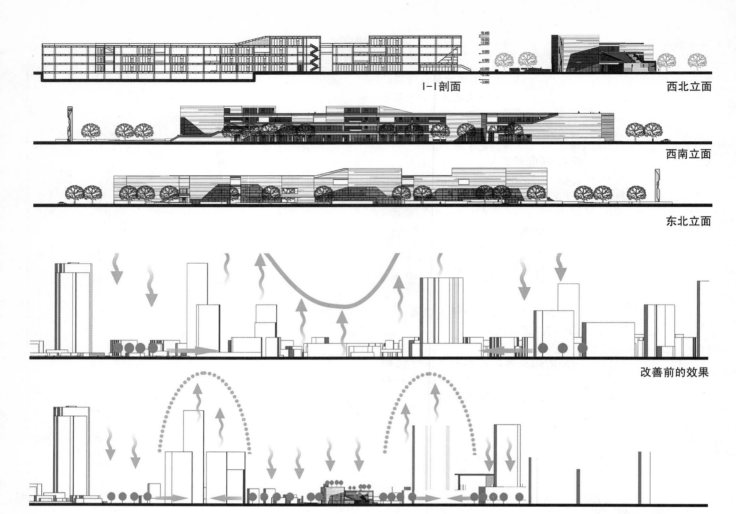

I-I剖面

西北立面

西南立面

东北立面

改善前的效果

改善后的效果

方案特色之商业街的街巷空间分析

剖切位置示意

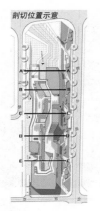

路径分析

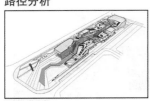

地面漫游路径
东西方向联系各个商业店面，曲折蜿蜒，路径串联地面的各个公共节点和商业功能区区块

屋面漫游路径
将水平路径和垂直路径共同结合形成屋顶漫游路径

结构性路径
几条南北性道路加强了二马路商业区和北面景观带的联系，将北面的景观引入了商业街区，强化了"苑街"的主题，丰富了消费者的行走路径，提升了购物的乐趣

地面组团节点
在地面街巷空间中，结合周围道路关系，适时打开空间，形成节点，丰富了市民活动的可能性

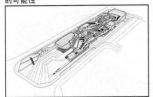

屋面组团节点
在屋面街巷空间中，结合商业功能需求和视线需求，让人在购物劳累之余有休息的空间，也可以有多种活动产生，丰富消费者的多种体验可能性

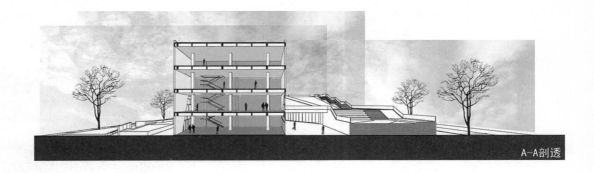

A-A剖透

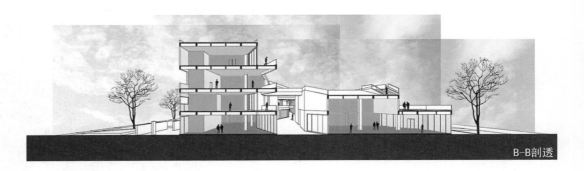

B-B剖透

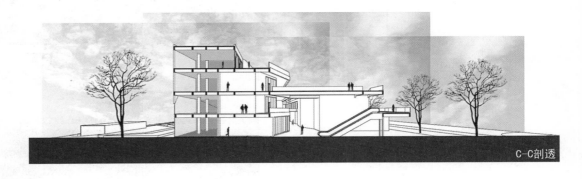

C-C剖透

73

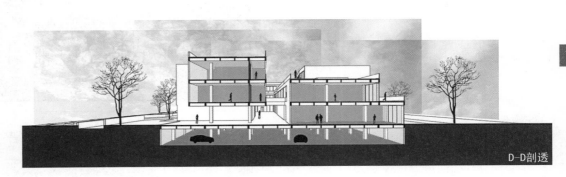

D-D剖透

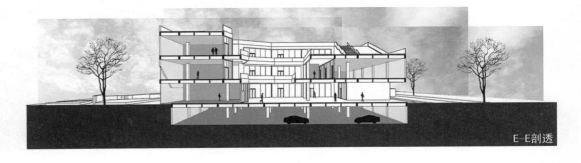

E-E剖透

其他层平面图

西内苑，曾是唐玄宗或者武则天才能享乐的园林，在时间的长河中，西内苑的概念早已模糊不清，甚至早已被人们所遗忘。通过在商业街的节点处引入景观公共空间节点，把新的"苑"请进商业空间，让更多的老百姓知道这里曾是西内苑的遗址，并且抽象了的园林空间不再只有贵族阶层的人才能享受，让本来就属于这块基地的内容走进老百姓的生活！

方案特色之商业街的主要节点空间分析

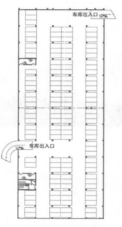

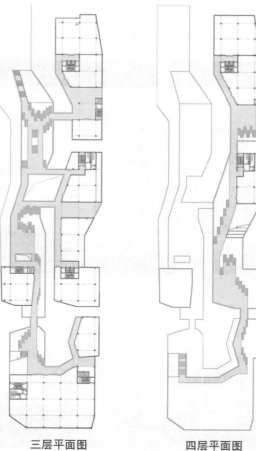

二层平面图　　　　地下一层平面图

三层平面图　　　　四层平面图

节点示意图

A节点

B节点

C节点

D节点

74

会展中心

西安建筑科技大学
XI'AN UNIVERSITY OF
ARCHITECTURE AND TECHNOLOGY
E组

西安唐大明宫西宫墙周边地区设计
The Surrounding Areas of the Xi'an Tang Daming Palace West Walls Urban Design

指导教师：张 群 成 辉

建筑篇——
设计者：王 捷
2012届建筑学专业

该建筑设计的功能定位为会展中心，建筑功能主要包括会议部分、展览部分和酒店部分。设计提取遗址台基、宫墙基座和宫墙的建筑语汇，同时进行了艺术处理，以层叠记忆为主题形成了独特的建筑造型和空间感受。

基地区位分析

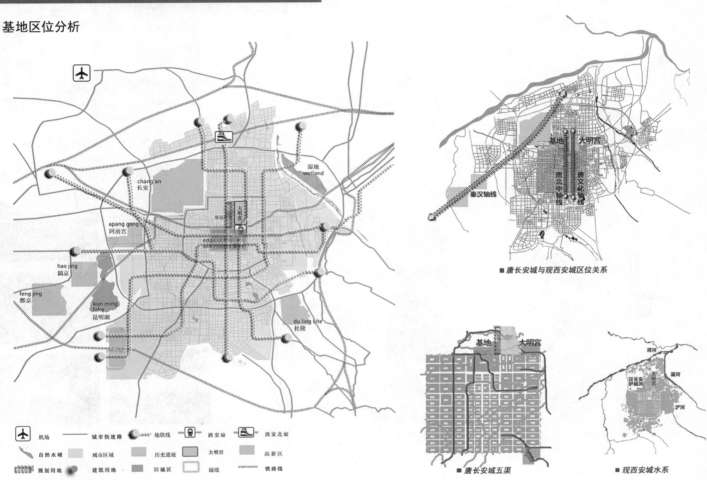

■唐长安城与现西安城区位关系

■唐长安城五渠　　■现西安城水系

基地现状系统分析

■历史遗迹分布

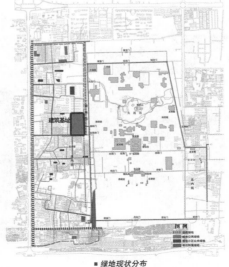

■绿地现状分布

■建筑容积率

75

■ 公共服务设施现状分布

■ 道路交通

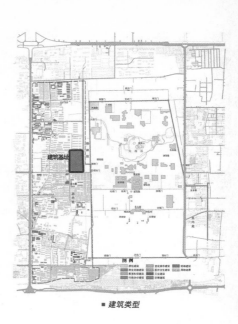

■ 建筑类型

■ 建筑层数

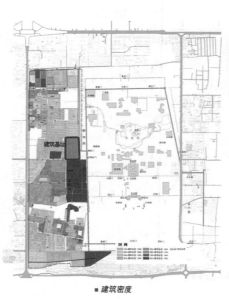

■ 建筑密度

基地现状

基地现状土地利用分析

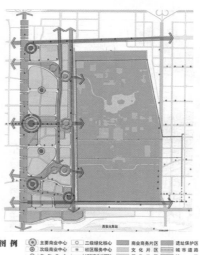

基地规划结构图

基地规划控制要素分析

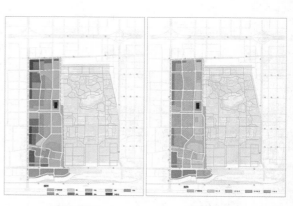

建筑高度控制　　　　　　建筑容积率控制

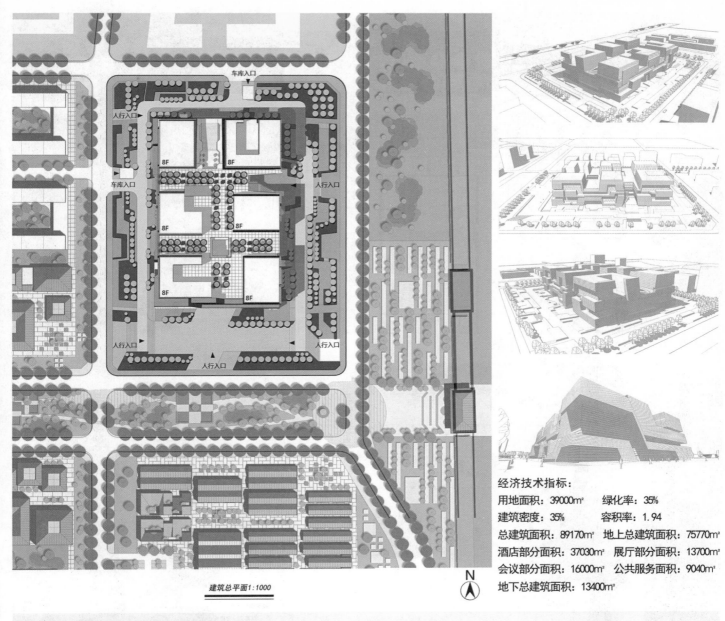

建筑总平面1:1000

N

经济技术指标:

用地面积:39000m²　绿化率:35%
建筑密度:35%　　　容积率:1.94
总建筑面积:89170m²　地上总建筑面积:75770m²
酒店部分面积:37030m²　展厅部分面积:13700m²
会议部分面积:16000m²　公共服务面积:9040m²
地下总建筑面积:13400m²

建筑设计元素及立面分析

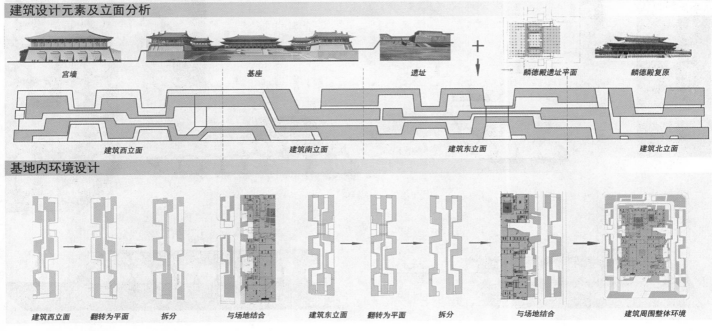

宫墙　　　　　　基座　　　　　　　遗址　　　　麟德殿遗址平面　　麟德殿复原

建筑西立面　　　　　　　建筑南立面　　　　　　建筑东立面　　　　　建筑北立面

基地内环境设计

建筑西立面　翻转为平面　拆分　与场地结合　建筑东立面　翻转为平面　拆分　与场地结合　建筑周围整体环境

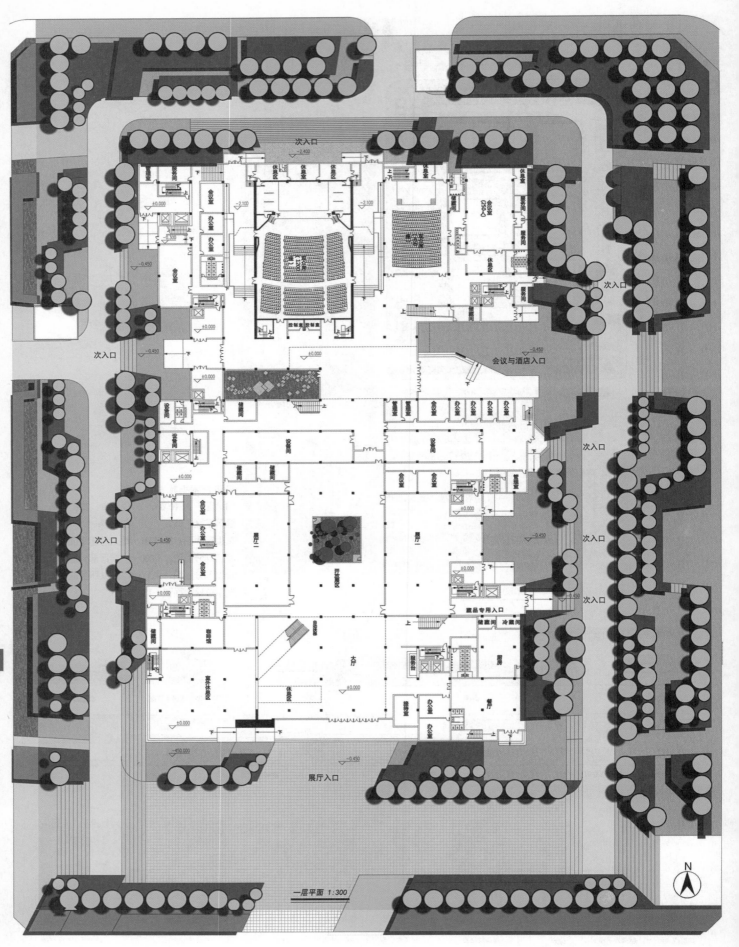

一层平面 1:300

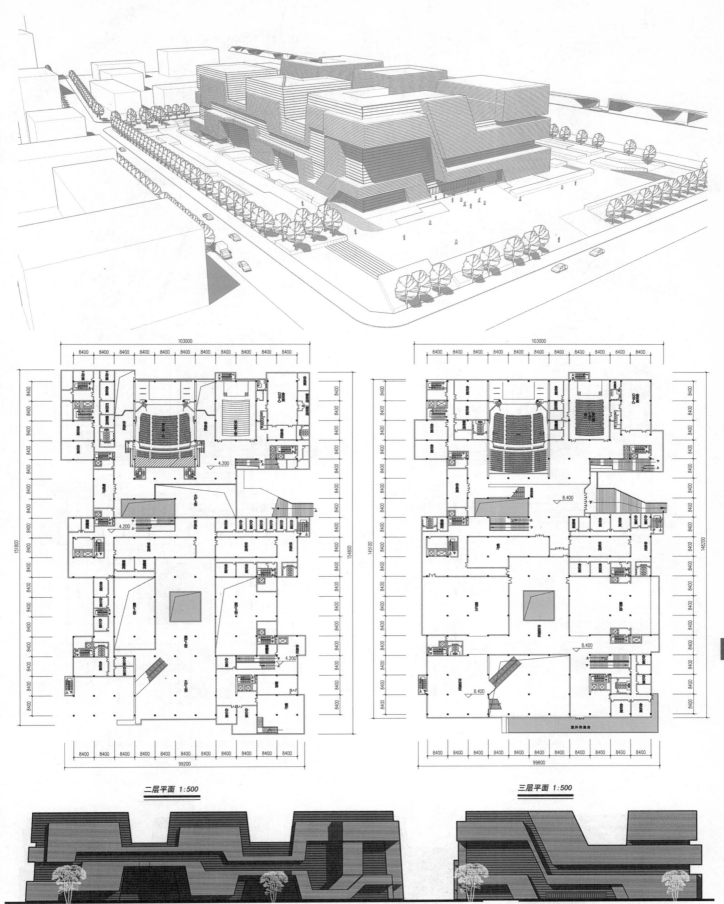

二层平面 1:500

三层平面 1:500

西立面 1:500

南立面 1:500

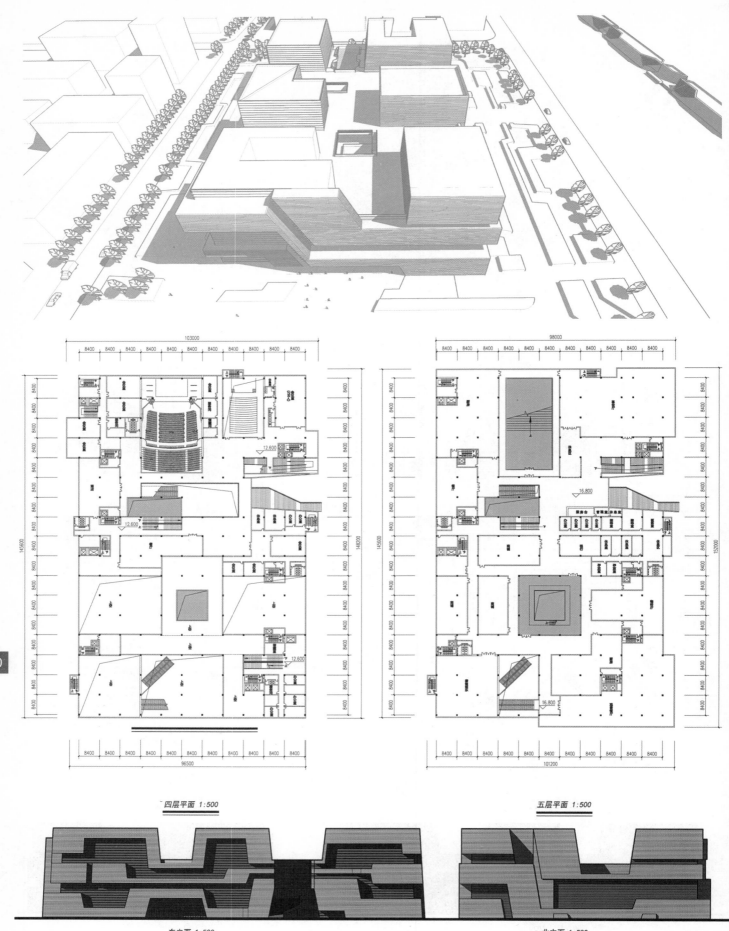

四层平面 1:500

五层平面 1:500

东立面 1:500

北立面 1:500

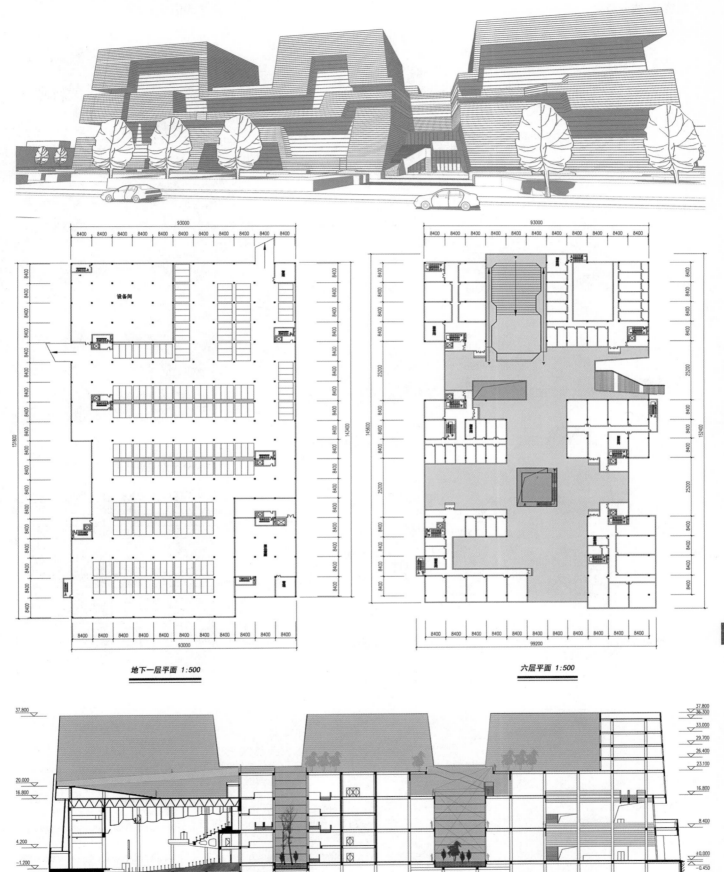

地下一层平面 1:500

六层平面 1:500

1-1剖面图 1:500

功能&流线分析图

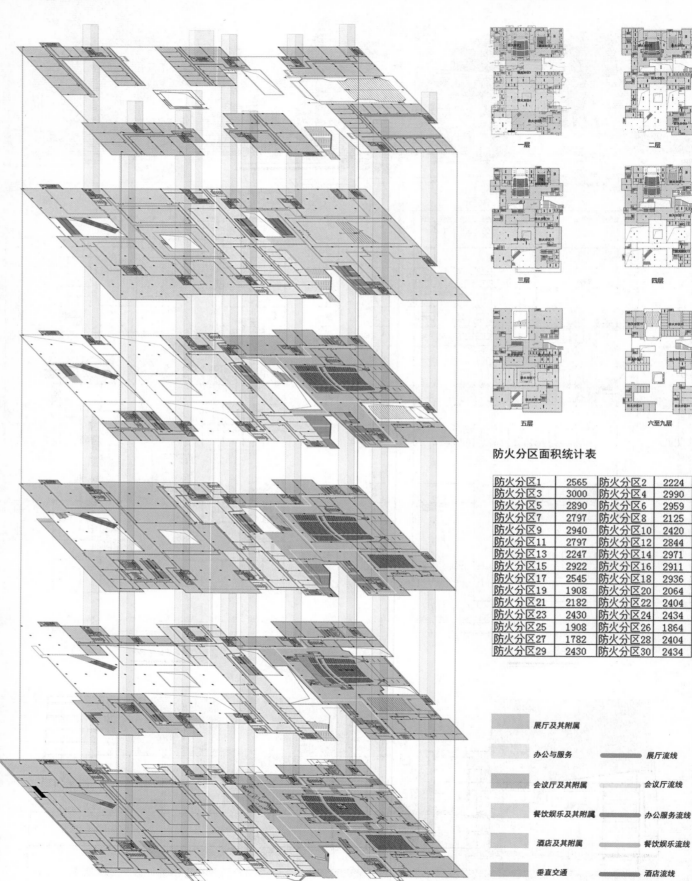

防火分区示意

一层　　二层

三层　　四层

五层　　六至九层

防火分区面积统计表

防火分区1	2565	防火分区2	2224
防火分区3	3000	防火分区4	2990
防火分区5	2890	防火分区6	2959
防火分区7	2797	防火分区8	2125
防火分区9	2940	防火分区10	2420
防火分区11	2797	防火分区12	2844
防火分区13	2247	防火分区14	2971
防火分区15	2922	防火分区16	2911
防火分区17	2545	防火分区18	2936
防火分区19	1908	防火分区20	2064
防火分区21	2182	防火分区22	2404
防火分区23	2430	防火分区24	2434
防火分区25	1908	防火分区26	1864
防火分区27	1782	防火分区28	2404
防火分区29	2430	防火分区30	2434

展厅及其附属

办公与服务　　展厅流线

会议厅及其附属　　会议厅流线

餐饮娱乐及其附属　　办公服务流线

酒店及其附属　　餐饮娱乐流线

垂直交通　　酒店流线

"隐"·"导"

西安建筑科技大学
XI'AN UNIVERSITY OF
ARCHITECTURE AND TECHNOLOGY
F组

建筑篇——
设计者：吴 丹
2007级建筑学专业

西安唐大明宫西宫墙周边地区设计

The Surrounding Areas of the Xi'an Tang Daming Palace West Walls Urban Design

指导教师：张 群 成 辉

对于大明宫西宫墙周边地区来说，该区域的建设与发展面临着诸多问题，比如古遗址周边的建设、旧城区改造、火车站人流的疏散与引导等，尤其作为西安市发展的一个重要的门户空间，这其中包括社会问题、文化问题、甚至经济问题，所以，此次毕业设计只是一名建筑学专业毕业生，对这一系列问题的解决方法做出的一些尝试和思考而已。

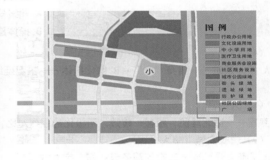

基地选址

（1）区域位置
建筑基地选址为整个规划地块的东南角处，占地面积约1.5hm²，由自强东路、二马路以及建强路围合，西侧为大明宫兴安门遗址，是基地与大明宫和未来火车站北广场联系的重要节点。其所在区域为二马路商业区，所以此块基地也是带动该商业区域的重要门户空间。

（2）地块现状
地块内以棚户区为主，以及小部分废弃厂院和老旧住宅，还有一所市立中学。建筑年代久，建筑质量差，功能配置不合理。予以重新规划建设。

（3）未来规划
从大明宫西宫墙周边地区发展的全面考虑，为达到由大明宫带动周边区域发展和建设的目的，并结合其自身的特点和条件，将此块用地做出调整。

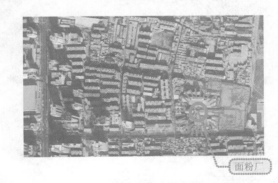

周围环境影响因素

（1）大明宫
A. 作为遗址地区的城市建设，既要考虑对遗址的尊重，又要考虑其自身的发展条件；
B. 以"守望大明宫"为主题的城市设计，如何守望是设计所要表达的重要内容；
C. 大明宫遗址公园占地面积大、功能种类多，作为紧邻大明宫的地块可以是大明宫的延续也可以是大明宫相关功能的补充；
D. 大明宫作为国家重点建设的遗址工程，势必会带来大量的客流，机遇由此产生。

（2）火车站北广场
A. 未来火车站北广场的建成，将大明宫变成了西安重要的门户空间，如何展示门户成为问题；
B. 大量人流集聚，人流的组织和导向需要考虑。

（3）二马路商业街
A. 该地块做为二马路商业街的入口同时兼做出口，对人流的吸引和导向作用十分重要；
B. 某个空间开始和结束对空间序列的体验感受起着不可忽视的作用。

（4）人群定位
作为一个城市设计，针对的是城市公共空间的使用者——人，必须充分考虑满足人群的生理心理需求。

83

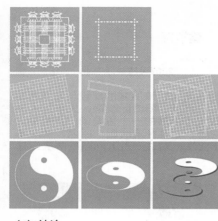

建筑生成

1. 形式确定

（1）对大明宫的态度

A. 任何地面上的建筑无论如何处理都会对大明宫产生影响；

B. 自然环境可与大明宫最好地结合。

（2）对唐城绿带的态度

A. 建筑基地处于大明宫遗址公园与唐城绿带交接处，成为唐城绿带与西宫墙景观绿带的过渡阶段比较合理；

B. 作为绿化景观的放大节点，可使绿化自然过渡以及向基地内部渗透。

（3）对基地内部的态度

A. 建筑群体逐步退让，增大大明宫及其绿化景观对基地内部的视线影响；

B. 掩体建筑可增大唐城绿带及大明宫景观绿带对基地内部的渗透。

（4）结论

A. 掩体建筑——自身"守"；B. 绿化掩体——景观延续与渗透，自然掩护；C. 逐步退让——基地"望"。

2. 形体确定

（1）大明宫

皇宫——道北难民，极盛—破败，两极化的强烈对比；

（2）唐长安城（隋大兴城）

A.《唐会要》卷十五玄都观条云：初，宇文恺置都，以朱雀门门街南北尽郭，有六条高坡，象乾卦。故九二置宫网，以当帝之居，九三立百司，以应君子之数；九五贵位，不欲常人居之，故置元都观、兴善寺以镇之。宇文恺主持设计隋大兴的规划时，按照周易卦象布置城市功能；B. "是生两仪，两仪生四象，四象生八卦"，故究其源为太极；C. 城市规划为里坊制，棋盘式布局。

（3）长安城基址

A. 九大塬 ——白鹿塬（也称神鹿塬、狄寨塬）、神禾塬（长安）、少陵塬、乐游塬、八里塬（浐霸之间，也叫嘴头塬）、铜人塬（灞河以东，焚书坑儒之红坑即在此）、龙首塬（龙首村及其以北，大明宫即在此塬）、咸阳塬、横岭塬（蓝田以西，白鹿塬以东，中为灞河）；

B. 六坡走势

a. 轴向偏转；b. 逐级高差

（4）《礼记——考工记》

"匠人营国，方九里，旁三门，途中九经九纬，经途九轨。"

（5）结论

A. 太极（映射大明宫，唐文化）

哲学概念——中国传统文化（造园手法）

空间处理——虚实、互含

B. 九乘九棋盘式

C. 轴向偏转（模拟六坡走势）

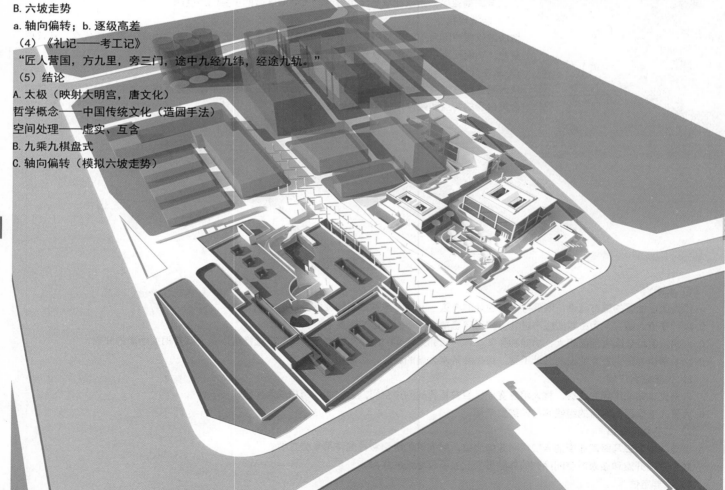

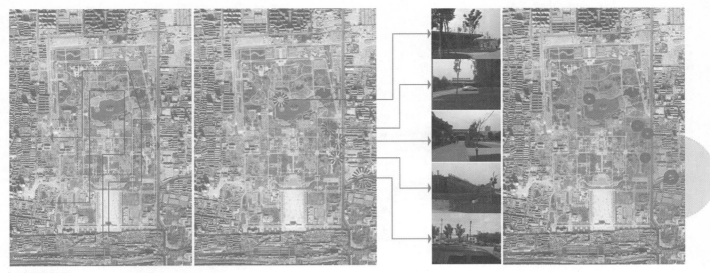

功能确定

（1）确定依据

根据调研发现，原有基地的功能结构已不能适应地段今后的发展，随着大明宫遗址公园的完善和火车站北广场的建成以及西安市整体重心北移的发展趋势，基地必然需要新的功能结构驻入。

目前基地还处于发展中的阶段，也就是说，任何现状都是随时间在变动的，不能成为确切的影响因素。而大明宫遗址公园和火车站北广场在未来的建设中一定是存在的，也一定是作为中心坐标来起作用的。

所以就此块基地的建筑具体功能是根据大明宫所需功能以及周围已建成且在长期规划中发挥作用的建筑功能来确定的。相关的数据只是可预知范围内一种猜测和设想。

（2）确定过程

A. 吃住行，娱—吃、娱—吃

B. 现阶段餐饮设施分布

C. 现阶段餐饮设施规模

大明宫北客服中心——占地面积约1000m²，建筑一层，为大明宫游客提供休息餐饮空间，同时出租包办活动。

锦旗君悦贵宾楼——占地面积约2200m²，建筑为1~2层，部分三层，提供食、宿及大型会议活动，配套设施齐全，使用人群相对高端。

唐文化主题会所——占地面积约7000m²，建筑为1~2层，以餐饮、住宿、娱乐为主，仿古建筑，未投入使用。

凯宴——占地面积约1000m²，建筑为2层，以餐饮为主，受众为高端人群。

大明宫东侧中段含元路饮食街——沿街店铺，以餐饮类为主，消费类型低端。

太华1935——旧厂房改造工程，预备打造文化休闲娱乐中心，未建成。

D. 未来规划

右银台门处麟德殿复原——大型餐饮会议中心
　　　举办大型会议及相关服务内容。

铁路村更新设计——休闲娱乐商业村
　　　小型餐饮设施、小型娱乐商业设施等。

（3）确定内容

A. 经过调研发现，大明宫遗址公园范围大，游客逗留时间长，辅助服务设施种类和数量欠缺，尤其以"食"为主要问题，在大明宫整体的西南部分没有对应的布置，而且已有的餐饮建筑定位主要是以大型会议或者高端商务活动为主，均为大型餐饮建筑，而客服中心主要以承包活动为主，对于大明宫普通游客的此项服务缺乏。

B. 大明宫内部以"游走"的参观线路为主，即使停下来休息也没有相应的活动支撑，一则对游客来说无趣，二则对商家来说浪费资源。

C. "民以食为天"，以此作为设计的功能定位切入点，打造休闲餐饮空间，以弥补大明宫此方面的功能缺失，同时吸引人流停留，以提升基地自身的价值。

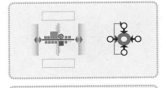

轴向布置——大型供应服务设施位于中心，其余轴向布置，使垂直向的小型供应服务处于弱势，位于居住区之间的轴也没有得到最大客流。

不合理

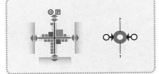

"单极中心"——大型供应服务设施位于中心，纵横两向的供应服务都能得到，但不是最大化。

较合理

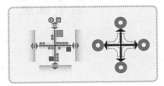

"多级中心"——均衡分配访客较多的重要设施，使人流贯穿街区，从而均衡人流，达到场所质量均衡的目的。

合理

供应服务结构形式

场所质量均衡，有利于各个供应服务的作用发挥。作为城市设计宏观调控的必要考虑条件。

总平面图

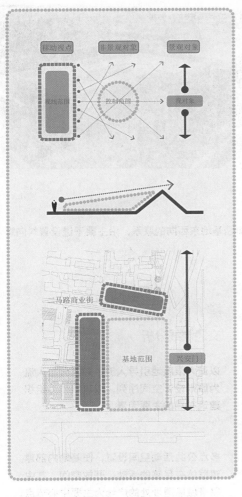

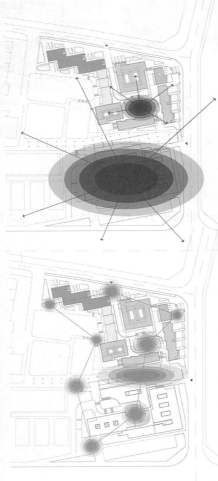

景观绿化分析

基地地处大明宫西宫墙景观绿化带和唐城绿带的交汇点，为达到过渡的作用。

采取将绿化景观放大处理的方式进行设计，以唐城墙遗址作为分界，南侧为掩土建筑，屋面全部绿化处理，入口处硬质铺装加以区别，北侧半下沉建筑群围绕一个景观绿化中心布置，从而达到太极对立而互含的关系，相互区别且相互渗透，这也是中国古代园林的造园手法之一。

公共活动空间分析

基地内部主要以步行为主，车辆可到达基地内部，但不作为平时车辆通行使用。设置多个步行出入口，流线相互贯通，使各个商铺争取到最大的人流，使场所质量达到均衡。在商业店铺下设置地下停车场，以及二马路沿街商铺中设置临时停车位，以满足基地内部人员车辆停放需求，同时也可帮助缓解基地周围的静态交通问题。

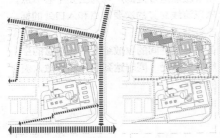

交通流线组织

基地内部主要以人行流线为主，车行流线为可达但不通畅，用来适用于紧急情况；人行流线为多入口，多交叉的组织方式，以增大基地内部人流逗留的可能从而提高供应服务空间的场所质量。

以最大限度地引导人流，并且分散人流为原则设计空间序列，以流线作为组织建筑布局的主要因素。

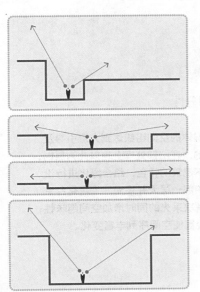

群体次入口利用建筑群体地下半地下的特色，营造小尺度的通过性空间，使建筑群体与周边既相互联系又相对独立。

商业区公共活动区域作为各个商铺的集散场所，可停（遮阳）可走（引导性道路），有利于人流的吸引和分散。

出于对唐城墙遗址的尊重与保护，遗址上方不得建任何建筑，故将此地作为整个建筑群的主要入口广场处理。

展示区为地下建筑，在建筑区域中心设公共开敞区域有利于人流的疏散和引导。

与周围建筑环境结合

通过唐城墙遗址处的开敞空间以及具有引导性的列柱使面粉厂对大明宫形成视线通廊，从而加强基地东西向的联系，沿主要干道设置斜向矮墙，达到对人视线以及流线的引导作用。

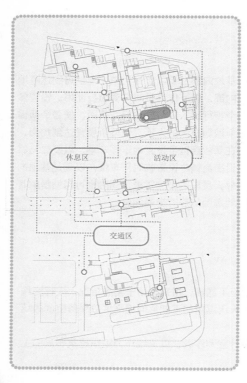

休息区 活动区

交通区

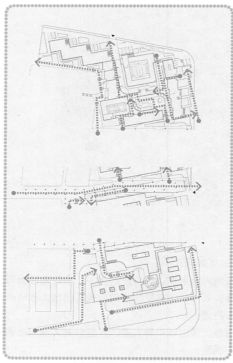

交通流线分析

以最大限度地引导人流，并且分散人流为原则设计空间序列，以流线作为组织建筑布局的主要因素。

多点公共活动空间设置，使基地内部建筑群体有足够的活动、开放空间，其中以唐城墙遗址处的广场为主要中心节点，辅以流线交叉的次要节点和入口处的标志性节点。
公共开放空间的收放组合形成丰富的空间序列感受，同时达到引导和分散人流的作用。

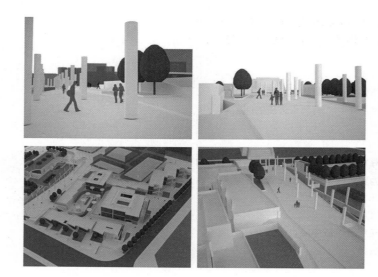

特色空间分件

通过建筑群体的空间组织达到人流引导及分散的目的，在细部处理上也以此为原则，发挥半地下建筑的特色，结合绿化进行设计。建筑内部一层天井采光，二层露台室外空间，解决采光的同时增加空间趣味性；不同标高设置使空间序列丰富变化。

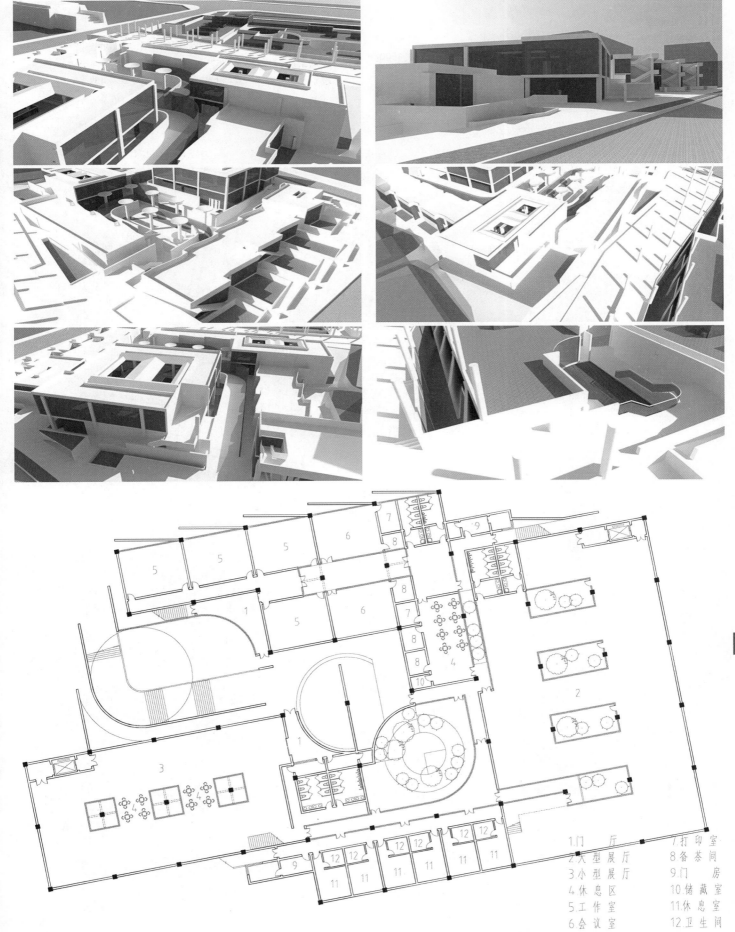

1.门　厅　　　7.打印室
2.大型展厅　　8.备茶间
3.小型展厅　　9.门　房
4.休息区　　　10.储藏室
5.工作室　　　11.休息室
6.会议室　　　12.卫生间

任务书确定

（1）功能组成

A. 休闲餐饮部分

中餐 1460m²　　茶饮 700m²　　酒吧 381m²　　快餐 150m²　　西餐 1500m²

地下车库2350m²

B. 展示空间部分

展示 1800m²　　休憩 250m²　　工作 710m²　　后勤 100m²　　交通 100m²

（2）技术经济指标

总用地面积：15000m²　　建筑用地面积：6670m²

总建筑面积：7880m²

建筑密度：85%　　容积率：0.74　　绿化率：45%

1. 门　厅
2. 用 餐 区
3. 厨　房
4. 库　房
5. 办 公 室
6. 更 衣 室
7. 露　台
8. 储 藏 室

城市规划篇 Urban Planning

重庆大学 Chongqing University
[旅游新起点]
[乐苑·长安]
[西部文化休闲中心]

西安建筑科技大学 Xi'an University of Architecture Technology
[守望大明宫]
[龙首北路休闲服务中心]
[龙首西苑文化中心]
[二马路商业街区]

CHONGQING UNIVERSITY

■ 设计团队 WORKING GROUP

方辰昊　　国原卿　　汤西子　　黄丁芳　　仝昕　　姚芳

重庆大学A组 [旅游新起点]　　　　　方辰昊　　国原卿
重庆大学B组 [乐苑·长安]　　　　　汤西子　　黄丁芳
重庆大学C组 [西部文化休闲中心]　　仝　昕　　姚　芳

■ 指导教师 INSTRUCTORS

卢　峰　　　　　　董世永　　　　　　夏　晖

旅游新起点

重庆大学
CHONGQING UNIVERSITY
A组

西安唐大明宫西宫墙周边地区设计
Space Reformation and Architectural Design for Old cityAreas in Harbin

指导教师：董世永　卢　峰　夏　晖

规划篇——

设计者：方辰昊　国原卿
2012届城市规划专业

大明宫是唐代长安城禁苑，是世界史上最宏伟和最大的宫殿建筑群之一。大明宫遗址公园的兴建是带动城市发展的契机，其规划定位是"西安城北重要的空间节点和发展支点"和"城市中央公园"。本设计对大明宫的作用机制与现存问题进行了深入剖析，结合地块与大明宫的优势条件，打造以文化体验和核心内容的西安"旅游新起点"。

1. 设计背景
1.1 西安

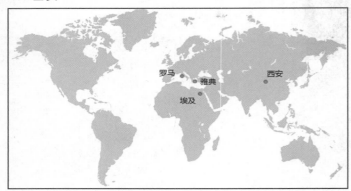

西安，作为中国历史上建都朝代最多，历史最久的城市，人文荟萃，物尽天华。3100年的都市发展史，1200年的建都历史为西安带来了深厚的历史文化积淀。同时，西安也与开罗、雅典、罗马并称为世界著名四大文明古都，城市的历史浓缩了人类文明的发展史，文化的深邃同时吸引着世人的注目，辉煌灿烂的黄河华夏文明创造了人类历史文明的每一个亮点。

西安地处中、西南两大经济地域结合部，是西北各省通往西南、中原及华东的门户和交通枢纽，同时也是第二条欧亚大陆桥陇海兰新线上最大的中心城市，在全国经济总体布局上具有启东承西、东联西进的特殊战略地位，尤其是在国家"西部大开发"的国策中扮演着重要的角色。最新一轮总体规划中对西安的城市性质的定义是："西安是陕西省省会，国家重要的科研、教育和现代国防科技工业基地，我国西部地区重要的中心城市，国家历史文化名城，世界著名古都，并将逐步建设成为具有历史文化特色的现代城市。"同时，西安的城市职能为：国际旅游城市；新欧亚大陆桥中国段中心城市之一；国家重要的科研教育、现代制造业、高新技术产业和国防科技基地及交通枢纽城市；中国西部经济中心；陕西省政治经济文化中心，"一线两带"的核心城市。

1.2 旅游业

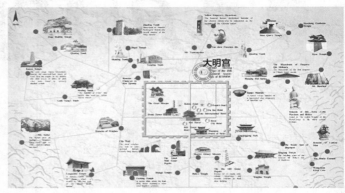

资源优势
（一）古迹遗存众多
（二）宗教文化旅游资源丰富
（三）自然景观丰富多彩
（四）地域文化资源丰富
（五）现代文化发达

唐大明宫图

区位优势：
西安是新欧亚大陆桥和陇海兰新经济带最重要的中心城市和旅游中心，丝绸之路的起点和龙头。自古以来，西安就是重要的交通口岸。伴随陇海兰新线和新欧亚大陆桥的贯通，西安成为这一经济带上中国段的中心。

交通优势：
西安咸阳国际机场为我国四大航空港之一。以西安为中心的"米"字形高速公路体系初步形成，加上陇海、兰新等铁路交通，使西安成为能够非常便利进出的交通枢纽城市，其可达性非常优越。

旅游收入：
西安的旅游收入偏低，2011年西安全年的旅游收入为530亿元，与旅游收入最高的上海、北京相比，西安的旅游收入仅为上海、北京的17%；与其他历史文化名城进行比较，仅有同是历史文化名城的杭州、南京的一半；与同处西部的重庆、成都相比也有不小的差距。

西三角经济区

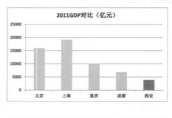

2011GDP对比（亿元）

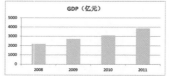

GDP（亿元）

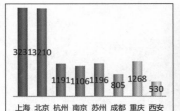

32313210 11911 10661 196 805 1268 530

上海 北京 杭州 南京 苏州 成都 重庆 西安

现状问题：
（一）旅游区域拓展滞后，与其他旅游强市差距明显
（二）产品结构较为单一
（三）旅游产业结构发展不平衡
（四）基础设施相对滞后 完善交通系统，提高景点可达性
（五）精品名牌效应拉动不足，产业核心竞争力有待提高
（六）对外宣传缺乏力度，"西安"名片效应有限

发展策略
（一）开发旅游产品，满足深度旅游体验需求，延长游客停留时间
（二）发展旅游配套产业，完善旅游配套系统，提高"弹性消费"
（三）完善交通系统，提高景点可达性
（四）加强邮电、通信、银行、信息网络等服务设施建设
（五）打造精品名牌，加强宣传力度提高国际知名度

1.3 大明宫国家遗址公园

概况
- 大明宫国家遗址公园于2010年10月1日开园
- 国际古遗址理事会确定的具有世界意义的重大遗址保护工程
- 是丝绸之路整体申请世界文化遗产的重要组成部分
- 西安的"城市中央公园"
- 带动城市发展的契机
- 西安城北的重要空间节点和发展支点

资源特性：
　　大明宫遗址作为唐代最重要的宫殿建筑，中国历史上最大的宫殿建筑群落，是中国宫殿建筑的巅峰之作，唐以后中国及东亚宫殿建筑之范本，是中国目前保存最为完整的古代宫殿遗址之一，是研究中国古代和东亚宫殿建筑的重要对象，在中国乃至世界古迹遗址中占有独特地位，更因其所具有的盛唐时代的皇家文化以及唐文化，从而作为一个"文化原点"所蕴含的古宫殿建筑，其规模和性质以及其文化内涵，是其他的旅游区无法比拟的，也是大明宫国家遗址公园作为景区，构建其市场核心竞争力和旅游吸引力的根本所在。同时，作为西安最大的城市公园，生态、景观优势突出。

　　规划地铁网络3条支线从大明宫国家遗址公园周围穿越而过，铁路交通便利。与火车站的直线距离仅约460 m、与钟楼的直线距离仅约2.9 km、与西安市北客站的直线距离仅约12 km，与西安咸阳国际机场的直线距离仅约25.5 km，与主要客运站点的市际交通车程时间均在半小时内。

大明宫区位图　　　　　大明宫作用剖析

作用剖析：
　　大明宫遗址区保护成为带动西安率先发展、均衡发展、科学发展的城市增长极，成为西安未来城市发展的生态基础、最重要的人文象征，并成为世界文明古都的重要支撑，进一步提升西安的城市特色。
　　大明宫遗址公园能够吸引大量的旅游人流，通过周边的配套产业，形成完整的旅游产业链，给城市带来大量的旅游收入。
　　大明宫能够承载大型文化活动，可以依托大明宫发展文化产业。
　　大明宫生态、景观环境良好，具有发展其他产业的潜力。
　　大明宫由于遗址公园的性质，必须加以保护，许多拉动经济的功能需要在大明宫遗址公园周边的区域完成。大明宫和周边区域形成一个有机整体，共同发展，共同繁荣，进而带动城市的发展。

1.4 道北地区

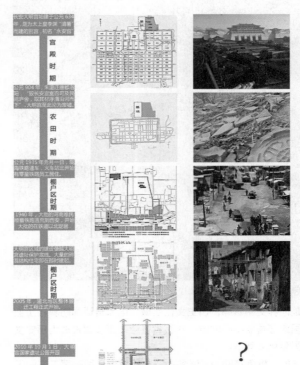

2. 场地认知
2.1 相关规划

关中—天水经济区发展规划

在实现西咸一体化，形成国际化大都市，在关中—天水经济区城镇集群发展的宏观指导下，在西安大力发展旅游、文化产业是对西安大都市建设的有力支撑，同时也是彰显华夏文明的悠久历史文化的有力支撑，对进一步将西安打造成国际化大都市至关重要。

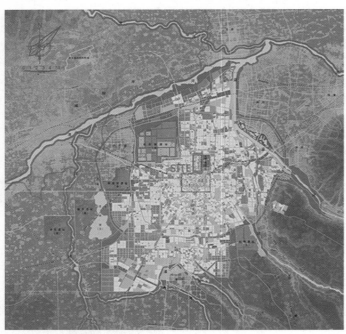

西安城市总体规划（2008~2020）

西安是世界文明古都，历史文化名城，国家科研国防科技工业基地，中国西部重要中心城市，陕西省省会，逐步建设成为历史文化特色的国际化大都市。

九宫格局，棋盘路网，一城多心：东部发展成国防军工产业区，东南部发展成为旅游生态度假区，南部为文教科研区，西南部拓展成高新技术产业区，北部形成装备制造业区，东北部发展成为居住旅游生态区。

2.2 交通分析

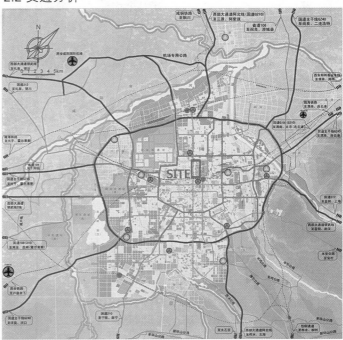

周边道路交通分析

西安作为全省干线路网的中心，六条高速公路在西安交汇，形成米字型的交通体系对外辐射，同时通过绕城高速向内城进行交通转换。城内有两条环线——环城路、二环路疏导市内交通。

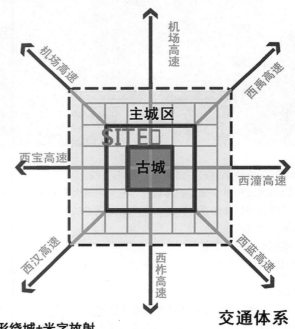

环形绕城+米字放射

基地处于环城路和北二环之间，处于古城内外的交通转换点上，西邻长安历史龙脉、城市中轴线——未央路，具有通达南北的区位优势。

基地紧邻西安火车站和长途汽车站，与西安火车北站、国际机场之间交通联系方便，与城市多个汽车客运站通过公共交通紧密联系，方便快捷，方便客流的运输和集散。

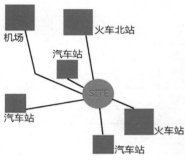

交通设施

西安咸阳国际机场——30分钟
西安火车客运站——5分钟
西安长途汽车站——5分钟
西安火车客运北站——20分钟
西安城西客运站——30分钟
西安城北客运站——5分钟

轨道交通分析

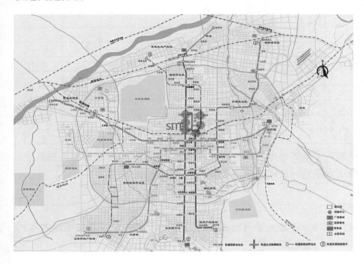

西安地铁二号线是城市南北方向客流运输的大动脉，连接西安火车北客站和长安区，是西安市最主要的人流方向，基地在地铁2号线沿线就保证了充足的人流，并且为外来游客来大明宫提供便捷的交通。

西安地铁四号线连接草滩农场到航天产业基地，主要线路在西安历史文化轴线上，沿线主要连接大明宫、火车站、大雁塔、曲江等人流主要集散地。

基地位于西安地铁2号线沿线，地铁四号线周边，基地沿未央路方向有三个地铁口分布在基地南部中部和北部，大明宫东侧沿太华路分布三个地铁口，西安火车站沿自强东路有一个地铁口，场地基本被地铁口包围，在地铁口的辐射半径之内，使基地内部的可达性得到了保证。

基地周边道路交通分析

基地地处西安明城墙以北，几乎横跨环城北路和北二环之间，对整个西安城北的交通起到非常重要的作用，对缓解城北交通压力至关重要。

基地由城市主干道未央路，自强东路和城市次干道玄武路、自强路围合而成，周边道路网路密集，交通便捷，基地北侧600m有未央路立交和北二环交接，对外交通方便。

2.3 基地现状分析

基地区位

本次规划用地位于西安唐大明宫西宫墙西侧，未央路东侧，南边抵达自强东路，北靠玄武路，规划面积2.3平方公里，基地由北向南横跨西安市未央区、莲湖区、新城区三区，周边有唐大明宫国家遗址公园和西安火车客运站等城市主要公共设施，周围交通条件便利。

基地现状土地利用图

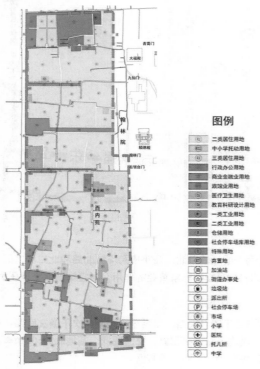

现状土地利用汇总表					
序号	用地性质	用地代码	用地面积（ha）	比例（%）	人均面积（m²）
1 其中	居住用地	R	178.1	77.1	22.2625
	二类居住用地	R2	144.1	62.4	18.0125
	三类居住用地	R3	27.1	11.7	3.3875
	中小学幼托用地	R22	6.9	3	0.8625
2 其中	公共设施用地	C	31.5	13.6	3.9375
	行政办公用地	C1	5.3	2.3	0.6625
		C2	22.1	9.6	2.7625
	旅馆业用地	C25	0.3	0.2	0.0375
	医疗卫生用地	C5	0.5	0.2	0.0625
	教育科研用地	C6	3.5	1.5	0.4375
3 其中	道路广场用地	S			
	道路用地	S1			
	停车场用地	S3	0.3	0.1	0.0375
4 其中	工业用地	M	4.1	1.8	0.5125
	一类工业用地	M1	0.3	0.1	0.0375
	二类工业用地	M2	3.8	1.6	0.475
5	仓储用地	W	0.4	0.2	0.05
6	特殊用地	D	7	3	0.875
7	弃置用地	E7	1	0.4	0.125
合计	现状建设用地		231.1	100	28.8875

基地内主要的场地职能为居住，沿主要街道分布商业界面，在基地靠近大明宫一侧还存在许多居住条件较差的棚户区。

小结

居住用地为基地主要用地占基地面积74%，其中二类居住用地占62.4%，三类占11.7%。

公共服务用地主要沿未央路分布，还有沿深入场地的部分道路分布，用地比例9.6%。

少量的工业用地零散分部在场地上，用地比例1.8%。

基地北端有特殊用地——西安市女子监狱，用地比例3%。

基地内部居住环境差，地块用地零散，难成规模工业，特殊用地不再符合基地的功能定位。

基地公共服务设施分布图

小结

公共服务设施不足，布局混乱，服务半径不合理文化娱乐、体育设施在基地内严重不足，不能满足当地居民要求。

商业配套绝大部分沿未央路分布，基地内部严重缺乏公共服务设施，等级低、规模小，无法满足未来城市商贸旅游服务区的需求，随着大明宫的进一步打造，基地内部功能已不能满足其旅游配套需求。

基地开发强度及建筑质量分析

建筑高度
图例：
(0,3]
[3,7)
[7,18)
>18

容积率
0--0.5
0.5--1
1----2
2----3
3----4
4----5
5----6
6----7
7----8

建筑密度
10%-20%
20%-30%
30%-40%
40%-50%
50%-60%
60%-70%
70%-80%
80%-90%

建筑质量
图例：
优良
中
差

小结

建筑高度：在基地中部以多层为主，在基地北部以小高层为主，在基地南部以低矮棚户区为主。

容积率：新建居住小区容积率较大，基地内其余部分容积率较小。

建筑密度：基地内部主要的城中村建筑密度较大，新建小区建筑密度较小。

建筑质量：除了沿未央路沿线，基地内部大部分建筑质量较差，应予以拆除，基地景观质量、环境质量、绿化质量和公共空间质量较差，是典型的城市棚户区，地块功能发展落后，基地功能与城市未来发展不符，亟待解决。

场地缺乏科学统一规划，建筑密度、容积率分布严重不均衡，新建建筑和原有建筑差别巨大，指标不符合规划规范要求，建筑高度缺乏控制，场地内高低错落无序，无法形成完整的城市界面。

基地道路系统分析

基地内部主要通过龙首北路、凤城南路、二府庄路、二马路、联志路、政法巷和未央路连接南北向没有次干路通过，主要由支路连通，基地东侧的建强路扩建了一部分，龙首北路以北为8车道主干道，以南为2车道支路。

小结

内部道路未能形成网络体系，道路连通性差路网密度低，分布不均断头路、双丁路多，存在安全隐患，基地南北向缺乏干路交通，造成未央路交通压力过大。

图例：
快速路
主干路
次干路
支路

2.4 基地认知总结

认知一：西安旅游服务的重要区域

西安是著名的文化古都、旅游目的地，周边有丰富的旅游资源，火车站以及周边的长途汽车站是主要的交通方式，未来火车站北广场的建设对基地的未来发展带来了机遇，这里有成为西安旅游接待重要门户的潜力。

认知二：西安历史文脉的重要区域

基地地处大明宫国家遗址公园和长安主龙脉轴之间，是西安文化氛围最浓厚的地区之一，大明宫国家遗址公园作为丝绸之路申请世界文化遗产的最主要的项目，是彰显西安汉唐文化的重要举措，所以大明宫国家遗址公园和周边配套设施的建设对展现古城文化意义非凡。

认知三：西安最大城市公园的配套服务区

西安唐大明宫国家遗址公园的建设使这里成为了西安最大的城市中央公园的近邻，也对周边地区的发展创造出了新的机遇，同时也面临着前所未有的挑战，基地建设对于提高地区形象打造城市品牌至关重要。

认知四：城市中轴线上的商业界面

西安最主要的轴线就是贯穿南北的这条大动脉。西安最主要的城市功能也分布在这条轴线上，而商业是这条轴线上最主要的功能，也是城市最主要的商业氛围街区。

认知五：与城市发展脱节的贫民区

基地内大部分区域是落后于城市周边地区的棚户区，由于历史等各方面原因，这个区域现在是西安发展的难题，这里经济落后，教育水平落后，人员组成复杂，犯罪率高，贫穷和落后是这块场地最鲜明的特点，同时这里也承载着道北几代人的梦想和记忆。

99

3. 设计构思
3.1 设计目标与总体定位
设计目标：
1. 依托大明宫发展旅游业，激发大明宫的带动作用。
2. 展示西安十三朝古都风韵，传达文化精髓。
3. 改变道北落后面貌，使道北地区成为西安新的增长极。

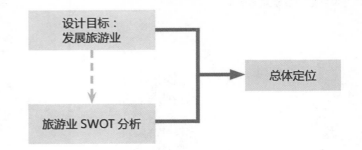

地块发展旅游业SWOT——分析

STRENTH	WEAKNESS	OPPORTUNITY	THREAT
大量人流资源 基地靠近大明宫，靠近火车站，给地块带来了大量的人流资源。 **城市特色突出** 毗邻大明宫使地块具有浓厚的历史、文化氛围，凸显出古都特色。 **交通方便** 靠近火车站，沿地铁线，市内、市外交通均十分方便。 **环境良好** 大明宫作为西安中央公园，景观与生态环境良好。	**开发强度受限** 靠近大明宫，必须考虑保护以及协调，区域开发强度受限 **项目选择受限** 考虑到大明宫国家遗址公园的功能，以及遗址保护和风貌协调的需要，旅游项目的选择上有一定的限制	**旅游消费需由周边配合** 大明宫考古价值极高，旅游也是保护性开发，其旅游项目不会具有很大的趣味性以及吸引消费的能力，不能满足游客的深度体验需求。大明宫由旅游带动增长的模式需由周边地区协作进行。 **道北地区整体搬迁，开发自由** 道北地区整体搬迁使周边项目的开发有了完美的机会；使地块能够进行整体的、系统的开发。	**曲江新区整体环境更好** 曲江新区先于大明宫进行开发，已经有商业开始进驻，抢占了先机。并且其整体环境质量更胜于大明宫。

地块发展旅游业SWOT——策略

SO	ST	WO	WT
刺激消费 大明宫本身只是吸引人流，其自身不具有强有力的刺激消费的能力。本地块根据这一原因，选择能够带来大量消费的旅游项目。 **突出历史、文化特色** 大明宫周边的旅游项目应紧扣历史与文化，凸显古都特色，传达文化精髓。 **旅游起点** 地块旅游人流量大，交通方便、环境良好，具有古城特色。	**体验式旅游项目** 考虑到同其他旅游区域的竞争，必须充分发挥大明宫的核心优势，充分让游客感受文化魅力，配合深度体验式旅游项目，以此在竞争中占得先机。 **完善旅游配套** 地块在游客、交通方面有突出优势，只要做好配套服务，完全能够把火车游客留在他们旅游的第一站。	**精明增长** 本地块拥有了良好的发展机会，在开发强度受限的情况下必须走精明增长的路线，发展低强度，高品质的旅游项目。 **充分整合** 地块开发强度受限，但是项目、空间布局自由度高，应当充分整合各个项目，使其成为有机整体。使受限选择的项目之间相互合作，达到一加一大于二的效果。	**差异化竞争** 曲江新区先于大明宫进行开发，已经有商业开始进驻，抢占了先机。并且其整体环境质量更胜于大明宫。大明宫在开发强度受限、项目选择受限的情况下必须走差异化竞争的道路，与曲江新区形成不同的定位。

总体定位

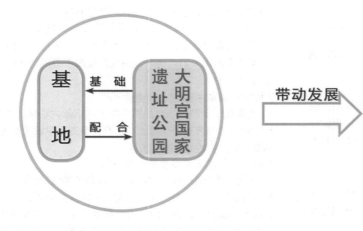

总体定位：以文化体验为核心的旅游新起点

3.2 功能策划

在得出了基地的总体定位之后，我们采用场景构建的方法对场地进行功能策划。以场地的四大认知为基础，构建出四个场景。由这四个场景为基础，对基地进行功能策划，得出各个场景的目标人群和原生功能、衍生功能及次生功能。

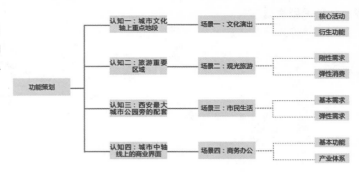

场景一：文化演出

目标人群：市民、游客、文艺工作者
原生功能：文化观演、演出策划
衍生功能：文化体验、文化互动
次生功能：住宿、餐饮、购物、休闲、娱乐、纪念品购买、演出管理、演出培训

场景二：观光旅游

目标人群：市民、游客
原生功能：遗址参观、住宿、餐饮、服务
衍生功能：文化体验、考古体验、历史教育
次生功能：购物、休闲、娱乐、纪念品购买、古董交易、艺术品欣赏、艺术品购买

场景三：市民生活

目标人群：市民
原生功能：住宿、餐饮、工作、购物、休闲、娱乐、交通、教育、运动
衍生功能：民俗餐饮、特色休闲、创意产品购买、考古教育、考古竞赛、历史教育、古董交易
次生功能：市场管理

场景四：商务办公

目标人群：白领、创意工作者
原生功能：办公、创作、居住、餐饮
衍生功能：会议、论坛、展览
次生功能：策划、管理

101

场景一：以大明宫为基础，有大量的文化活动，文化演出在大明宫进行。因此以市民、游客、文艺工作者为目标人群，可以构建出文化观演、演出策划为原生功能的文化演出场景，以此为核心能够产生文化体验、文化互动等衍生功能；住宿、餐饮、购物、休闲、娱乐、纪念品购买、演出管理、演出培训等次生功能。

场景二：大明宫具有很强的旅游吸引力，基地交通优势突出，以此为基础，我们构建出以市民和游客为目标人群，以遗址参观、住宿、餐饮、旅游服务为原生功能的旅游观光场景。其衍生功能为文化体验、考古体验、历史教育；次生功能为购物、休闲、娱乐、纪念品购买、古董交易、艺术品欣赏、艺术品购买。

场景三：大明宫作为城市中央公园，生态优势突出，是供市民活动的重要场所。我们可以构建出以市民为目标人群，以住宿、餐饮、工作、购物、休闲、娱乐、交通、教育、运动为原生功能的市民生活场景。其衍生功能为民俗餐饮、特色休闲、创意产品购买、考古教育、考古竞赛、历史教育、古董交易；次生功能为市场管理。

场景四：基地作为城市商业轴上的重要区域，还需承担城市的商业、商务功能。我们可以构建出以白领和创意工作者为目标人群，以办公、创作、居住、餐饮为原生功能的商务办公场景。衍生功能为会议、论坛、展览；次生功能为策划、管理。

场景叠加与项目生成

古董交易市场 目标人群：游人、市民、考古爱好者 功能：古董交易、纪念品购买、文化体验、文化教育	**主题公园** 目标人群：游人、市民、考古爱好者、学者 功能：文化体验、考古教育、考古体验、学术论坛	**游客中心** 目标人群：游人 功能：旅游信息、旅游服务	**文化特色街** 目标人群：游人、市民、商务人士 功能：休闲、餐饮、娱乐
主题公园 目标人群：游人、市民、学者 功能：文化体验、考古教育、考古体验、论坛	**民俗街** 目标人群：游人、市民 功能：民俗文化体验、餐饮、纪念品购买	**博物馆** 目标人群：游人、文化工作者、市民 功能：文化展示	**五星级酒店** 目标人群：游人、市民、商务人士 功能：住宿、餐饮、娱乐、会议
快捷酒店 目标人群：游人、市民、白领 功能：住宿、餐饮	**大型商场** 目标人群：游人、市民 功能：办公、购物、休闲、娱乐	**SOHO** 目标人群：创业者、创意工作者 功能：住宿、办公、创作	**创意街区** 目标人群：游客、市民、创意工作者 功能：住宿、创作、纪念品、艺术品创作、展示

4. 设计策略

4.1 空间体系的建立

基本格局

圈层结构——基地西靠城市中轴线未央路，东接大明宫城市公园，建立基地空间格局的出发点必须是有机联系城市与大明宫，使大明宫与城市有机融合，成为城市的有机组成部分。

点状要素

重要节点——在基本的圈层结构下，选取重要的控制点要素，作为重要的空间格局建立依据。

线状连接

打通脉络——大明宫与城市之间要加强相互之间的连接关系，这种连接关系的确定一方面要考虑已有的线状连接，另一方面是将重要的点状要素加以连接。同时，基地内部的重要要素之间也要建立起良好的连接关系。打通基地自身与外界之间脉络。

视线通廊

突出标志——在除了功能上和空间上的联系之外，在场地内还应与大明宫的标志物发生视线上的联系。

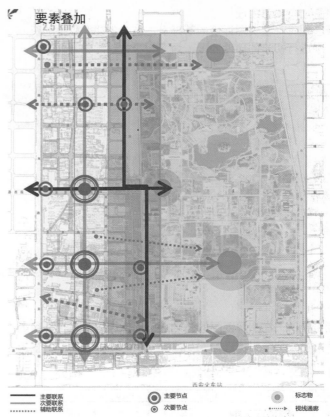

要素叠加

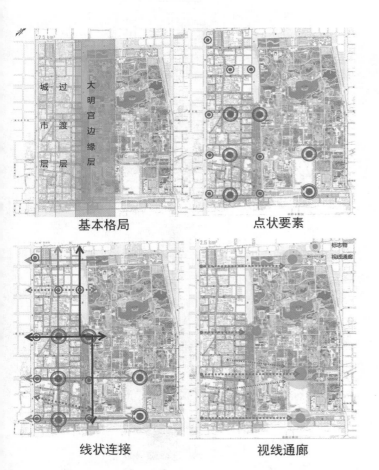

基本格局　　　　点状要素

线状连接　　　　视线通廊

要素叠加

要素叠加——将点、线、面以及视线等要素进行叠加，得出基地初步的基本空间骨架。

4.2 功能布局

资源评价——首先对地块资源进行评价，确定各地块的优势、劣势，在此基础上进行功能植入，确保功能布局的合理性。

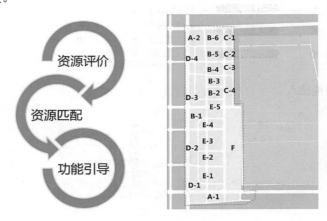

场景叠加与项目生成

资源匹配——在资源评价的基础上，结合各功能需要的资源，来进行初步的功能匹配，为下一步的功能引导做准备。

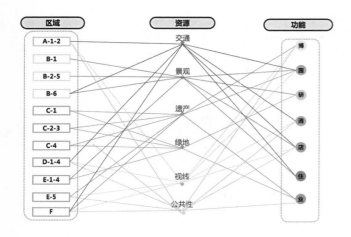

功能引导——在资源匹配的基础上，选择最适合各个项目的用地，进行功能引导。

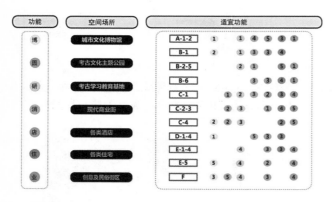

功能植入

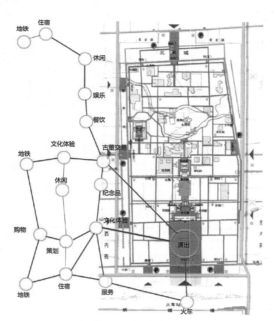

场景一：文化演出

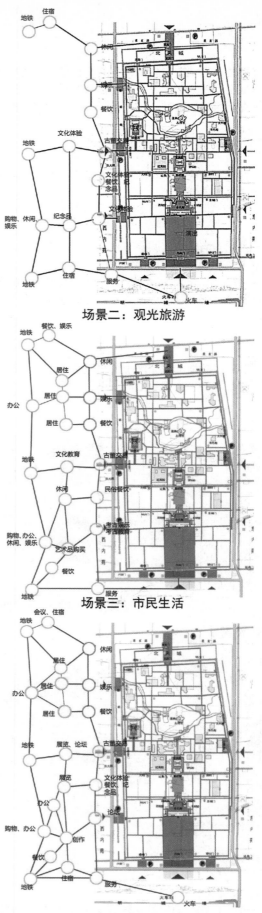

场景二：观光旅游

场景三：市民生活

场景四：商务办公

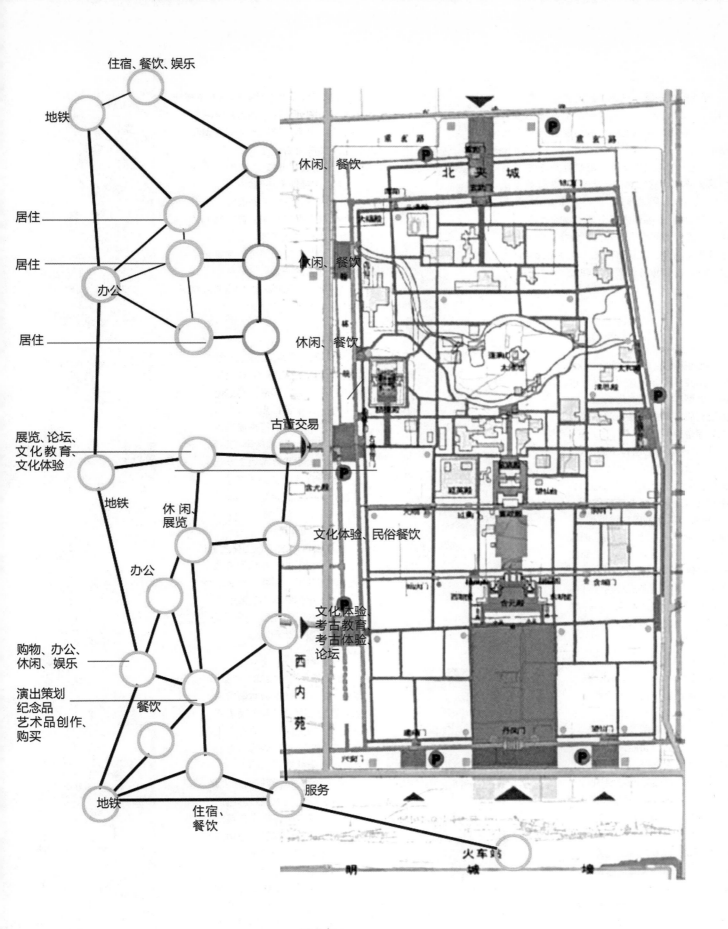

综合叠加

5. 方案展示与分析

5.1 规划结构分析

规划形成一核、三轴、六廊的空间结构。

"一核"：考古主题公园为规划区的核心片区。

"三轴"：沿未央路城市商业办公轴线沿大明宫西宫墙文化体验轴线,基地中心文化创意休闲轴线。

"六廊"：基地内部六条主要轴线连接未央路界面和大明宫界面,包括：保留龙首北路轴线、二马路轴线,规划含元殿视线轴、汉唐绿带、政法巷轴线等。

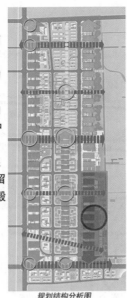
规划结构分析图

5.2 功能分区分析

规划形成沿未央路界面和自强东路界面的城市商业街,包括：大型零售商业、酒店业、旅游配套服务商业以及行政办公为主的综合片区。

沿大明宫西宫墙界面的历史文化体验区,包括：考古探索主题公园,古董交易展示中心,关中民俗商业街和特色酒吧街。

另外,基地中部轴线规划为创意产业孵化基地,包括：创意产业园、文化展览中心、二马路商业街区以及更新改造后的二府庄小区片区,改善当地居住环境和条件并按照规范配套中、小学以及医院等公共设施。

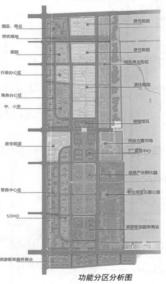
功能分区分析图

5.3 道路交通规划

道路等级划分：城市主干道、交通性次干道、生活性次干道、支路、小区道路。基地南北向规划两条次干道,西侧为主要交通功能,东侧为生活服务功能,东西规划四条主要道路连通基地内部和城市中轴线,基地南北两个独立环状道路服务内部交通,另外,尽量减少基地东西向道路在未央路上的开口,内部交通尽量通过内部道路解决。

地面停车场：结合主要公共空间交通节点按照指标布置停车场,小区内部采取地面和地下两种停车方式。

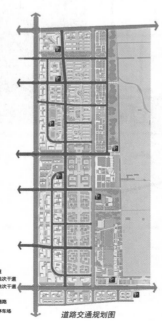

图例
- 主干道
- 交通性次干道
- 生活性次干道
- 支路
- 小区道路
- P 地面停车场

道路交通规划图

5.4 绿地系统规划

根据基地原有用地条件和上位规划,绿地系统规划体现了场地和大明宫充分融合的关系,使城市活动空间和自然空间有机结合。

规划形成"一核""两带""三轴""多点"的绿地系统结构：

"一核"：考古主题公园。

"两带"：沿大明宫西宫墙一带、基地内生活性次干道。

"三轴"：汉唐绿带、龙首北路绿轴、自强东路绿轴。

"多点"：基地内部主要开敞空间的广场绿地、组团绿地。

绿地系统规划图

5.5 慢行系统规划

结合城市绿地,主题公园和各类开敞空间用慢行网络将场地内部紧密结合起来,形成网络体系,其中包括步行和自行车交通体系其中自行车换乘点基本按照250m的服务半径设置,在基地和大明宫西宫墙主要出入口也设置慢行交通转换站,尽量与大明宫的游览流线融为一体。

主要流线介绍

主题公园内部历史文化游览线、创意街区的创意休闲流线、商业内街的商业购物流线、特色商业街文化体验休闲流线二马路商业购物服务流线、景观道市民康体娱乐休闲流线。

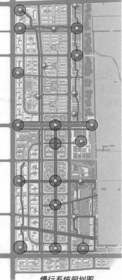

图例
- 主要慢行流线
- 自行车换乘点
- 慢行节点

慢行系统规划图

5.6 景观视线规划

重要节点视线控制：保证节点空间的视线联系和对景关系,结合规划主要轴线和大明宫打造视觉开放空间,保证视觉上的可识别性,并且增强与大明宫在视线上的联系。

龙首北路景观带打通未央路和右银台门之间的视线廊道,结合两边各25m绿化带营造出壮观开阔的景观感受,基地内部的含元殿廊道也是可以从未央路界面看到含元殿,九仙门通过规划道路与未央路界面也达成视觉联系,另外,在基地内部主要景观节点的规划上也考虑了和主要视廊之间的紧密联系。

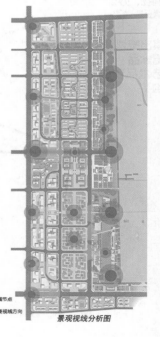

图例
- 视线节点
- 主要视线方向

景观视线分析图

5.7 公共交通系统规划

结合基地公交现状在交通性次干道沿线布置公交站点，服务基地内部，站点服务半径250~400m，间距320~500m，结合地铁二号线和未央路公交站点可以完全服务覆盖整片基地，同时对公交站点所在道路进行港湾拓宽。

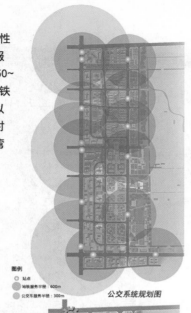

图例
○ 站点
● 地铁服务半径：600m
● 公交车服务半径：300m

公交系统规划图

5.8 开放空间规划

主要开放空间沿着基地的两轴六带分布，通过绿地系统加强开放空间的联系；次要开放空间根据地块功能和建筑形态确定通过视线关系加强联系。

通过主要开敞空间和次要开敞空间的结合从而使整个基地内部的开放空间和主要景观节点联系起来，增强空间的序列和流动性，使基地内部以及基地和大明宫直接在空间上相互交织、渗透。商业、居住、文化活动等各项功能通过开放空间的设计有机的结合起来。

图例
主要开放空间轴线
次要开放空间轴线
开放空间节点

开放空间规划图

5.9 开发时序规划

基地分为二期开发，一期开发为沿未央路商业办公核心地块和行政、医疗等公共设施和沿大明宫西宫墙历史文化体验片区以及特色商业街区和创意产业孵化园等大型公共设施地块；二期开发为紧邻公共设施的居住地块和相关的配套服务地块，包括二府庄片区的改造开发、基地南部的SOHO社区和火车站周边旅游配套服务商业区，另外完善城市相关配套设施，如中学、小学、银行、邮政电信等设施。

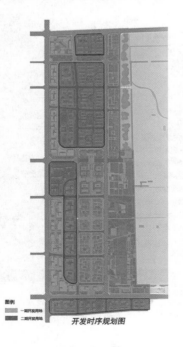

图例
一期开发用地
二期开发用地

开发时序规划图

5.10 容积率控制规划

容积率由未央路界面向大明宫界面呈现递减的趋势，规划形成五个容积率层级，最高容积率控制不超过7.0，主要包括龙首原地铁站周边办公地块和安远门地铁站商业办公地块，其余大型商业、高层住宅、办公、SOHO地块的容积率控制在3.0~5.0，靠近大明，宫西宫墙片区则不超过1.0，多次住宅居住地块和创意产业街区容积率控制为1.0~2.0之间。

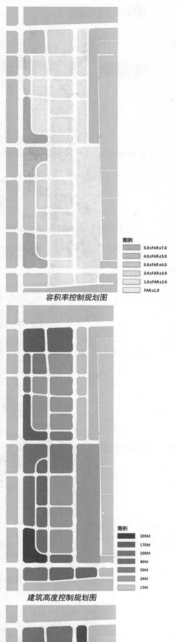

图例
5.0≤FAR≤7.0
4.0≤FAR≤5.0
3.0≤FAR≤4.0
2.0≤FAR≤3.0
1.0≤FAR≤2.0
FAR≤1.0

容积率控制规划图

5.11 建筑高度控制规划

建筑高度从未央路界面向大明宫界面方向递减依次形成主要三个层级：沿未央路超高层密集区、场地中间高层多层区、毗邻大明宫的底层片区，保证从未央路高层建筑与大明宫之间存在的视线联系，形成现代和古代在空间上的交流，基地的制高点为未央路和自强东路十字安远门地铁站的商业办公片区，标志建筑高度200m。

图例
200M
170M
100M
80M
50M
24M
15M

建筑高度控制规划图

5.12 建筑密度控制规划

规划形成靠近大明宫的传统肌理区和未央路商业轴线建筑密度较大，其余地块适中，主题公园和学校的建筑密度较低，根据规划设计理念将基地的建筑密度分为了四个层级，建筑密度最高不超过50%，对于现状建筑密度过高的区域采取合理的拆除。

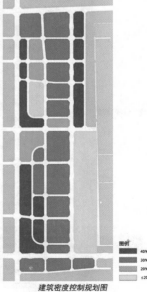

图例
40%-50%
30%-40%
20%-30%
≤20%

建筑密度控制规划图

规划总平面图

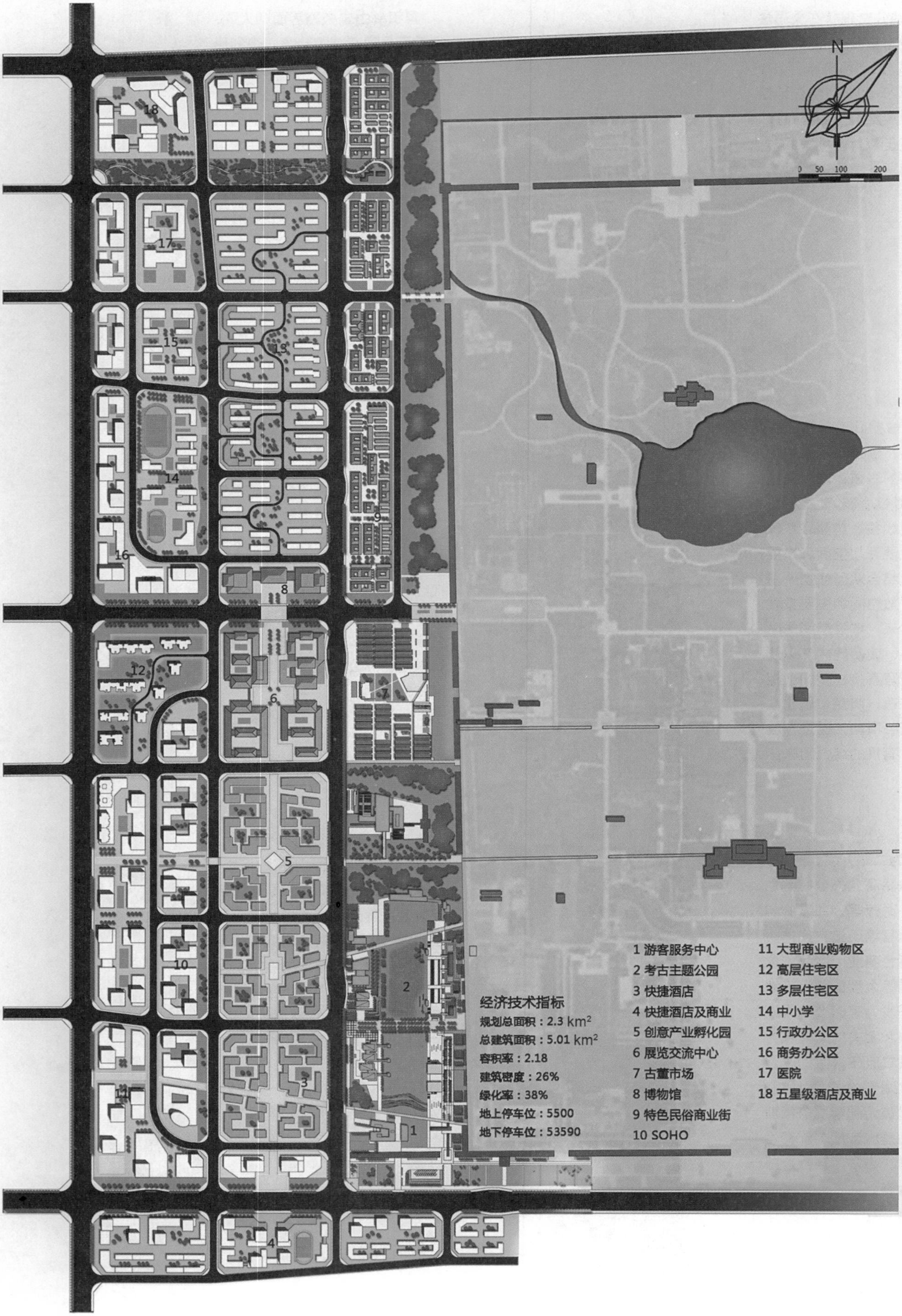
N
0 50 100 200
经济技术指标
规划总面积：2.3 km²
总建筑面积：5.01 km²
容积率：2.18
建筑密度：26%
绿化率：38%
地上停车位：5500
地下停车位：53590
1 游客服务中心
2 考古主题公园
3 快捷酒店
4 快捷酒店及商业
5 创意产业孵化园
6 展览交流中心
7 古董市场
8 博物馆
9 特色民俗商业街
10 SOHO
11 大型商业购物区
12 高层住宅区
13 多层住宅区
14 中小学
15 行政办公区
16 商务办公区
17 医院
18 五星级酒店及商业

鸟瞰图

109

乐苑·长安

重庆大学
CHONGQING UNIVERSITY
B组

规划篇——
设计者：汤西子　黄丁芳
2012届城市规划专业

西安唐大明宫西宫墙周边地区设计
The Surrounding Areas of the Xi'an Tang Daming Palace West Walls Urban Design

指导教师：卢　峰　董世永　夏　晖

本设计是在对基地及周边情况进行深入了解的基础上，对该片区进行更新式城市设计。引入以音乐创意产业为核心的文化创意产业，激发基地活力，改善其物质空间，与大明宫形成共同体，相互促进；同时，增加就业岗位，改善原住民的生活环境及经济条件，并给城市提供良好的绿化空间。

1. 基地发展研究

1.1 西安为什么要发展文化创意产业

1.1.1 城市定位

西安古称"长安"，与意大利罗马、希腊雅典、埃及开罗并称"世界四大文明古都"，拥有着深厚的历史底蕴。

西安是亚洲知识技术创新中心，是新欧亚大陆桥中国段和黄河流域最大的中心城市，更是世界城市、文化之都。

西安的物质文化资源及非物质文化资源丰富，文化底蕴深厚。但是与北京、上海这些一线城市比较，文化竞争力和国际竞争力上差距大。要提升西安文化软实力，需要从一些关键性环节入手，为提高西安文化竞争力创造条件。

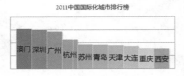
2011中国国际化城市排行榜

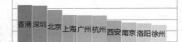
2011中国十大文化竞争力城市排行榜

1.1.2 社会经济发展

在国际上，艺术品的年消费量为300亿美元，而中国仅10亿美元，艺术市场的发展落后于国际水平。国际经验表明，人均GDP达到3000美元以上时，文化消费将会出现跳跃式的"井喷"现象，并且保持长期增长势头。

2010年西安市人均GDP已达5790美元，这一数字已经接近中等收入国家水平，且逐年递增，意味着市民消费开始从温饱型转向享受型，文化消费需求旺盛，市场增长潜力大。因此，应紧抓当前有利时机，促进文化产业的快速发展。

西安市"十二五"规划中，也重点指出发展文化创意产业，文化创意产业的发展必将有从量的积累到质的飞跃，文化创意产业建设刻不容缓。

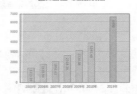
西安市国民生产总值发展态势图

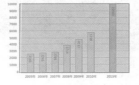
西安市人均生产总值发展态势图

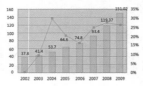
西安市文化产业增加值变动情况图

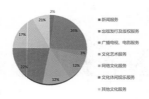
西安市各类文化产业行业分布情况图

1.1.3 全球文化创意产业发展趋势

当人类进入21世纪，经济增长方式发生了巨大的变化。文化创意产业是具有智能化、知识化的高附加值产业，因而发展文化创意产业可以大幅度提高传统制造业产品的文化和知识含量，并且作为一种重要的内生变量推动着许多国家经济发展和经济转型。文化创意产业是21世纪全球经济一体化时代的朝阳产业和支柱产业。

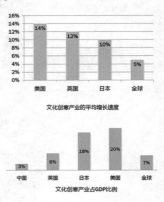
文化创意产业的平均增长速度

文化创意产业占GDP比例

1.1.4 城市文化创意产业竞争力

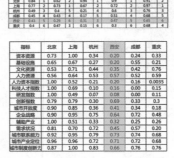

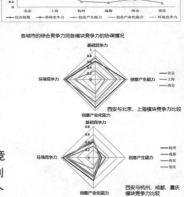

各城市的综合竞争力同各横块竞争力的协调情况

西安与北京、上海横块竞争力比较

西安与杭州、成都、重庆横块竞争力比较

西安需要着重培养其基础竞争力，加大投入，突破其文化创意产业发展的瓶颈。因为，一个地区文化创意产业的发展，最终还是取决于其吸引力、保留和发展创意人才的能力，要靠创意人才的集聚，而从环境角度来看，强调发展创意经济首先就是营造使创意具有经济性的环境，其次是提供文化公共品和创意基础设施，再次，营造文化氛围。

1.1.5 文化产业资源与分布

西安唐皇城历史文化街区板块

以印刷、出版、包装为龙头的经开区板块

以广运潭、丝路国际区为亮点的产浐板块

以秦、唐文化为内涵的临潼板块

以汉文化旅游为主题的沣渭新区板块

以文化创意产业为核心的高新区板块

以唐文化、影视业及会展业为主的曲江新区板块

以宗教文化为主题的秦岭北麓板块

深厚的文化底蕴和优良的文化传统使西安文化创意产业拥有较强的竞争力，但从总体来看，西安的文化资源和自然遗产都呈静态的竞争优势，文化旅游主要还是以文物、自然景观的观光旅游为主，通过文化创意开发的深度文化旅游产品不多。如果单一的传统文化不能被充分开发和发展，使之规模化、产业化，那么就会缺乏市场动力，面临文化传承和增殖的困境。当前，如何能够延伸西安传统文化的产品价值链便成为西安文化创意产业创新的重要一环。

1.2 大明宫——西安以音乐为主导的文化创意产业园

1.2.1 城市交通系统支撑

基地南接一环路，北接二环路，西侧有未央路，周围城市道路网络较为完善。与火车站、机场联系紧密。且基地周边分布七个地铁出站口，且紧邻火车站，交通区位良好。

1.2.2 城市文化产业支撑

西安高新技术开发区、曲江新区在发展文化创意产业方面做了卓有成效的探索和尝试，已有大量的创意产业企业向这两个区域聚集，吸引了大量的人才、资金等要素向这两个区域聚集，并已经形成一定的聚集效应，这为西安市创意产业的进一步发展提供了坚实的基础。

1.2.3 城市旅游体系支撑

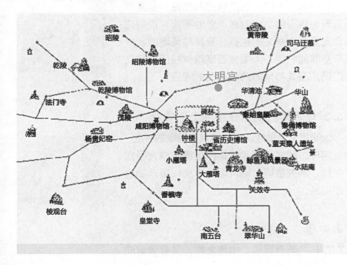

原有景点以陵墓、历史遗迹为主，而新建的景点应该主要强调参与性与娱乐性。大明宫作为大尺度的城市公园，参与性并不强。所以需要周边场地提参与性和娱乐性，而音乐有这种特质。

1.2.4 城市音乐设施支撑

西安城市级音乐设施众多，如歌剧院、戏剧院等，且多数沿地铁二号线布置，与基地联系紧密。

西安音乐学院、陕西音乐艺术学校、西安未央现代音乐学校也在大明宫旁，学院师生到场地十分方便，保证基地的音乐技术和人才输送。

1.2.5 城市错位竞争优势

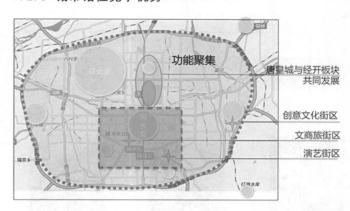

基地所在的唐皇城历史文化街区板块，既能依托古城和大明宫带来的深厚文化氛围和极高的人气，也能得到高新区板块和经开区板块的技术资源支持，极具发展潜力。

规划打造以唐城绿地为核心的创意产业核心层及以绕城高速为核心的外圈层。

1.2.6 场地历史沿革优势

据史料记载：西内苑是唐王朝园林建设的重点所在太宗皇帝常在这里宴请群臣。

翰林院设于西墙夹城边上，类似皇家艺术委员会。唐代西内苑遗址范围：西至红庙坡，北至枣园，南至纸坊村，东至大明宫西墙。东西长2300m，南北宽1000m。

1.2.7 与大明宫功能互补

通过基地的更新规划和发展，能为大明宫相关的旅游提供服务配套设施，为大明宫引入更多的人群，增加大明宫城市遗址公园的活力。而音乐创意产业的引入，也提供了解读大明宫深厚历史文化的另一种途径。

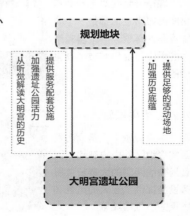

2. 定位与构思

2.1 目标定位

本次设计利用位置和地势优势，以打造西安音乐创意产业园区为设计目标，以传统与现代的互生与共融为设计风格，建设大明宫西宫墙特色旅游休闲服务带，突出慢行交通系统的优势，结合商业布局，满足本地居民的生活休闲和外来游客的娱乐需要，更新地块内部的产业经济结构和人居环境，为道北地区创造一个美好的未来。

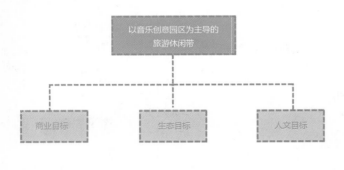

通过商业规划整合，达到区段商业整体形象、业态、服务品质的提升，吸引更多人气，使道北成为城市休闲商业区。

结合西安城市绿地系统格局，东西向打通重要生态廊道，建设绿色景观生态廊道。

基地内其它东西向以楔状绿地为基础与大明宫连接，串联合理的公共空间。

通过规划设计，将道北的历史文化元素和大明宫的深厚历史底蕴保留、提炼和强化，让长安城的特色传统文化得以思考、传承和发扬。

2.2 规划理念

2.2.1 标志性建筑

创造一系列地标性建筑，重要绿轴的门户位置对于重新建立道北地区的形象具有非常重要的作用。

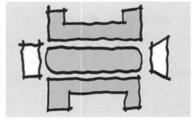

2.2.2 城市天际线

城市天际线对于日间和夜间的城市生活都是一个非常重要的幕景，一个富有活力的天际线能为城市建立生动的形象。

2.2.3 中央绿轴

中央绿轴不仅是大明宫西宫墙地区的中央轴线，而且为轴线两侧的大量公共服务设施提供了迷人的风景和优良的小气候环境。

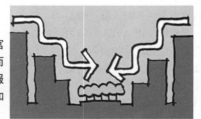

中央绿轴两侧的东西走向拥有许多绿化环境。将中央绿轴向南北向发散延伸，使城市开放空间系统更加系统化。

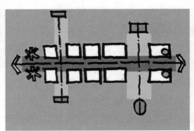

2.2.4 视线通廊

视线通廊两侧建筑保持连续的界面，保证适当的退让距离，不仅保证了轴线的气势，也可突显两侧建筑的重要性，同时注重垂直绿轴方向的空间联系。

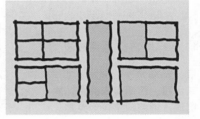

2.2.5 多尺度街区

城市街区的尺度以能够容纳多样的现代建筑形态为准。尺度的设计既要符合现代城市发展的需要，也要为城市提供一个舒适的步行尺度空间。

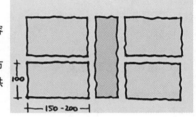

2.3 规划构思：从"守望大明宫"到"乐苑·长安"

2.3.1 场地对大明宫在功能上的守望

大明宫以遗址公园与历史博物馆展示为主，场地主要是以其旅游服务配套及唐文化的延续展示为主。

2.3.2 场地对大明宫在历史上的守望

大明宫及西内苑历史意义的挖掘，及其与以音乐为核心的文化创意产业的呼应；西内苑内含光殿历史意义的挖掘，及其与场地的音乐展示空间的呼应；大明宫西侧翰林院历史意义的挖掘，及其与场地内乐府区的呼应。

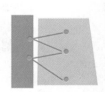

2.3.3 场地对大明宫在空间上的守望

大明宫文化轴线及主要节点与场地的呼应，曲直相守，虚实相望；场地内部绿带与大明宫文化轴、未央路城市轴及场地内文化展示轴的连接关系。

2.3.4 乐

"乐"既有喜悦，愉快之意，又有和谐成调的声音的意思。

2.3.5 苑

"苑"为古代养禽兽植林木的地方，多指帝王的花园。

2.3.6 长安

场地内部靠近大明宫西宫墙附近的片区，有三处大明宫城墙遗址伸入场地，这是场地发展对历史继承的一种机遇。

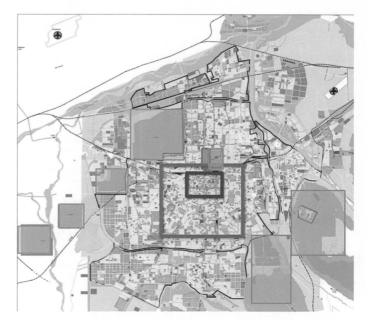

3. 场地认知与规划策略

3.1 场地认知

3.1.1 城市层面

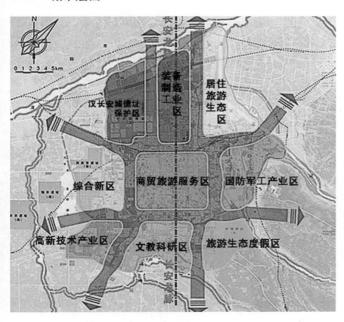

在《西安市总体规划》中，城市主要分为汉长安城遗址保护区、装备制造工业区、居住旅游区、综合新区、商贸旅游服务区、国防军工产业区、高新技术产业去、文教科研区、旅游生态度假区，基地处于规划中的商贸旅游服务区，主要城市职责为依托明皇城及其他历史遗迹，发展城市商贸及旅游服务业。

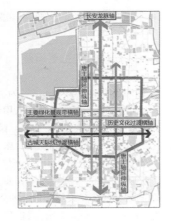

西安绿地系统完善，基地地处西安市绿地系统网络的中心位置，南接唐城绿带，西接汉长安城，历史价值与生态价值较高。

3.1.2 片区层面

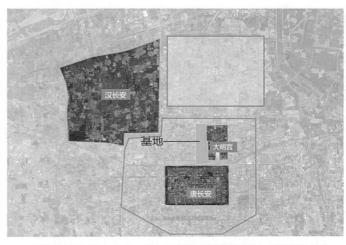

基地地跨莲湖、未央、新城三区，北接经开区，西连汉长安，东接大明宫，南临老城核心区。

南接陇海铁路，交通主要通过未央路与二环和城市连接。

北部有张家堡城市商业中心，北二环商业中心，南部有老城核心商业区，西临未央路城市主要商业轴。

3.1.3 场地层面

基地紧邻大明宫，承载着大明宫旅游配套的功能作用。基地—大明宫地块由未央路、玄武路、太华路、自强路围合而成，基地主要交通依靠未央路。

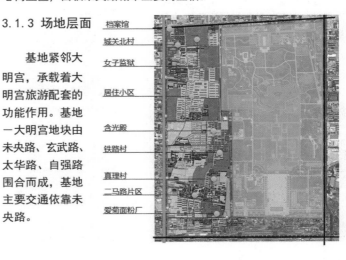

3.2 规划策略

3.2.1 现状功能用地分析

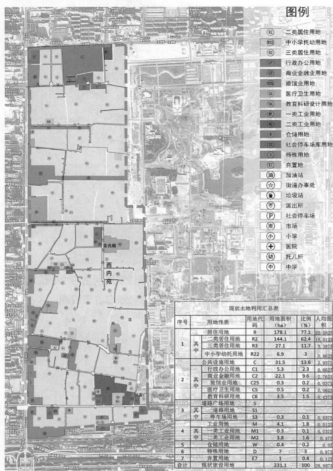

现状土地利用图

序号	用地性质		用地代码	用地面积 (ha)	比例 (%)	人均面积
1		居住用地	R	178.1	77.1	22.2625
	其中	二类居住用地	R2	144.1	62.4	18.0125
		三类居住用地	R3	27.1	11.7	3.3875
		中小学幼托用地	R22	6.9	3	0.8625
2		公共设施用地	C	31.5	13.6	3.9375
	其中	行政办公用地	C1	5.3	2.3	0.6625
		商业金融用地	C2	22.1	9.6	2.7625
		旅馆业用地	C25	0.3	0.2	0.0375
		医疗卫生用地	C5	0.5	0.2	0.0625
		教育科研用地	C6	3.5	1.5	0.4375
3		道路广场用地	S			
	其中	道路用地	S1			
		停车场用地	S3	0.3	0.1	0.0375
4		工业用地	M	4.1	1.8	0.5125
	其中	一类工业用地	M1	0.3	0.1	0.0375
		二类工业用地	M2	3.8	1.6	0.475
5		仓储用地	W	0.4	0.2	0.05
6		特殊用地	D	7	3	0.875
7		弃置地	E7	7	3	0.875
合计		现状建设用地		231.1	100	28.8875

现状土地利用汇总表

基地内部以居住小区及零售商业为主，用地单一，布局零散混乱，质量参差不齐。

基地内部公共服务设施体系普遍不完善，规模普遍较小，无法对大明宫提供配套服务。

基地内部有面粉厂、女子监狱等特殊用地，对基地的发展提出了另一方面的挑战。

基地北侧为女子监狱及北关新村，用地混杂，密度较大。

基地中北部为二府庄小区，年代较久远，配套不足。

基地中南部多为单位家属用地，对大明宫无配套作用。

基地南侧紧邻丹凤门及车站，但配套不足，建筑零散。

现状公共设施布局图

公共服务配套建筑大多沿未央路布置，场地内部几乎没有，但居民大多生活在未央路内侧，其服务半径不合理。且各配套设施体系不完善，难成系统。

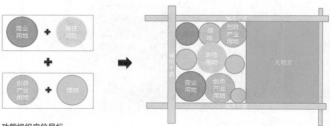

教育配套设施在场地内部分布较均匀且数量偏多，服务半径也较合理，但大多教学环境恶劣，无法满足教育建筑的采光、通风需求，教育的环境及建筑亟需标准化整顿。

现状用地功能结构主要问题：

1. 场地内部用地布局单一，多为居住用地及商业用地，且商业用地多为沿街零售，其余公共服务用地严重缺乏。

2. 居住小区修建年代各不相同，建筑质量参差不齐，且较早期修建的居住小区缺乏必要的配套设施。

3. 场地内部有部分特殊用地及已规划迁至他处的工厂，对场地的建设与更新造成了一定的影响，需要重点考虑。

4. 现有各公共服务设施等级不明确，系统不完善，且服务半径不合理，且大部分规模较小，难以形成规模效应。

5. 随着大明宫遗址公园的建设，场地内部的情况已无法满足其配套建设，亟需提档升级。

3.2.2 功能结构策略

功能组织定位目标

114

模式	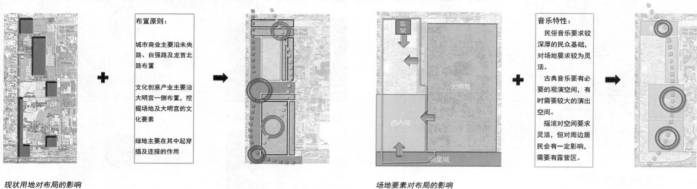 商业 居住 产业	商业 产业 居住	产业 商业 居住	产业 居住 / 商业	产业 / 示范 / 孵化
优点	居民对商业设施和文化设施的使用均较方便	商业与文化设施联系紧密，服务较好，居民对文化设施使用较好	居民与文化用地均与商业设施联系紧密	居民与文化用地均与商业设施联系紧密	居民对商业设施与文化设施的使用都较方便，且商业与产业联系紧密
缺点	产业与商业联系较弱，商业设施无法较好的服务于产业区	居民对商业设施使用较差	居民对文化设施的使用较差	居民对文化设施的使用较差	

功能组织模式探讨

根据前期分析，对地块功能进行整合，完善其等级结构。并按照场地区位、资源等各方面优势，引入以音乐为主的文化创意产业，增加地块在城市中的竞争力。

根据场地内部已布置的各个功能，对其进行各种功能的组织模式探讨。分析各种模式的优劣势，再根据场地自身条件，进行功能组织模式选择。

策略一：引入以音乐为主导的文化创意产业，整合城市功能，提高在城市中的竞争力

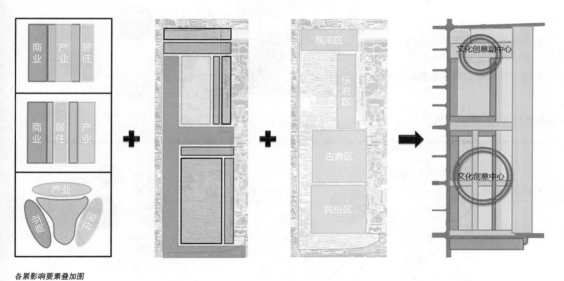

现状用地对布局的影响

场地要素对布局的影响

各累影响要素叠加图

由以上各功能要素因子所形成的各自结构关系，再考虑上各要素因子在功能结构所占的权重，最后叠加得到功能结构图。形成文化产业"两心一带四片区"的结构关系。

3.2.3 现状产业分析

场地内部二、三产业所占比例

（柱状图：第二产业、第三产业）

场地二、三产业经济效益比例

（柱状图：第二产业、第三产业）

场地内部各产业业态所占比例

（柱状图：大型商业、工厂、批发市场、零售商业）

场地内部产业主要以第三产业为主，而第三产业主要为沿街零售商业无集群效应，收益较低。

现状产业布局主要问题：

1．场地内部产业布局单一，没有地区支柱性产业。
2．现有产业规模过小，没有形成集群效应，产业经济产出不高，且无法满足大明宫的功能需求。
3．较有活力的工厂已在上层规划里，迁移至他处，其厂房将闲置与此，成为地区发展的障碍。

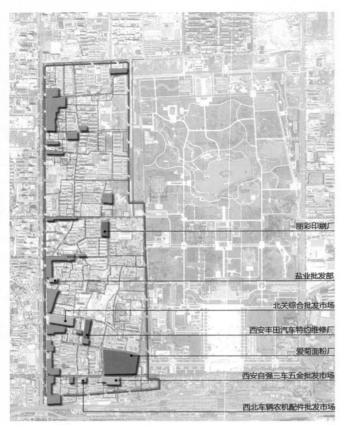

现状产业布局图

丽彩印刷厂

盐业批发部

北关综合批发市场

西安丰田汽车特约维修厂

爱菊面粉厂

西安自强三车五金批发市场

西北车辆农机配件批发市场

3.2.4 产业发展策略

产业结构目标定位：

挖掘西安古都文化历史积淀，大力发展经典民族乐及大型宫廷舞乐；保护民俗秦腔等非物质遗产，并扶持西北摇滚音乐的发展；利用西安科技人才优势，重点发展数字音乐线上音乐服务。

产业功能布置案例分析：

百老汇戏剧产业园区

首尔数字媒体城

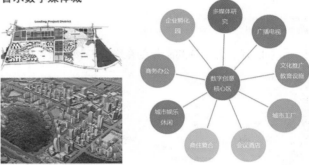

深圳大梅沙音乐产业基地

策略二：引入以音乐产业为主导的文化创意产业，激发片区活力，带动片区经济

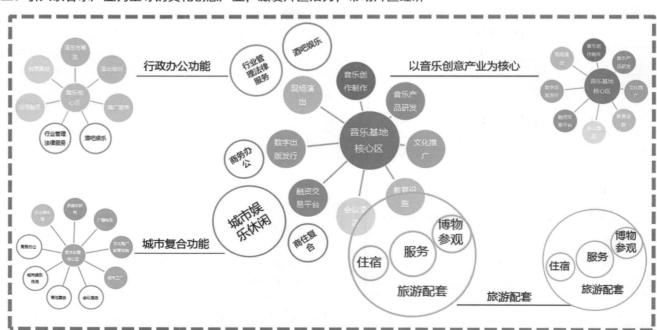

产业功能布置

国家音乐产业基地
产业功能为骨架 ＋ 遗址公园旅游业 ＋ 城市商务休闲功能 → 以音乐为核心的文化创意产业园

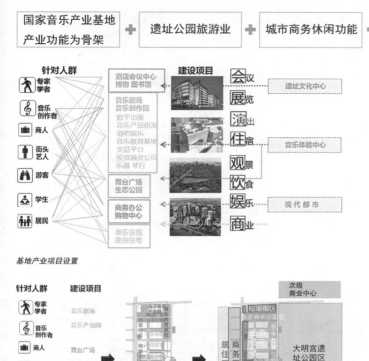

针对人群
专家学者
音乐创作者
商人
街头艺人
游客
学生
居民

酒店会议中心 博物 图书馆
音乐剧场 音乐创作园
数字出版
音乐产品研发
酒吧娱乐
音乐教育基地
交易平台
投资融资公司
乐器 琴行
舞台广场 生态公园
商务办公 购物中心
康乐设施 居住住宅

建设项目

会议
展览
演出
住宿
观景
饮食
娱乐
商业

遗址文化中心

音乐体验中心

现代都市

基地产业项目设置

针对人群
专家学者
音乐创作者
商人
街头艺人
游客
学生
居民

建设项目
音乐剧场
音乐产业园
舞台广场
生态公园
商务办公
购物中心
康乐设施
居住住宅

次级商业中心

大明宫遗址公园区

产业分区布局示意

音乐文化核心区

生态音乐公园

音乐教育区　民俗音乐创作区

生态居住区

摇滚街区

城市商务 会议酒店区

城市事件旅游 推动城市发展

文化资源
音乐资源
公共空间
→ 城市事件 CITY EVENT →
遗址文化中心
音乐体验中心
现代都市
→
大明宫旅游配套
音乐文化体验功能
城市商务功能
居住功能的完善

城市旅游事件策划

基地地处大明宫西侧，利用其文化资源、音乐资源、公共空间来实现其遗址文化中心、音乐体验中心、现代都市的功能，必将对其进行功能活动及配套的策划。就如北京、上海等城市，借助大型活动的连续举办，成功地加快了城市发展速度。

城市事件Event&Event Tourism　定位　节庆Festival

国际遗址保护论坛 → 唐遗址文化之旅 → 遗址公园旅游配套区 → 遗址文化中心
西北音乐论坛 → 音乐之旅 → 西北音乐文化产业园 → 音乐体验中心
西安城市生活论坛 → 城市休闲之旅 → 西安城市休闲区 → 都市休闲区

盛唐宫廷音乐节
现代摇滚音乐节
西安民俗音乐节
数码音乐体验节

城市节庆活动策划

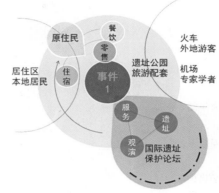

国际遗址保护论坛

论坛目的：促进国际遗址保护学术交流会议在西安举行，普及全民文化遗址保护意识，同时带动大明宫及周边地区旅游配套发展。

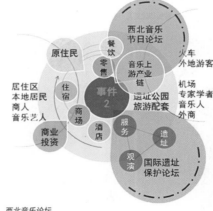

西北音乐论坛

论坛目的：扩大西北音乐影响力，搭建西安音乐高端平台，带动大明宫旅游配套发展，整合音乐节庆旅游与大明宫遗址旅游资源。

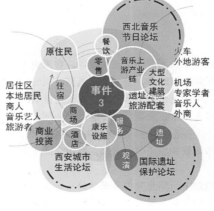

西安城市生活论坛

论坛目的：城市/科技让生活更美好，探讨西安在城市高速发展过程中，人在其中如何保持慢节奏的城市生活，提高城市生活质量。

3.2.5 现状交通分析

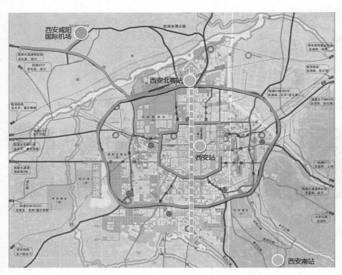

城市主要路网结构分析图

基地周边地铁站点、火车站、公交站点等交通要素多样。

大明宫切断东西向交通联系，加大基地西侧交通压力。

未来火车站的运营也必将会加剧基地南侧交通压力。更使得原本拥挤的钟楼盘道更为堵塞。

基地周边路网分析图

城北交通现状分析图

西安市行政中心北迁后，经开区内的车流量倍增，在未央路与凤城一路十字等路口，仅90秒灯时内，双向的车流量就有500余辆。未央路立交桥下道路中心是个椭圆形盘道，周边连接着8个出入口，附近聚集了很多大单位、大型居民小区，商业网点也较为密集，来往车流量大，特别是东西方向的车辆左转弯掉头时，都需要绕盘道一周，致使车流量向盘道中心汇集，盘道交通压力很大，容易造成交通拥堵。

在西安市主城区总体规划中，南北向主要道路分布均衡，有四条主干道与二环线相接。而东西向因大明宫的隔断，只有两条主干道。东西向交通负荷较大，增加了未央路的交通流量。

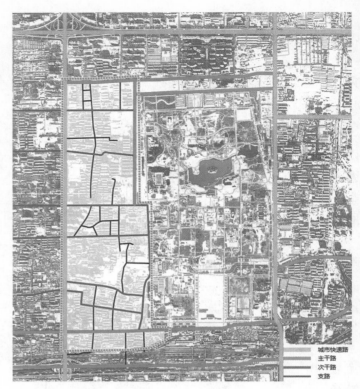

基地内部交通现状分析图

1. 可达性差——大明宫遗址公园的占地面积大，内部禁止通车，从而截断若干条道路。

2. 内部交通混乱——道路联通性差，内部通行能力小，存在安全交通隐患。

主干路　自强东路断面形式为一块板且宽度不足，不能满足未来交通需求。玄武路目前路况较差，作为大明宫东西两侧联系的主要道路，承担重要的联系功能。

次干路　建强路南北两段路况相差较大，北段行车通畅，南段地形复杂且人车混杂，未来应重点改造。次干路多为东西向，支路密度不足，人车混行，交通状况较为复杂。

支路　基地内部支路及小区路众多，且多人车混行，路面状况仍需改进。基地内部支路及小区路网密度不足，需加强整体联系，形成内部系统。

现状交通主要问题：

1. 大明宫切断城市东西向交通联系，导致未央路至北关正街交通负荷量较大，北门盘道拥堵。

2. 内部公交系统不完善，与城市公共交通体系无法衔接。

3. 内部道路未成体系，道路联通性差。路网密度低，内部通行能力小。断头路、双丁路较多，人车混行，存在交通安全隐患。

3.2.6 道路交通策略

策略三：倡导快慢分行、人车分流，打造以步行为主导、以公共交通为主的交通系统

交通系统目标定位：

强调城市交通的安全、畅通、舒适、环保、节能、高效率和高可达性，人车分流，提高交通效率，与城市环境相协调，与城市土地使用模式相适应，多种交通方式共存、优势互补。

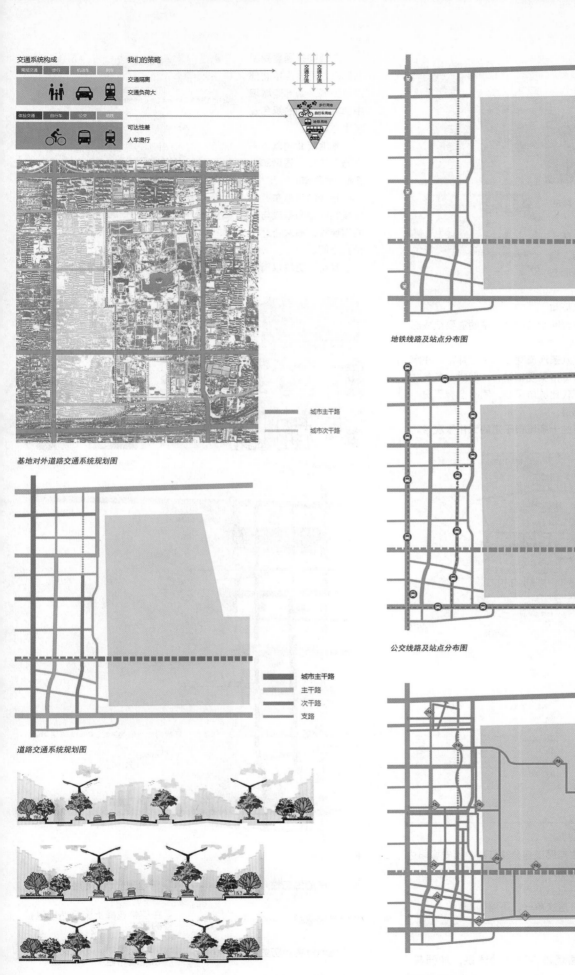

交通系统构成　　我们的策略

常规交通　步行　机动车　列车

交通隔离
交通负荷大

体验交通　自行车　公交　地铁

可达性差
人车混行

交通分流　交通分流

步行用地
自行车用地
地铁用地

城市主干路
城市次干路

基地对外道路交通系统规划图

城市主干路
主干路
次干路
支路

道路交通系统规划图

道路横断面示意图

地铁线路及站点分布图

公交线路及站点分布图

119

绿色慢行系统规划图

3.2.7 现状绿化分析

结合西安山、塬、河、田、城的自然地貌特征，继承城市历史上"八水绕长安"环境特色，确定"三环、八带、十廊道"的生态绿地结构，构架西安城市历史文化名城在自然形态上的空间格局和景象。

三环：指西安市的一环、二环和在建设的三环绿化景观带，是主城区生态绿地系统的重要组成部分。

八带：指依托围绕西安城区八条河流建设的生态林带。在水体保护的基础上，使河岸绿化与城市景观相结合，形成一条条既保留田园化自然景观，又具有现代化城市风貌，同时富有历史、民族文化特色的城市绿化景观廊道。

十廊道：指西安市对外联系的十条城市干道的绿化景观带。

范围或地段	行道树种类	胸径大小	疏密程度	绿化效果
自强东路	国槐、泡桐、楮、柳	20-40cm	较密	较好
二马路（太华路与建强路之间）	国槐、法国梧桐、泡桐、楮	15-20cm	较疏	一般
建强路	国槐、泡桐、楮	15-20cm	较疏	较差
龙省南路	法国梧桐、楮	20-40cm	较密	一般
龙省北路	国槐、泡桐、楮、椿	15-20cm	较疏	较差
政法巷	法国梧桐、楮	15-20cm	较疏	较差
凤城路	国槐、泡桐、楮、椿	15-20cm	较疏	较差
玄武路	国槐、泡桐、楮、椿	15-20cm	较疏	较差
其他街道	以国槐为主，零散分布泡桐、楮、椿等乔木			

现状绿化主要问题

1. 从汉城遗址到大明宫遗址的生态廊道部分被打断。西安城周边各主要绿块通过缺乏绿色廊道联系。
2. 内部绿化缺乏，不成体系。
3. 城市道路绿化整体状况较差，层次单一，不够美观。

3.2.8 绿化景观策略

策略四：梳理现状绿地，完善场地内部绿地体系，加强其与城市绿地系统的联系

东西向打通重要生态廊道，建设连接北部汉长安城，南部唐城墙，中部右银台门的绿色景观生态廊道。

基地南北向以主干交通为依托，建设30m至40m林荫道。

基地内其他东西向以楔状绿地为基础与大明宫连接，串联合理的公共空间。

其余小斑块以街头游园，居住区绿地的形式分布于基地内部。

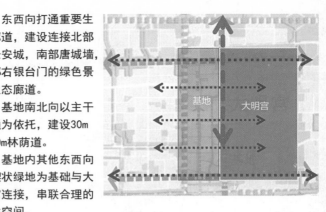

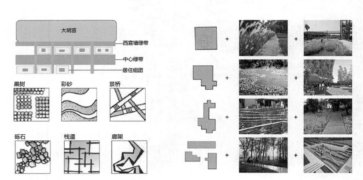

景观改造意向

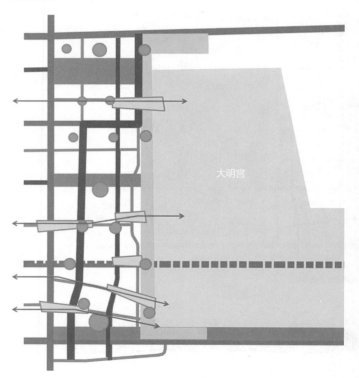

绿地系统规划图

城市发展的生态性 ┈┈┈┈┈┈┈→ 营造现代城市的生态绿地

遗址需要保护 ┈┈┈┈┈┈┈→ 在植物选择上满足遗址保护的要求

需要场地特色和历史特色 ┈┈┈┈→ 植物配置体现历史文化特色和地域特色

需要满足视觉要求 ┈┈┈┈┈┈┈→ 营造丰富变化的植物景观

3.2.9 现状开放空间分析

主要空间界面分析

视线通廊分析

3.2.10 公共开放空间策略

策略五：打通城市景观廊道，完善场地公共开放空间体系，加强城市与大明宫的联系

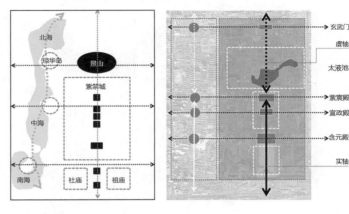

开放空间形态生成

基地处于西安最重要的两条轴线之间，既是城市中部的城市形象轴线和城市东部的城市文化轴线，是这两条公共开放空间序列带连接端的重要一环。

追述历史——在历史中寻求基地的功能与定位以及与大明宫的联系后，我们发现：

基地在唐朝是是作为西内苑供皇家使用，其重点以园林建设为主体，太宗经常在这儿宴请群臣。

大明宫与北京故宫有众多相似之处。在北京故宫的布局中，宫苑区与林苑区相邻相望，两区节点对应。其形态与功能正好与大明宫的功能相符合，所以在大明宫设计中，采用了类似的手法。

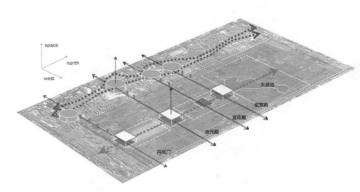

公共开放空间分析图

1. 公共庆典广场，露天剧场，及多面体音乐体验广场与含元，宣政，紫宸三殿相对应。

2. 公共空间以有机椭圆为基础型进行变异，形成连续的，起伏不定的地景建筑，形成一个现代"台"，而架与其上的建筑与大明宫礼制建筑布局相呼应，成方正布局。且在"台"的基础上为合成院落。

3. 基地与大明宫之间通过布置高出四周建筑的艺术装置在视线上联系起来。

4. 愿景畅想

本次规划通过对基地现状的分析，针对基地所存在的问题，采取了相应的规划策略，对其形象及经济状况进行提升。

由于场地内部，地块差异性较大，设计中将其划分为几个典型片区，对其进行相应的业态布置，旨在满足地块发展需求的前提下，尽可能多地给原住民提供工作岗位，解决他们的生活问题，并提供给城市舒适的生活休闲环境。

①活力摇滚区
②汉唐文化绿色长廊
③休闲生活绿带
④居住小区改造示范区
⑤九仙门入口广场
⑥乐府教育区
⑦星级酒店
⑧会议中心
⑨音乐沙龙
⑩城市音乐核心区
⑪含光殿遗址文化广场
⑫民俗艺术创作区
⑬城市商务办公区
⑭道北居民还建小区
⑮音乐创意产业区入口广场
⑯旧工厂改造示范区
⑰火车站站前服务区

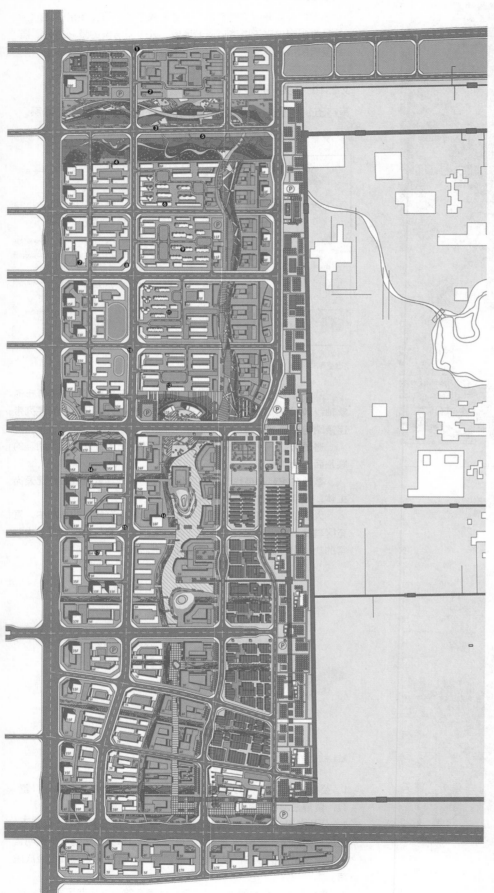

总平面图

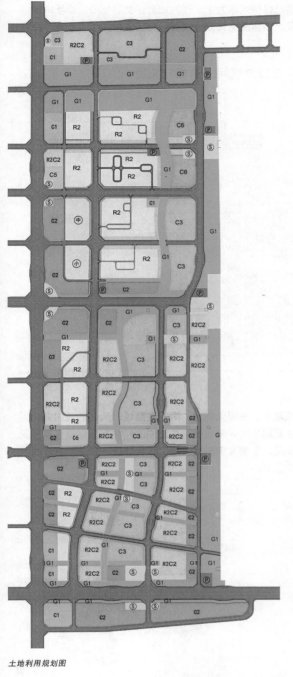

土地利用规划图

设计中，按照城市规划设计规范，对场地内部的用地功能进行了布置。形成体系分明，结构清晰，符合城市休闲文化及对外旅游功能的土地利用，打造宜人的城市公共空间。

设计中，公共服务用地各自成体系，规划有各自的服务核心，服务半径明确合理，各功能分区之间又有紧密联系，城市空间设计紧凑有序、舒适宜人。

打造高速便捷的步行系统，实现内部交通疏散的目标。绿地系统等级分明，使基地与城市绿地系统相互融合。

土地利用汇总表

序号	用地名称		用地代码	面积（公顷）	占城市建设用地（%）
1	居住用地		R2	59.26	23.8%
	其中	住宅用地	R21	24.95	10.0%
		住商混合用地	R2C2	30.16	12.1%
		中小学用地	R22	4.15	1.7%
2	公共设施用地		C	61.34	24.7%
	其中	行政办公用地	C1	5.32	2.1%
		商业金融用地	C2	26.94	10.8%
		文化娱乐用地	C3	24.26	9.7%
		医疗卫生用地	C5	1.69	0.7%
		教育科研用地	C6	3.13	1.3%
3	道路广场用地		S	67.87	27.3%
	其中	道路用地	S1	57.91	23.3%
		广场用地	S2	7.59	3.1%
		社会停车场用地	S3	2.37	1.0%
4	绿地		G	60.36	24.3%
合计	城市建设用地			248.83	100%

图例

R2	二类居住用地	R22	中小学托幼用地
R23	道路用地	C1	行政办公用地
C2	商业金融业用地	C3	文化艺术团体用地
C5	医疗卫生用地	C6	教育科研设计用地
S1	道路用地	S2	广场用地
S22	游憩集会广场用地	S3	社会停车场库用地
G1	公共绿地	P	社会停车场
小	小学	中	医院
中	中学	S	广场

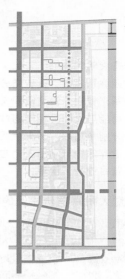

道路交通规划图

图例
- 城市主干路
- 城市下穿路段
- 主干路
- 次干路
- 支路
- 组团内道路
- 休闲步行道

绿地系统规划图

图例
- 公共绿地
- 城墙绿地
- 步行广场绿地
- 组团绿地
- 道路绿化

慢行系统规划图

图例
- 文化步行廊道
- 绿化步行廊道
- 主要步行景观点
- 次级步行景观点
- 商业步行休闲带
- 文化步行休闲带
- 汉唐步行步行带
- 城墙绿地步行带

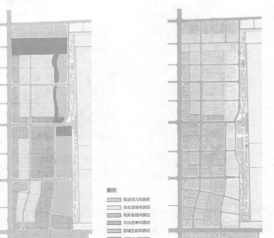

风貌分区规划图

图例
- 综合活力风貌区
- 生态宜居风貌区
- 商务金融风貌区
- 文化创意风貌区
- 营造古迹风貌区
- 绿地休闲风貌区

建筑强度控制图

图例
- FAR=0
- 0 < FAR≤1.0
- 1.0 < FAR≤2.5
- 2.5 < FAR≤3.5
- 3.5 < FAR≤4.5

建筑高度控制图

图例
- 限高12米
- 限高24米
- 限高40米
- 限高60米
- 限高100米
- 限高150米

5. 专题研究

5.1 守望之式

基地地处唐大明宫西侧，紧邻大明宫西宫墙，与遗址公园联系紧密。设计充分考虑基地与大明宫的关系，做到不管是空间布局，还是精神意义上，都能与大明宫相辅相成，相守相望。设计中，分别从功能、历史空间意义、空间形态、历史遗存保护与利用四个方面，来对"守望"这个题目进行了诠释。

5.1.1 场地对大明宫在功能上的相守相望

唐大明宫遗址公园拥有得天独厚的历史资源，具有极高的历史、科教及社会价值。在功能的布局上，大明宫遗址公园主要以遗址保护及展示为主，旨在提高公众对遗址的保护与认知意识。

西安遗址公园主题
大明宫国际音乐

场地主要是以大明宫旅游服务配套，及相关文化的延续展示功能为主。适当引入音乐元素，使人们可以从视听两方面来感受大唐盛世，又可以满足游客在遗址公园的配套需求。

大明宫旅游服务配套	遗址保护及展示
唐文化保护及展示	专题博物馆展示
西安民俗文化展示	文物古迹研究及管理
音乐创意产业	爱国主义教育基地
城市商务办公功能	基础旅游配套
城市配套居住	

场地与大明之间的功能互补

大明宫遗址公园以遗址保护展示为主，作为旅游开发的核心，而场地则以其特有的旅游服务配套及大明宫唐文化的延续展示为主，依托于大明宫。两者相辅相成，共同作用。

5.1.2 场地对大明宫在历史空间上的相守相望

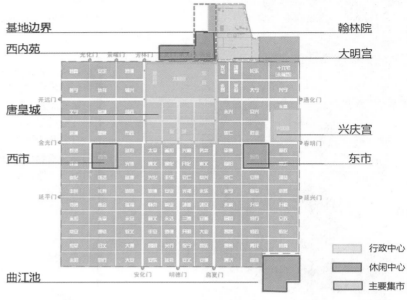

唐皇城重点区域示意图

基地地处唐长安宫墙以北，东邻大明宫，南面唐皇城。南部的西内苑，是唐代皇家园林，是皇家主要的休闲娱乐场所。东北侧的翰林院，则是皇家招贤纳士之处。唐文化丰富多元，且唐玄宗酷爱音乐，歌舞盛行，翰林院在那时，相当于当时的皇家艺术委员会。

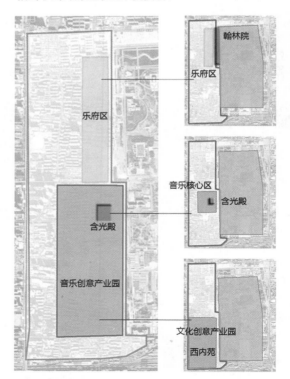

基地内部功能历史追溯

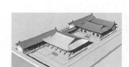

翰林院：唐代主要招募在诗文、医卜、方伎、书画等方面有一技之长者设立的机构

含光殿：唐代举行马球比赛等休闲娱乐项目的场所

西内苑：皇家园林，皇帝休闲娱乐及宴请宾客的场所

在基地靠近翰林院、含光殿、西内苑的部分地块设置乐府区、音乐核心区及文化创意产业园，在历史空间意义的层面上，对大明宫进行守望。唐代是中国五千年历史上十分辉煌的一个朝代，那个时代民主、包容、多元化，设计中继承了大明宫的时代精神，展现中华文化的博大精深。

124

5.1.3 场地对大明宫在空间序列上的相守相望

城市主要轴线示意图

城市轴线与基地轴线的关系

基地东侧是以**大明宫含元—宣政—紫宸三大殿为核心**的唐城文化轴，贯穿南北，连接大雁塔及曲江池西侧是贯穿城市南北，沿未央路的城市轴，扮演着**城市主要商务办公中心核心**的作用。

沿未央路的城市中轴线与大明宫内部的盛唐文化轴虽相隔不远，却在空间上，几乎没有联系。设计中，通过场地内部**几条主要绿廊的打通**，将场地内部的轴线与周围两条城市轴线相互串联，使之有了**空间、功能及视线上的呼应**。

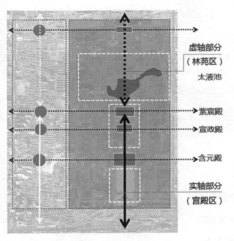

大明宫与北京故宫有众多相似。在北京故宫的布局中，宫苑区与林苑区相邻相望，两区节点对应。其形态与功能正好与大明宫的功能相符，所以在大明宫设计中，采用了类似的手法。

场地与大明宫的轴线呼应

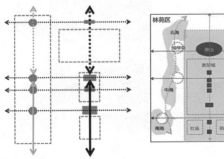

紫禁城轴线空间探索

宫苑区与场地轴线相互对应，节点相互呼应，充分体现相守之势。

场地轴线空间三维示意

场地内架起的台地与大明宫内三大殿台地相呼应。

5.1.4 场地对大明宫在空间序列上的相守相望

场地内部靠近大明宫西宫墙附近的片区，共有三处大明宫城墙遗址伸入场地，这既是场地发展对历史继承的一种机遇，也是规划设计中的一大考验。

大明宫西宫墙伸入场地内的部分，因历经久远，早已埋在了地下，且现在大明宫遗址工作发掘工作较大，还未能安排时间对场地内部的城墙进行发掘，所以在城墙遗址展示中，多考虑用可还原性的手法对场地进行处理，以为日后的发掘工作提供条件。

地块历史遗存示意图

展示方式一： 利用绿化廊道凸显出城墙边界，在城墙遗址处通过小品或引导牌，向游客展示盛唐的文化一隅。

城墙处理方式一

场地为旅游集散，人流量较大区域，需要较大的空间，所以采用绿廊的方式对城墙进行展示，亦可在绿廊中设置一些小展牌，加深大家对大明宫及其周边功能区的认知程度。

展示方式二： 通过地面下挖，上部架空的方式，在地下空间对城墙遗址进行展示，上部绿化延续。

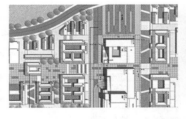 

城墙处理方式二

场地为特色剧场，人流集散区域，人流量较大，外部需要较大的空间，所以采用绿地延续的方式，扩大地面可用面积；地下城墙遗址采用地下展示，设置讲解设施，在不破坏文物的情况下，使更多人了解这段历史。

展示方式三： 把场地改造时拆除建筑所剩下的土砖在城墙遗址上，搭建成可还原的城墙，保留场地记忆。

城墙处理方式三

场地原是道北时代所留下的铁路村，在对场地进行改造时，把所拆除的建筑砖块保留下来，砌成具有识别性的城墙片段进行展示。既可在改善环境的基础上，保留铁路村的记忆；也可以在其中找到盛唐时期的感受。

5.2 空间更新策略

现状建筑分析图

基地内部建筑质量参差不齐，修建年代也差异较大，建筑材料各不相同。所以对场地内部的建筑进行更新，并不能用同一方法，统一标准，而应该根据其特有性质，分策略对其进行更新。

更新策略大致可以分为四类，主要为保留其建筑，对其进行功能更新，或完善其配套功能。

对其中较有特色的建筑类型，进行建筑保留或提取其空间模式，对地块进行有机更新。

艺术创意社区：
对现在建筑及周边环境进行适当调整及改造，并进行空间梳理，使其符合城市生活及发展音乐产业产业的要求。

城市商务区：
对现状建筑进行适当保留，对其公共空间进行梳理，扩大营运规模，合理配套，满足城市商务的发展及旅游配套需求。

基地整治分类示意图

音乐创意街区：
保留现在建筑，并对其环境进行梳理，对其中功能进行置换，引入新的功能，再次激发该片区的活力，带动经济发展。

音乐核心区：
对创意产业的各功能区进行合理布置，整合音乐创意资源与大明宫旅游资源，在细节的设计上，体现对场地原有历史的记忆。

基地现状照片

5.2.1 保留现状建筑及其功能，部分拆除，增加开敞空间，并适当增加其服务配套

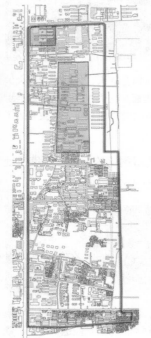

整治片区区位示意图

整治过程平面示意

对原有肌理进行梳理，并对建筑质量进行评估，确定保留建筑

对其中建筑质量较差，或居住人数较少的建筑进行拆除或改造

对拆除后留下的开敞空间进行梳理，种植植物，打造宜人环境

整治过程空间示意

拆除不满足间距要求或临时搭建的建筑

对一些建筑进行更新，作为公共建筑使用

拆除建筑后，在空地上合理布置环境

改造区风格意向图

126

5.2.2 保留现状建筑，对其内部功能进行置换，引入新业态，重新激发片区活力

整治片区区位示意图

整治过程平面示意

对建筑肌理进行质量评定，确定保留建筑与拆除建筑

对保留的建筑进行功能重置，满足新产业的功能需求

合理配套公共绿地设施，美化市民工作与生活环境

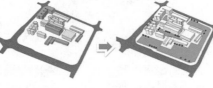

整治过程空间示意

拆除原有质量较差的，或不符合新功能要求的建筑

利用保留的建筑，对其进行功能置换后，符合功能要求

对公共空间进行规划布置，使其符合休闲及旅游功能

改造区风格意向图

5.2.3 保留现状功能，对建筑进行改善，增加公共空间围合，使其满足城市生活需求

整治片区区位示意图

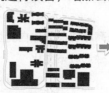

整治过程平面示意

对地块的用地性质及建筑质量进行梳理，确定保留建筑

对较好的建筑进行保留，其余进行空间改造，更新建筑

对场地环境进行布置，改善城市公共空间，增加绿地环境

整治过程空间示意

拆除已无法满足城市功能的现状建筑

加建满足功能的裙房，增加空间围合

布置裙房之间的公共开敞空间

改造区风格意向图

5.2.4 对地块建筑进行有机更新，引入新产业，增加就业岗位，解决原住民就业问题

整治片区区位示意图

整治模式探讨

建筑原型提取

现状建筑保留：无法满足居民的现代生活需求，该法不适用

现状建筑拆除：街道记忆丧失，邻里关系破碎，此法不适合

  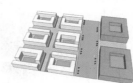

所采用方式优缺点分析

条状建筑与沿街商业结合，居民生活较方便

合院式居住社区与沿街商业结合，围合感加强

合院式社区与社区沿街商业结合，用绿带隔离城市公共空间与社区私密空间

改造区风格意向图

127

5.3 原住民安置模式探讨

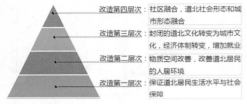

原住民安置需求示意图

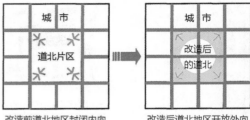

大明宫更新规划功能图

改造前道北地区封闭内向　　　改造后道北地区开放外向

保证村民生活水平不下降，使村民有可靠的社会保障是改造的重点。大明宫现有规划当中，原住民整体外迁至搬迁小区，虽环境改善，但原住民谋生问题仍未解决。

地块更新模式示意图：

随着大明宫遗址公园的发展，引入文化创意产业，带动地块经济

创意产业给原住民提供工作岗位，吸引游客进入场地，提高地块活力

引导地块有序更新，合理开发，加强地块配套设施，保证地块可持续发展

5.3.1 针对适龄青年及中年人群，设置职业培训中心，提高其劳动技能，增加就业率

设计中，根据道北原住民的年龄分布，设置具有针对性的职业培训中心，使其具有一定的劳动技能，从而增加场地居民就业率。

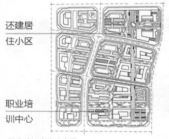

职业培训中心分布图

5.3.2 引入支柱型产业，给原住居民提供较多工作岗位，对原有业态进行提档升级

引入新型支柱产业，解决部分居民工作问题，改善原有产业经营方式及经营环境，改造整个区域的外部环境，吸引更多的人群进入，给新型产业的发展，提供新的可能，形成良性循环。

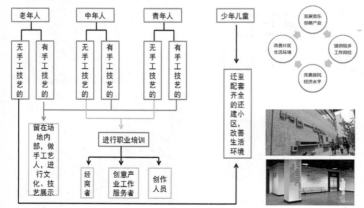

原住民就业安置图

5.3.3 提高原住民文化自觉性，发扬道北特色文化，使道北文化融入城市文化

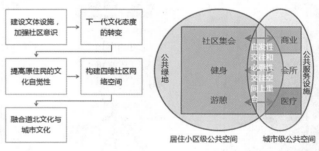

加强城市与道北的功能联系

在道北新社区中，加强文体设施的建设，并对年轻的一代进行普及教育，用以强化原住民的文化自觉性和文化认同感。建立社区网络及公共文化设施，努力做到与城市文化融合。

在道北新社区中，处理好社区与城市的关系，做到公共与私密空间相互分开，又相互融合。可以通过绿地将城市空间与社区空间相隔离；同时，通过共用部分公共服务设施，加强城市与社区的关联度与交往。

道北新社区示意图

在原道北主要聚居地近布置道北文化展览馆，使城市居民能够更好地了解道北片区，消解对道北的偏见。

5.3.4 改善原住民居住环境，完善其配套设施，处理好公共空间与私密空间的关系

打造公共活动空间，改善原住民的生活居住环境，完善城市基础配套设施。处理好公共与私密空间的关系，对公共绿地及公共服务配套进行分级布置，用绿地来减少住区与城市之间的相互干扰，并给各类人群提供交流空间。

对其中部分居民楼采用底层架空的形式，上面为居住，下层为公共空间。既保障了底层居民生活所必需的私密性，也加强了公共视线通廊的连贯性。

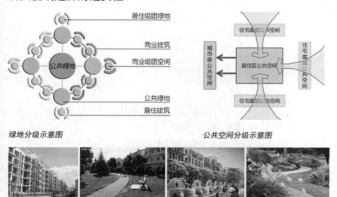

绿地分级示意图　　　　　　公共空间分级示意图

6. 设计导则

6.1 建筑高度控制

建筑高度的布局总体应是高低错落、疏密有致，形成从大明宫遗址公园到大明宫，有良好的建筑轮廓线。设计从三个不同的层次的眺望点对建筑高度进行控制，要求前排建筑不能遮挡住后排特定区域的标志性建筑。要求中的高度控制按最不利视点的原则进行控制，高度按控制高度最低点的视点进行制定。

三个层次的眺望点分别位于太华路、大明宫遗址公园中轴线和大明宫西宫墙一带。布置要求突出各片区最高建筑以及重要公共建筑，建议范围内建筑最高控制在100m以内，龙首北路地标性商务酒店高度控制在150m以内。

整体呈现出东高西低的建筑形态，在平原地区，形成空间层次丰富多变，地标重点突出的城市风貌。

6.2 城市轮廓线

城市轮廓线一共分为两种：横向轮廓线和纵向轮廓线；每种轮廓线一般分为三个层次进行控制：邻大明宫西宫墙、中部音乐核心和城市商务核心。横向轮廓线的控制，应考虑结合东部艺术文化片区、中部音乐文化展示片区及城市商务核心区三个层次进行设计；纵向轮廓线应结合城市轮廓与大明宫轮廓进行总体设计。场地总体轮廓线应富于韵律感和层次感。

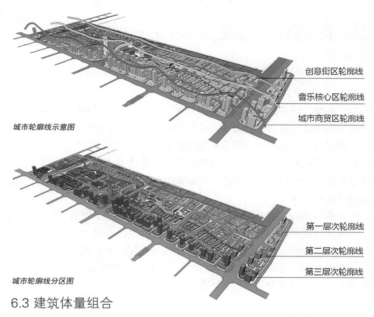

城市轮廓线示意图

创意街区轮廓线
音乐核心区轮廓线
城市商贸区轮廓线

城市轮廓线分区图

第一层次轮廓线
第二层次轮廓线
第三层次轮廓线

6.3 建筑体量组合

建筑体量根据建筑功能不同，进行有机组合。结合建筑布局，实现和谐有序、有机协调的城市风貌。各功能建筑均以院落为母体，进行变化，整体城市风貌统一，且不单调。

住宅建筑以点式和板式结合，点式住宅标准层边长控制在25～40m以内；板式住宅标准层宽度控制在12～16m，长度控制在30～80m。

文化展览等功能的大体量建筑，可局部拔高，不宜整体过高。

商业裙房进深控制在15～25m；教育设施多为中等体量建筑；小区配套等为小体量建筑。

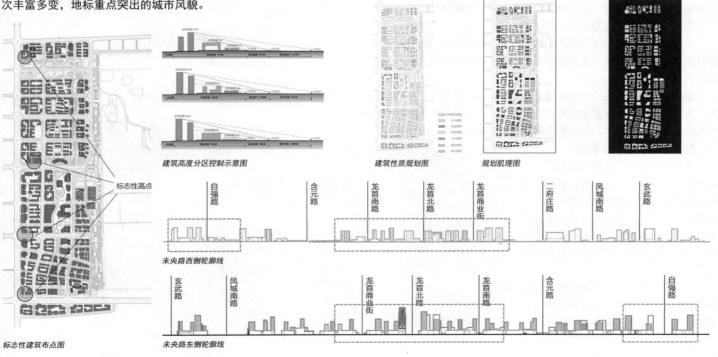

标志性高点

标志性建筑布点图　　建筑高度分区控制示意图　　建筑性质规划图　　规划肌理图

未央路西侧轮廓线

自强路　含元路　龙首南路　龙首北路　龙首商业街　二府庄路　凤城南路　玄武路

玄武路　凤城南路　龙首商业街　龙首北路　龙首南路　含元路　自强路

未央路东侧轮廓线

西部文化休闲中心

重庆大学
CHONGQING UNIVERSITY
C组

规划篇——

设计者：仝昕　姚芳
2012届城市规划专业

西安唐大明宫西宫墙周边地区设计
The Surrounding Areas of the Xi'an Tang Daming Palace West Walls Urban Design

指导教师：卢峰　董世永　夏晖

该方案以"脉"为线索，实现对大明宫的"守"与"望"：分别是"文脉"：规划延续城市历史文脉、提高城市文化品质，构建唐文化与古都城市风貌和谐共生的现代都市，再现大唐盛景。"人脉"：规划保留典型道北记忆，改善居住、就业条件，完善公共设施配套，提升居民生活品质。"城脉"：实现了现代城市气息与历史空间的完美融合，既不会感到历史的压抑，又可体味触手可及的民族荣耀感。

1. 前期分析

1.1 业态部分分析

1.1.1 规划背景

近年来，由于世界经济的快速发展，人们的生活水平普遍提高，尤其是西部地区发展迅速（以西安、重庆、成都为首），成为业余生活消费的主力军。

当代社会，人们消费观念和方式由购买型的"收藏式"消费向参与型的"体验式"消费转变。同时，消费观念和方式由生活必须的"主导式"消费向多元化消费转变。由于生活方式的多元化以及对时间和金钱分配的多样性，因而带来了旅游性消费的普及。

越来越多的旅游者不再满足于表层体验式的观光型旅游，而更愿意深入到另一种生活体验中，因而，当前社会的旅游方式逐渐由观光式旅游向介入式旅游转换。多样的旅游人群也激发了旅游产业的多元化、专业化、深层次化的发展。

目前我国人均GDP已超过3600美元，一年中法定假日115天，应该说是"有钱有闲"——"休闲时代"对中国来说已经到来。

图1 城市消费与旅游

1.1.2 区域定位

1.1.2.1 宏观背景

全球定位：大西安世界城市建设目标以建设文化之都为核心动力，这对于实现民族振兴，实现中华民族文化自信与自主的国家意义重大。赋予大西安城市定位为——世界城市、文化之都。

全国定位：西安古称"长安"，世界四大文明古都之一，中华文化的代表。西安是副省级城市，中国七大区域中心城市之一，新欧亚大陆桥中国段和黄河流域最大的中心城市。具有"承东启西、连接南北"的重要战略地位。

西部定位：西三角经济区是指把西安与被国务院批准设立"新特区"的重庆市和成都市联合，组成一个对中国西部发展具有战略意义的三角形经济区。

1.1.2.2 中观背景

省域背景：陕西省地跨中国西北和西南，纵贯南北，连通东西，位于中国地理版图中心区。西安位于西咸都市圈——全国率先发展十大城市群之一的关中城市群的核心位置。

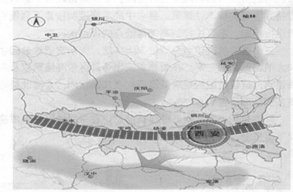

图2 关中—天水经济区

市域背景：西安位于全国率先发展的十大城市群之一的关中城市群的核心位置。关中—天水经济区规划实施的大背景下，西安面临千载难逢的好机遇，也迎接着前所未有的大挑战，形成整个国家经济战略化的平衡点、区域协调化的带动点、华夏历史文化的传承点。

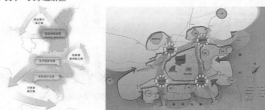

图3 陕西省发展模式图　　图4 西安城市空间模式图

大西安未来的产业发展将形成"错位发展、优势互补"的特色，即"开发区龙头带动、中心城区全面提升、各区县突出特色"三个层面联动协调发展，重点发展十二大产业载体，建设支柱产业明确、错位发展、优势互补的新型产业园区。

西安市2008~2020城市总体规划布局结构：凸显"九宫格局，棋盘路网，轴线突出，一城多心"的布局特色。

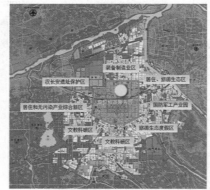

图6 西安主城区城市功能布局

图5 关中城市群空间布局

1.1.2.3 微观背景

基地概况：基地处在西安北城墙、陇海铁路以北，南边进入安远门连接着繁华的钟鼓楼核心区，北面是西安新兴的北开发区商业经济中心，东接唐大明宫国家遗址公园西宫墙，西邻城市中轴线——北关正街、未央路，用地面积约2.3km²。

唐大明宫：唐长安城的三座主要宫殿之一，大明宫在太极宫之东，所以又称为"东内"，大明宫原是太极宫后苑，靠近龙首山，较太极宫地势为高。汉代未央宫踞龙首山之东高处，故未央宫高于长安城。唐大明宫又在未央宫之东，地基更高。

1.1.3 区域交通

（1）省域交通

陕西省公路基本形成了以西安为中心，"两纵五横四个枢纽"的骨架网布局。

（2）市域交通

西安是新亚欧大陆桥中国段上重要的中心城市和交通枢纽，是我国内陆最中心，全国交通和通讯的重要枢纽。

西安市的交通网络现已完成了以铁路、航空、公路为主的立体式、全方位式的构建。未来五年，西安市将构建都市区对外3小时辐射圈、内部一小时通勤圈、主城区半小时通达圈的一体化综合交通网络体系，实现以绕城高速为内核，关中环线为外核的对外交通网络。

（3）基地周边交通

基地周边有地铁2号、4号线两条地铁线路，但东侧部分出行不便，需设置慢行系统。

基地周边有通往城市四个方向的多条公交线路，公交重叠路段多集中在未央路，但在基地靠近大明宫一侧没有站点与线路，形成公交线网不均衡的现状。

1.1.4 经济背景

城市经济发展：改革开放以来，西安经济显示出极大的活力，GDP支出与构成在不断发生变化，呈现日益上升趋势，最终消费呈现下降趋势，资本总额逐年增加。

居民收入：2011年，西安市城镇居民人均可支配收入21239元，比全省平均水平高2994元，收入在全国36个大中城市中排23位。

1.1.5 产业背景

产业结构：西安以发展高新技术产业、装备制造业、旅游产业、现代服务业和文化及相关产业五大主导产业为着力点，全面提升城市整体水平，增强经济可持续发展。

第三产业的发展：西安市的第三产业不论在产值上，还是在结构比例上都有着很大的优势，但还远远落后于发达城市，其发展水平仍有待进一步提高。

休闲产业的发展：休闲业是工业化社会高度发达的产物，是指与人的休闲生活、休闲行为、休闲需求密切相关的领域。

西安市休闲资源丰富，居民已具有足够的购买力，而人均消费性支出与社会消费品零售额两个指数的比较，西安出现了少有的顺差现象，召示着西安的本地消费市场有着巨大的发展潜力。

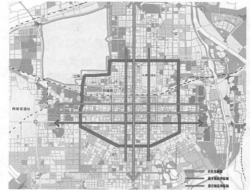
图7 西安城市轴线示意图

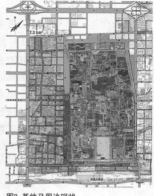
图8 基地及周边现状

图9 市域城镇体系交通规划图

图10 西安市综合交通规划图

图11 基地周边道路现状

图12 基地交通区位图

131

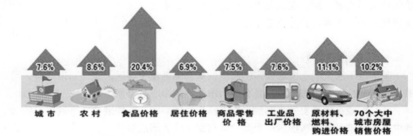
图13 2011年上半年西安市居民消费价格增长情况

图14 西安市产业结构发展

指标	西安
户籍人口（万人）	725
人均GDP（元）	15115
社会消费品零售总额（亿元）	507
人均社会消费品零售额（元）	6986
城镇居民人均可支配收入（元）	8544
城镇居民人均消费性支出（元）	7428
农村居民人均纯收入（元）	3143
恩格尔系数（%）	35.9

图15 西安市居民收支情况

图16 西安市休闲产业与资源

1.1.6 城市生活

民风民俗：西安是一个闲适的城市，这里的人粗犷豪放、实惠淳朴，身体里的每一个因子都浸透着千年历史的底蕴，充满了对生活的希望和热情。

城市名片：西安有着3100多年建城史和1100多年建都史，城市名片是雄伟的兵马俑、壮观的钟楼、高耸的大雁塔；美味可口的羊肉泡馍、肉夹馍；火热的球市、动人的秦腔和才华横溢的电影人的故乡。

图17 西安市城市名片及符号

城市符号：西安城市的建筑历时数千年，古代建筑在唐朝发展到了高峰，民居形制以围合庭院式为主；近代建筑外形以古代屋顶作为主要造型元素；现代建筑吸取了西安历史建筑特点，结合现代结构和材料进行创新，在建筑整体风貌上，保持了盛唐时期大气雄浑的气质。

图18 唐代里坊制建筑　　　图19 西安近代建筑　　　图20 西安现代建筑

1.1.7 市场需求

西安市城市消费能力分析：西安市居民人均可支配收入增长迅速，高于全国平均水平，消费能力在西部城市中较强，表现为消费方式多样化。随着居民收入的提高，闲暇时间的增多，居民消费已从物质型向精神型延伸，休闲旅游、文化娱乐渐成时尚。

西安市市场需求：西安市的各类文化历史资源丰富，旅游产业发达，但是专门为西安市民服务的成规模的休闲中心很少，市民的休闲生活品质有待提高。

在城市持续快速发展，市民消费水平不断提高的同时，西安缺少一个城市级的文化休闲中心，为市民和游客提供一个体验城市文化的休闲旅游之地。

图21 西安主城区功能布局分析图

1.1.8 开发背景

政府意愿：西安唐大明宫改造项目位于西安市未央新区，规划面积19.16km²，其核心区域大明宫国家遗址公园占地3.2km²。发展定位是以大明宫遗址保护改造和展示盛唐文化为特色，建设集文化、旅游、商贸、居住、休闲服务为一体，具有国际水准的城市新区。在空间形态上形成"一心两翼三圈六区"的基本格局。

大明宫国家遗址公园将建设成为未来西安的"城市中央公园"，同时把大明宫遗址区保护改造成为带动西安发展的城市增长极，成为西安未来城市发展的生态基础、人文象征和世界文明古都的重要支撑。

图22 大明宫地区改造项目规划　　　图23 大明宫地区控规图

1.1.9 业态部分小结

基地位于唐大明宫遗址公园的西侧，南部临西安主城区，北部有市政府、图书馆、运动公园等优势资源，具有成为市民休闲中心的潜质。

（1）在城市快速发展，消费水平不断提高的同时，西安缺少一个城市级的休闲中心，为市民和游客提供一个体验城市文化的休闲旅游地。

（2）西安休闲资源丰富，旅游产业发达，但休闲产业有待发展。

（3）需要强调公众参与性、文化多元性以及大明宫配套服务设施的完善，并依托大明宫遗址公园和老城区，发展成为西部地区的休闲中心。

1.2 人文景观部分分析

1.2.1 文化背景

世界历史文化：西安是世界著名的四大文明古都之一，如果把中华民族的文明史比作一部精彩的历史剧，那么这部戏剧的一半都发生在西安。

体验城市文化兴起：丝绸之路是古代横贯亚欧的通道；世界地质公园是古老的长安连通西域的陆上丝绸之路；茶马古道是中国西南民族经济文化交流的走廊。

城市历史演变：西安规模化的城市建设最早可以追溯到西周时期；秦朝将城市建设推向一个新的发展水平。西汉时期城市空间功能已较完备，隋唐时期建设规模更加宏大，唐朝时候，修建大明宫和兴庆宫两组建筑群，与太极宫合称"三大内"，三者相互辉映，达到了中国古代建筑艺术史上的一个高峰。

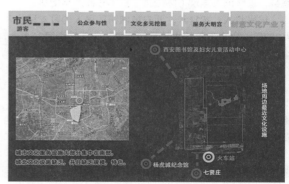

图24 基地优势与补充方向分析

图25 世界历史文化与体验

1.2.2 遗址分布

西安市域历史文化遗址分布：北有汉阳陵，东北有华清池、秦始皇兵马俑，东南有水陆庵、杜陵，西面有草堂寺、杨贵妃墓和法门寺。

西安主城区周边文化遗址：丰京遗址、镐京遗址，阿房宫遗址，杜陵遗址和汉长安城遗址、大明宫遗址，明城墙和鼓楼，还有曲江、大雁塔、小雁塔、大慈恩寺。

基地周边文化遗址分布：基地作为大明宫遗址、明城墙以及汉长安城遗址的联系，应使三者成为一个有机的历史遗迹整体，创造更多的活力和价值。

1.2.3 文化元素

盛唐文化：唐朝是中国历史上少有的开放的朝代，也是典型的多元文化并存的朝代，唐朝的开放与多元文化的发展，使其在文学在文学、艺术、宗教等领域显示出更加朝气蓬勃的生机。其内容主要包括：雕塑与壁画、书法、文学、绘画、乐舞和科技等。

西安文化：主要包括文学、书画、影视、曲艺、民间工艺和饮食文化等。

1.2.4 山水格局

西安市的山水格局结合山、塬、河、田等自然地貌特征，继承城市历史上"八水绕长安"的环境特色，形成了"三环八带十廊道"的生态绿地结构，构架出西安城市历史文化名城在自然形态上的空间格局和景象。

在城市绿地系统规划中，唐大明宫遗址公园四周均有绿地，以北面绿地面积为最大，是主城区生态绿地系统的重要组成部分。

1.2.5 景观元素

基地内部及周边人文景观元素非常丰富。

图26 西安市遗址分布图　　　图27 大明宫遗址与周边遗址关系

图28 唐文化与西安文化元素

图29 西安市域绿地系统规划图　　　图30 西安主城区绿地系统规划图

1.2.6 景观现状

随着唐代以后都城迁移，加上近代陇海铁路的修建，使大明宫地区与老城联系不便，经济发展滞后，人民生活环境越来越差，被称为"道北"。

该区聚落以简易房为主，城中村分布密集，新建居住区与旧区混杂，人群素质差异大，虽然临近大明宫遗址，但由于街道狭窄、房屋拥挤、人口密集，基础设施薄弱等原因，遗址现状破坏严重，文化氛围消失殆尽，文物保护与经济发展和环境改善的矛盾日益突出，严重影响了西安市历史文化名城的形象，远不能满足西安作为现代化外向型城市的发展需要。

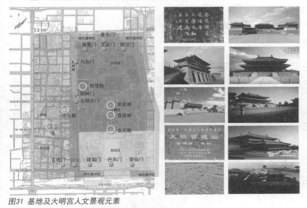

图31 基地及大明宫人文景观元素

图32 基地内部景观现状

1.2.7 人文景观部分小结

（1）西安历史文化资源具有世界性、唯一性和丰富性的特点，文物点数量之多、等级之高居全国首位，具有成为西部文化中心的条件。

（2）基地紧靠大明宫国家遗址公园，南临西安主城区，北部有市政府、图书馆、运动公园等优势资源，具有成为文化中心的潜质。

1.3 总体设计定位

设计理念——西部文化休闲中心

（1）依托唐大明宫遗址公园，结合西安老城区，实现区域经济和生态保护相结合的良性发展，构建服务于市民和游客的城市文化休闲空间。

（2）以大明宫遗址公园为核心，构建完整的文化体系与生态体系，带动区域经济与社会更新发展，创造多层次、多元化、高品质的城市新形态。

（3）加强基础设施和配套设施建设，建成与城市发展相协调的城市有机体，塑造具有时代特征、文化品位、环境优美的改造示范新形象。

2. 基地调研

2.1 土地利用部分

2.1.1 用地现状分析

基地内以居住用地为主，占总用地面积的77%；公共服务设施用地主要沿未央路分布，基地内部严重不足；工业用地散乱分布在居住用地之中。

各功能用地比例及布局不能满足城市的发展需求，急需更新调整。

图33 基地土地利用现状图

图34 基地现状土地利用汇总表　　图35 基地用地现状分析1

图36 基地用地现状分析2　　图37 基地用地现状分析3

2.1.2 公共服务设施分析

现状公共服务设施用地布局比较混乱，服务半径不合理。

基地内缺少文化娱乐、体育锻炼设施以及高等级的医疗服务设施，居住区商业配套、学校布置均不能满足使用需求。

2.1.3 开发强度分析

从总体上来说，基地沿未央路和北部新建小区开发强度高，南部开发强度低。

未央路沿街地段整体比较繁华，土地开发强度整体较高，中段最高。

沿建强路北部开发强度较高，南部沿街地段开发强度低。

图38 基地公共服务设施分布现状

图39 基地开发强度现状

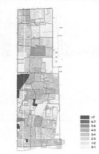

图40 基地现状鸟瞰图

2.2 道路交通部分

2.2.1 道路路网分析

基地四周临城市主要道路，未央路至北关正街沿线交通负荷大，未央路—北关正街—北大街轴线拥堵状况频繁发生。

基地内部东西向道路较多，南北向道路较少且连通性差，道路状况有待改善。

整体路网结构不合理，未能形成体系，急需规划梳理。

图41 基地及周边道路分析图

大明宫遗址占地面积大且内部禁止通车，截断了基地与周边联系的东西向道路削弱地区东西向联系。

基地内路网密度较低，断头路、双丁路多，道路联通性差、通行能力小，存在安全隐患。

图42 基地内道路与大明宫关系　　图43 基地内道路分析

2.2.2 道路横断面分析

主干路：未央路为三块板断面形式，较为拥堵。自强东路断面形式为一块板且宽度不足。建强北段为三块板断面形式，行车通畅，南段为一块板，地形复杂且人车混杂。

次干路：多为东西向道路，断面形式为一块板双向两车道，路幅较窄，人车混行，交通状况非常复杂。

基地内支路及小区路：人车混行，断面形式为一块板，路面状况需改进。路网密度不足，需加强整体联系，形成内部系统。

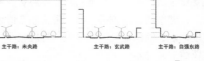

主干路：未央路　　主干路：玄武路　　主干路：自强东路
次干路：龙首北路　　次干路：政法巷　　次干路：凤城南路
次干路：联志路　　典型支路　　典型小区路

图44 基地内道路状况示意

2.2.3 公共交通分析

基地西侧有地铁经过且分布有三个站点，公交线路重叠路段多集中在未央路，玄武路和自强东路较少，且基地内部只有少数中巴车进入，可达性差。

在基地靠近大明宫一侧没有公交站点与线路，公交线网不均衡。

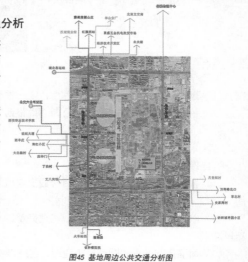

图45 基地周边公共交通分析图

2.2.4 静态交通分析

（1）工业运输车辆停放混乱；

（2）办公建筑周围停车密集，阻塞交通；

（3）居住建筑周边多为道旁停车，严重影响周边交通；

（4）商业建筑停车场地不足。

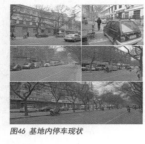

图46 基地内停车现状

2.3 景观部分

2.3.1 公共开放空间

基地东侧紧邻唐大明宫遗址公园有4个主要入口广场，但由于广场尺度较大且缺少小品设施，人流量少，缺乏人气。

基地内部公共开放空间分布较为散乱，多为居住区内部活动场地和沿道路自发形成的市场，没有集中的公共活动空间且缺乏绿地、水体等环境设计。

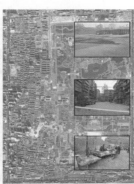

图47 基地内公共开放空间分布图

2.3.2 景观视线分析

视廊分析：现有视廊仅限于道路形成的通廊，缺少景观节点，因此没有形成有节奏的景观序列，视线被杂乱的民居阻隔。

景观节点视觉感受：内部街巷式街道的视觉感受狭隘而幽闭，杂乱无序，视线受阻隔情况严重，基本没有与开敞空间的结合和景观节点的营造。

2.5 km²

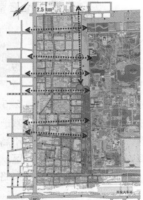

图48 基地景观视线及节点分析图

2.3.3 景观小品

基地内部标识极为匮乏，仅限于居民自发设置的孤立混乱的读报栏、招贴栏等。毗邻大明宫的片区的景观小品、标识乏善可陈，与大明宫遗址公园存在割裂。

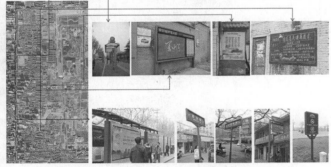

图49 基地内景观小品现状

2.4 人文部分

2.4.1 基地人群概述

人口数量：基地内常住人口约8万人，流动人口约5000人。

人口构成：以中老年人、儿童及外来务工者为主。

职业特征：多从事零售和体力方面的劳动。

未央区
莲湖区
新城区

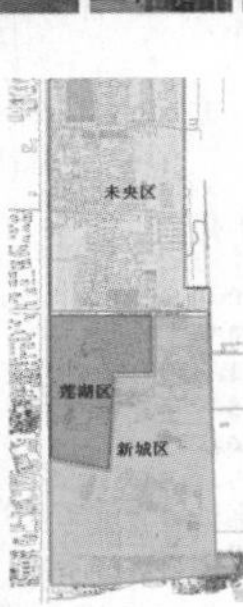

图50 基地分区现状

2.4.2 基地人群活动调研

调研背景：对前期基础资料整理及分析之后，分两组对基地人群进行分类、分片区调研。

调研方法：问卷法、访谈法。

调研区域及人群：南至陇海铁路线，北至玄武路，西至未央，东邻大明宫；长期、临时居住或工作在基地内的人群。

基本资料：共完成调查问卷35份，有效份数31份。基地人群受教育程度普遍不高，收入较低，大部分属于社会底层人群。

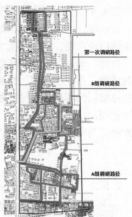

第一次调研路径
B组调研路径
A组调研路径

图51 基地调研路径

18.00%
8.00%
74%
大中专以上
中学
小学及文盲

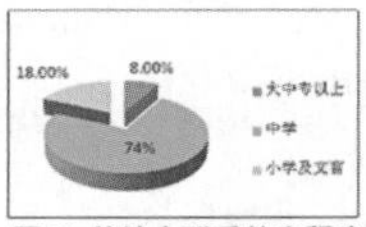

图52 基地人群受教育程度

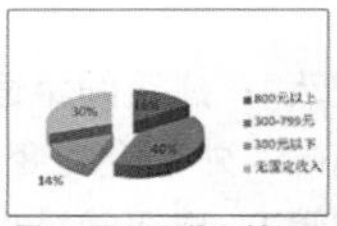

图53 居民月收入情况

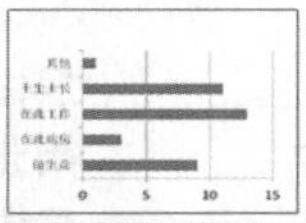

图54 为何在此居住

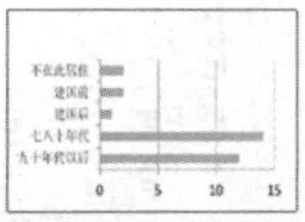

图55 何时来此居住

居民情况：居民大多是20世纪70～90年代迁居至此，职业多为服务员、拾荒者、装修工等体力劳动者。

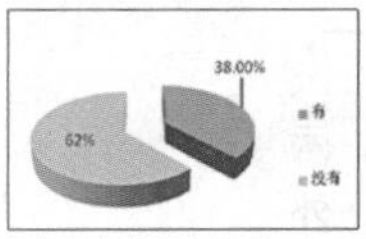

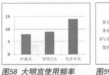

38.00%
62%
有
没有

图56 家庭卫生状况

40.00%
2.00%
58.00%
好
一般
差

图57 治安情况

居住环境：基地内居民生活条件较差，多数家庭无独立卫生间；治安状况堪忧，居民无归属感。

公园使用状况：小孩和老年人对大明宫遗址公园的使用较为频繁，中青年人较少使用。人群对基地的印象极弱，对基地的环境设施、活动场地等情况比较担忧，对基地改造愿望强烈。

经常去
节假日去
几乎不去

图58 大明宫使用频率

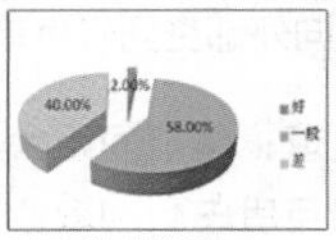

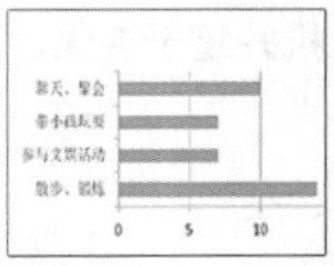

图59 大明宫内主要活动

2.4.3 人群分布特征

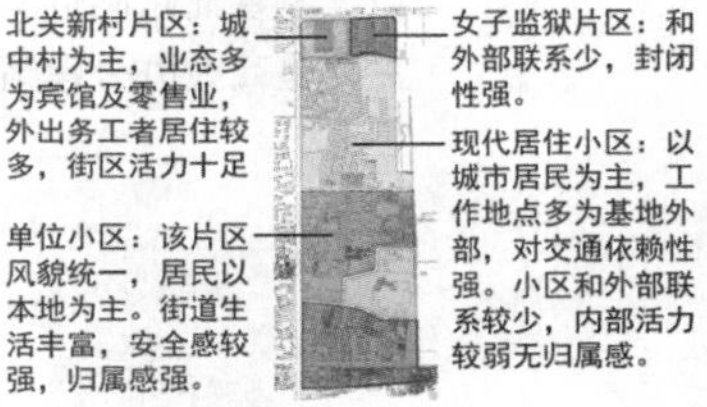

北关新村片区：城中村为主，业态多为宾馆及零售业，外出务工者居住较多，街区活力十足
女子监狱片区：和外部联系少，封闭性强。
现代居住小区：以城市居民为主，工作地点多为基地外部，对交通依赖性强。小区和外部联系较少，内部活力较弱无归属感。
单位小区：该片区风貌统一，居民以本地为主。街道生活丰富，安全感较强，归属感强。

图60 基地内人群分布情况1

真理村片区：河南移民居多，片区风貌较为混乱，老龄化凸显，吃低保者较多，安全感差
二马路片区：“道北现象”的典型代表地块，内部有面粉厂铁路小区等各种用地，流动人口多，治安差，社会问题复杂

图61 基地内人群分布情况2

2.4.4 人群活动形式

（1）人群活动分布：

通过调研发现，基地内部缺少具有影响力的活动地点和形式，非常缺少有活力公共空间；很多都是自己搭建或自发的娱乐活动。

在将来的规划和设计中，应更多的考虑给人们提供开放的广场、生态的绿地、有趣的游戏空间等公共活动空间。

五金店、车行
较集中商业街
小吃、烧烤等商贩
小区及周边活动场地
老年活动中心

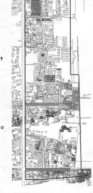

图63 基地人群活动分布

（2）活动服务半径：

除小吃城，每个商业聚集点的服务半径都较小，居住在这里不同阶层的人没有共享服务设施。

规划希望创造公共活动空间，使不同阶层的人能很好的融合，共享资源。

商业、五金
小吃、烧烤
老年活动中心、
小区及周边活动场地

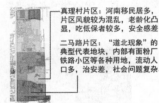

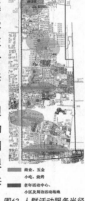

图62 人群活动服务半径

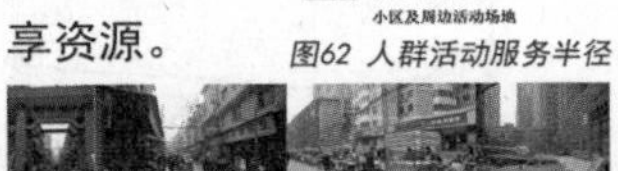

2.4.5 道北地区发展变迁

1934年，陇海铁路经遗址区南侧开通；1937年，黄河花园口段决堤，大量河南难民沿铁路线逃荒至此，形成"道北"棚户区；1949年以后，建设活动逐渐向遗址区内侵蚀，形成居住区、企事业单位和村落农田相互交错的形态；90年代，遗址区东部大明宫建材市场成立，土地被棚户、工厂、仓库及居民楼占据；2010年，规划以大明宫为中心"一心四轴六片区"的发展结构。

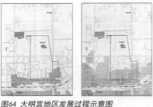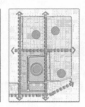

图64 大明宫地区发展过程示意图

2.5 建筑部分
2.5.1 建筑现状概述

居住建筑1：建筑间距小、南北朝向外部空间规则。

居住建筑2：建筑间距适中南北朝向、外部空间变化。

居住建筑3：建筑间距小、南北朝向外部空间狭小单一。

商住建筑：建筑间距大、南北朝向与自由朝向结合、外部空间开阔、流动。

工业、宗教与居住建筑：建筑间距较小、自由朝向外部空间有机并富于变化。

图65 基地建筑形式分析

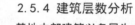

图66 基地建筑类型分析

基地内以居住建筑为主，其次是商业金融建筑和行政办公建筑，这三种类型建筑的总基底面积占到基地建筑总基底面积的近90%。

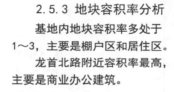

居住建筑 　　　商业金融建筑

行政办公建筑 　　文化娱乐建筑

医疗建筑 科研教育建筑 工业建筑

2.5.2 建筑密度分析

基地内建筑密度以30%～50%为主，棚户区和旧的小区建筑密度较高，新建小区和商业建筑密度较低。

2.5.3 地块容积率分析

基地内地块容积率多处于1～3，主要是棚户区和居住区。

龙首北路附近容积率最高，主要是商业办公建筑。

2.5.4 建筑层数分析

基地中部建筑以多层为主，北部小高层为主，南部多为低矮棚户区；沿未央路高层为主，沿自强东路为低矮的商铺及小高层。

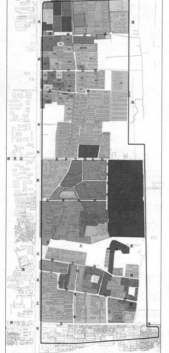

图例：
10%-20%
20%-30%
30%-40%
40%-50%
50%-60%
60%-70%
70%-80%
80%-90%

图67 基地建筑密度分析

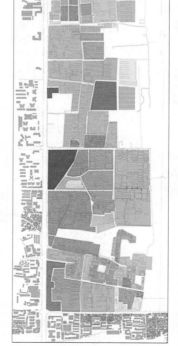

图例：
0--0.5
0.5--1
1----2
3----4
4----5
5----6
6----7
7----8

图68 基地容积率分析

图例：
(0,3]
(3,7]
(7,18]
>18

图69 基地建筑层数分析

2.5.5 建筑年代分析

基地内的建筑多为20世纪70～90年代修建的棚户区和2000年以后修建的居住及商业建筑。建筑年代跨度虽然不大，但是建筑风貌和功能差异较大。

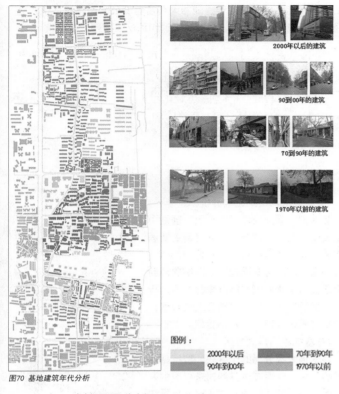

图70 基地建筑年代分析

2.5.6 建筑质量分析

基地以龙首北路为界，以南建筑为新建居住区，建筑质量较高；以北建筑大多为20世纪90年代早期建造，建筑质量较差，急需更新改造，其中，以铁一村、铁二村及二马路附近棚户区的建筑质量和环境尤为恶劣。

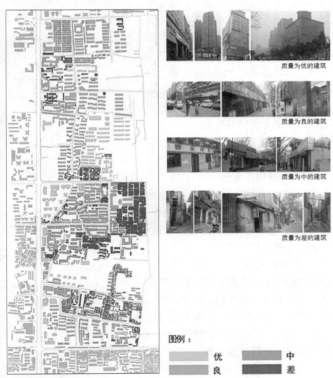

图71 基地建筑质量分析

2.6 核心问题解读

2.6.1 基地产业现状

大明宫地区现状发展模式以建材批发集散为主，小型零售业为辅。基地内经济发展滞后，与周边地区有很大差距。休闲文化体育类等第三产业严重缺乏，产业结构单一，远不能满足城市发展的需求，急需调整内部产业结构。

2.6.2 居民就业及收入现状

基地内居民多是20世纪70～90年代迁至此地，从事货运、物流及建材行业等体力劳动为主，收入普遍偏低或无固定收入，城中村人均年收入基本在6000元以下，而城市居民人均可支配收入早已突破万元。

图72 基地产业及居民就业现状

2.6.3 现代城市生活与原住民生活方式的矛盾

大明宫地区现状人均居住用地11.53m²/人，远低于国家居住用地标准18～28m²/人。公共服务设施不足，建筑质量差，卫生条件简陋，水、电、气等基础设施不完备，治安状况令人担忧。

基地内居民居住条件远不能满足现代生活的需求，71%的人表示愿意支持政府对大明宫地区的更新改造工作，并同意搬迁。

2.6.4 唐文化与道北文化的选择

大明宫地区为古之"龙首"，大明宫遗址是唐代长安城三大宫之一，是唐代最为显赫壮丽的建筑。

近代，由于战争等原因，大批外地难民逃荒进入城北以及交通联系不便，整个区域发展滞后，生活环境越来越差，被当地人称为"道北"。在大明宫地区更新改造过程中，这段厚重的历史和道北人的坚忍是不能抹消的。

图73 唐大明宫与道北地区现状对比

2.7 基地调研总结

2.7.1 优势条件：（1）西安市政府北迁，地铁2号线开通，铁路北客站和未央新城规划，为该地段更新发展提供了新的契机。（2）改造后的大明宫将大面积辐射周边区域，提升和促进基地内经济、文化和生活的发展。（3）大明宫地区改造项目中为搬迁居民专门规划了安置区。（4）基地位于西安市城市主轴线未央路东侧，西邻地铁线，南临陇海线，四周为城市主要道路，公交站点及线路众多，交通便利。（5）典型道北建筑肌理和形式可提炼出地区特色，一些废弃厂房具有更新改造潜力。（6）大明宫建筑元素和空间组织形式可应用于基地内部，二者相融合，形成一个整体。

2.7.2 存在问题：（1）大明宫地区的保护开发缺乏产业和项目支撑。（2）道北地区与西安城市整体发展脱节，城市功能结构混乱，工业布局分散。（3）地区交通流量过于集聚，交通设施规模不足，交通结构不合理。（4）基地内部空间及环境品质较低，居住条件恶劣且治安环境差。（5）基地内就业条件差，人群失业率高，社会保障机制不健全。（6）改造过程中搬迁居民安置、就业等问题急需解决。（7）基地内的建筑形式和功能已不能满足城市发展需求。（8）历史文化遗迹被大量临时建筑侵蚀，唐文化氛围消失殆尽。

3. 方案构思及分析

3.1 功能结构分析

该方案根据基地内内部现状、城市周边条件及未来发展需要，得出基地的规划结构为"三轴三带两片区"。

（1）"三轴"：分别为沿未央路的以商业金融为主的城市商业轴；基地内部贯穿南北串联绿地与休闲功能的景观休闲轴；紧靠大明宫以文化体验和参观游览为主的文化体验带。

（2）"三带"：分别为与汉长安遗址联系的遗址绿带；右银台门前以步行为主的龙首北路景观商业带；火车站附近的自强东路商业带。

（3）"两片区"：分别为基地北部保留并改造更新后的生态文化生活片区和南部以新建中高档小区为主的现代时尚生活片区。

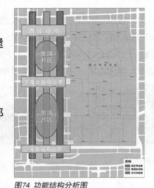
图74 功能结构分析图

3.2 绿地系统分析

3.2.1 绿地系统结构

结合西安市绿地系统规划和基地与大明宫现状，规划"六横两纵八节点"的绿地系统结构，营造出优美宜人的城市空间。

（1）"六横"联系大明宫、汉长安城遗址和西安市绿地系统；
（2）"两纵"成环，形成特色的景观休闲带和文化体验带；
（3）"八节点"为基地内主要广场及大明宫宫门遗址广场。

图75 绿地系统结构图

图76 绿地系统规划图

3.2.2 景观视廊、节点

基地内南北向景观视廊分别为大明宫景观界面和基地内部休闲景观带界面；基地内东西向视廊较多，大明宫与城市之间视线关系良好，二者之间渗透交织，形成完整的城市景观视线系统。力求实现基地内绿地广场设计达到出行300m见小型绿地，500m见中型绿地，1000m见大型绿地，通过景观廊道将这些基地内绿地斑块、广场节点串联起来形成绿色网络体系，提升环境品质。

图77 景观视廊分析图

图78 景观节点分析图

3.3 道路交通分析

3.3.1 上位规划分析

西安市路网格局以棋盘式、方格路网为主。基地位于西安古城区及陇海铁路以北，西安市北二环南侧，附近有西安火车及两个客运站点，交通区位良好；但是随着大明宫遗址公园的建设，该片区已经阻断了城市横向路网，对城市交通组织产生了很大的影响。

图79 上位规划——道路系统示意图

图80 西安路网模式示意图

图81 上位规划道路系统分析图

3.3.2 基地路网分析

（1）基地主要路网结构分析

基地内主要交通性干道与上位规划中的主要道路衔接，城市东西向交通主要通过玄武路和自强东路解决，基地内部南北向交通由新增加的交通性次干道解决，新增交通性次干道西侧片区以车行交通车行，东侧以慢行交通为主，并结合上位规划，拟形成"两纵五横"的路网骨架。

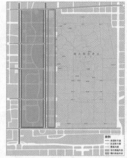
图82 主要路网结构图

（2）基地路网模式分析

将基地大致分为四个区块，进行路网模式的分析，注意减少基地对未央路的开口，区块内采取环路模式并积极弱化区块之间的联系，避免过多的穿越式交通。

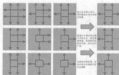
图83 路网模式分析图

3.3.3 道路系统规划

图84 道路系统规划图

新增纵贯基地南北的交通性次干道，并在其与自强东路相交处设置下沉式立交，以减弱对自强路干扰，缓解城市东西向交通压力；将龙首北路改造为可通车的景观性商业步行街，并与大明宫右银台门广场连成一体，加强基地与大明宫在交通上的联系；各区块内部的道路尽量做到独立成环，通过减少城市支路对主次干道的开口，来缓解城市干道上的交通压力。

3.3.4 公共交通规划

（1）轨道交通枢纽分析

基地周边有2号线、4号线两条地铁线穿过，共有7个地铁站，其中对基地影响较大的地铁站有4个；基地南临陇海铁路，靠近火车站北广场，交通优势明显。

图85 轨道交通枢纽分布图

（2）公交系统规划

基地周边公交线重叠路段多集中在未央路一侧，而在基地靠近大明宫一侧没有站点与线路。因此，根据500m的服务半径在新增南北干道上布置公交线路，并增设3个公交站点，同时对道路进行港湾拓宽。

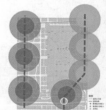
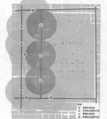
图86 公交系统规划图

3.3.5 慢行系统规划

西安首批300辆公共自行车在西安经济技术开发区的10个站点已经投入运行。市民只需办理一张使用卡，便可在任一站点享受租车换车业务。在基地内部设置公共自行车服务系统，以实现基地内慢行系统与公交系统的无缝对接。并以大明宫内部道路和基地内绿轴为骨架，规划以自行车及人行为主的慢行系统，加强基地与大明宫联。同时结合地铁和公交站点，按照150m的服务半径布置公共自行车服务点。

图87 慢行系统规划图

3.3.6 观光游线规划

(1) 旅游观光车线路规划

在基地和大明宫遗址公园内规划观光电瓶车线路，并设置服务站。观光车线路整体呈两个环状，分别是大明宫遗址公园观光线和基地绿轴观光线。

(2) 地下商业空间规划

在地铁站附近，结合地上商圈布置三个主要地下商业体系。

3.3.7 静态交通规划

结合上位规划及方案设计，基地内共设有9个地面停车场；结合地块功能设置5个地下停车片区，遗址廊道以南相互联系，以北单独成区；注意地下停车与地下商业空间联系。

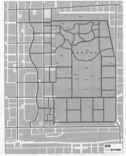
图88 旅游观光车线路规划图

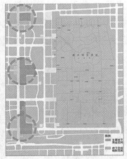
图89 地下商业空间规划图

图90 静态交通规划图

3.4 功能结构分析

3.4.1 功能布局

根据上位规划、基地及周边现状和地区未来发展需求，结合设计构思将基地主要分为沿城市界面的商业金融区、紧靠大明宫的文化休闲区和内部居住生活区，通过绿色廊道、景观视线使其相互交织渗透，实现现代城市与大明宫遗址的和谐共生。

图91 设计理念分析图

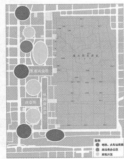
图92 功能布局分析图一

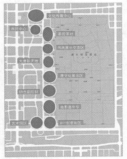
图93 功能布局分析图二

3.4.2 公共服务设施

(1) 商业金融服务设施主要分布于地铁站、火车站以及景观绿轴旁，基地北部商业主要服务于居民，南部则服务于游客；

(2) 文化娱乐设施主要沿大明宫西宫墙分布，形成特色文化体验带；

(3) 根据周边现状，并以1000m和500m的服务半径布置中学和小学，使得学校服务范围可以覆盖整个基地。

3.4.3 土地利用规划图

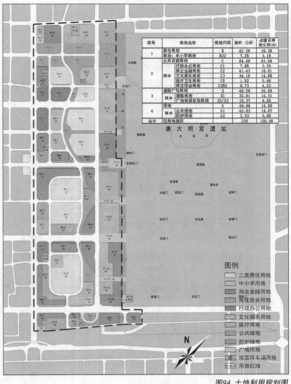
图94 土地利用规划图

3.5 开发强度分析

3.5.1 强度分区指引

结合大明宫地区上位规划的要求和方案设计理念，将规划区的开发强度分为五类：

FAR≥3.5

2.5≤FAR<3.5

2.0≤FAR<2.5

1.5≤FAR<2.0

FAR<1.5

3.5.2 建筑高度分区指引

依据大明宫地区上位规划要求和城市设计理念，将规划区建筑高度分为四个层次：

建筑高度≤24m

24m<建筑高度≤50m

50m<建筑高度≤80m

建筑高度>80m

3.5.3 建筑密度分区指引

依据规划区开发强度控制的要求和规划设计理念，将规划区的建筑密度分为四类：

建筑密度≤30%

30%<建筑密度≤35%

35%<建筑密度≤45%

45%<建筑密度≤55%

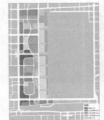
图95 开发强度分区指引

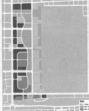
图96 建筑高度分区指引

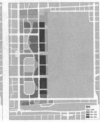
图97 建筑密度分区指引

4. 方案成果展示

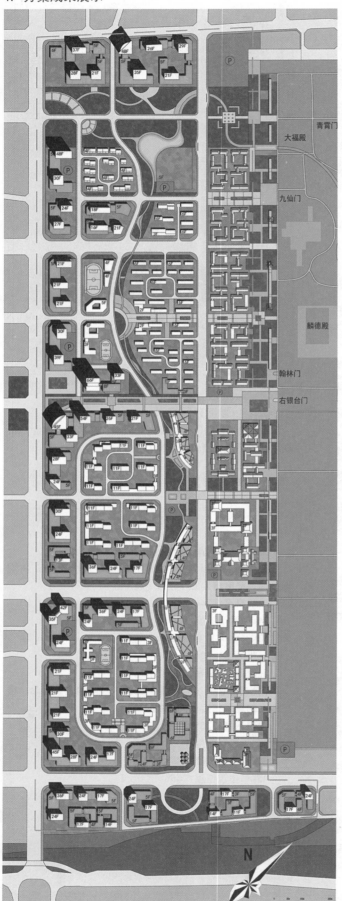

图98 总平面图

4.1 基地保留及更新策略

（1）保留档案馆、医院及部分沿未央路商业；

（2）保留北部建筑质量稍好的居住区，并对其进行改造，提升其环境品质；

（3）保留部分道北肌理，作为该地区历史记忆展示区；

（4）保留六个粮油桶，并进行改造，形成城市地标，将其改造为现代艺术特色体验区，并在每一个桶内设置不同主题；

（5）复原含光殿遗址，作为历史文化展览馆。

图99 更新策略分析图

4.2 建筑肌理及空间组织形式分析

4.2.1 建筑肌理分析

基地内自东向西，文化体验带内从北到南，建筑肌理和空间组织形式遵循"从小大大、从古到今"的规律；在延续西安传统肌理的基础上，加入新的建筑元素；靠近未央路一侧建筑密度较小，开发强度较大；靠近大明宫一侧建筑密度较大，开发强度较小。

4.2.2 建筑界面分析

基地沿未央路及主要干道两侧建筑以连续性界面为主，以突出轴线感；基地内主要绿轴两侧建筑以连续性界面为主，增加绿地服务界面；基地靠近大明宫一侧建筑以通透性界面为主，以加强和大明宫的联系。

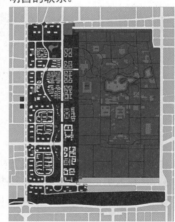

图100 土地关系分析图

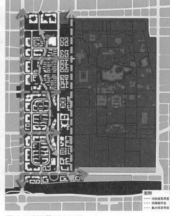

图101 建筑界面分析图

4.2.3 各功能区建筑肌理示意

图102 文化娱乐区建筑肌理分析图

图103 商业办公区建筑肌理分析图

图104 绿地旁商业带建筑肌理分析图

图105 居住区建筑肌理分析图

图106 鸟瞰图

4.3 景观风貌规划

4.3.1 城市景观风貌规划

大明宫主要节点与未央路城市广场之间，通过景观步道及林荫路连接，视线通达；休闲景观绿带内的放大节点作为城市内的绿色开放空间，使城市生活与休闲旅游相融合，从而得出整个基地的视线焦点位置。

图107 景观节点及视线分析图　　图108 模型效果展示图

4.3.2 地标性建筑

地标性建筑代表了一个区域或是城市的生活方式和文化内涵，是一个城市的名片。基地内地标建筑根据其功能、位置及重要性分为两个等级：

一级地标性建筑：位于龙首北路景观步行街的超高层核心酒店、位于休闲景观绿带两端的美术馆和生态覆土市民活动中心、以及修复之后的含光殿博物馆。

二级地标性建筑：位于主要视线通廊、节点广场、地铁站和火车站出入口处的建筑。

图109 地标性建筑分布示意图

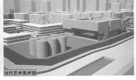

图110 地标性建筑模型效果展示图

5. 城市设计导则

5.1 古今共生

通过对建筑高度布局、城市轮廓线、建筑体量组合、轴线视廊控制和标志建筑布局五个方面进行控制引导，力求唐大明宫遗址公园与现代城市生活的完美融合，实现基地内古与今的共荣共生。

图111

基地从未央路到大明宫大致可分为三个控制区：靠近未央路一侧的现代新都市；中间片区采取古今结合的建设方式，争取做到古与今的完美过渡；靠近大明宫一侧主要使用仿古街区布局，力求重现昔日繁荣的大唐胜景。

5.1.1 建筑高度布局

建筑高度布局总体应遵循从未央路向大明宫西宫墙由高到低的变化趋势。结合大明宫几个主要出入口进行控制，要求主要轴线上视线通透，文化体验带内建筑不遮挡大明宫遗址公园。

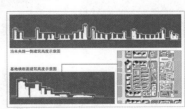

图112 基地天际线示意图

图113 制高点分布图

5.1.2 城市轮廓线

城市轮廓线共两种：纵向轮廓线和古今过渡轮廓线。

（1）纵向轮廓线分三层控制：沿大明宫、中部和沿未央路轮廓线。沿大明宫第一层轮廓线低于其他轮廓线，整体无较大变化。中部第二层轮廓线应与其他两层轮廓线相呼应，高低错落。沿未央路第三层轮廓线最高，整体呈现出错落有致的高低起伏变化。

（2）古今过渡轮廓线整体遵循由大明宫到未央路建筑越来越高的趋势，并在整体趋势下呈现高低错落的轮廓线。根据未央路西侧城市天际线和唐大明宫遗址公园现状条件，合理控制基地内建筑高度，分别形成多层古今过渡轮廓线，各层之间富有变化，轮廓线起始点应注意与周边环境相协调。

图114 纵向轮廓线示意图　　　　　图115 古今过渡轮廓线示意图

5.1.3 建筑体量组合

建筑体量根据建筑功能不同，进行大、中、小有机组合。

高层建筑：分为点式高层和板式高层。点式高层标准层长度和宽度控制在25～40m；板式高层标准层宽度控制在18～24m，长度控制在30～80m，以60m为主。

裙房商业建筑：建议进深控制在15～40m。

住宅建筑：多为板式住宅，标准层宽度控制在12～18m，长度控制在30～80m，以60m为主。

文化娱乐建筑：以小体量仿古建筑为主，建筑进深控制在12～18m，高度控制在12m以内；主要绿带两端设大型标志性建筑，高度控制在36m内。

图116 建筑体量分类图

教育设施建筑：规划范围内小学、中学建筑，为中体量建筑。

5.1.4 轴线视廊控制

六条主要景观轴线视廊和三条次要景观视廊上应重点控制，使视线通畅且富于特色。

遗址绿带视廊既是城市公园，也是预留发展用地，起到了沟通汉长安城与唐大明宫的作用，道路两侧绿带各宽100m。龙首北路视廊既是整个基地内最主要的景观大道，又是主要视线廊道，宽度要求大于60m。沿道路的视廊既是景观廊道，又是城市展示轴，要求道路两侧各有15m宽绿带。区内生活轴既是步行廊道，又是景观轴，通过中央绿带上的小型商业及广场聚集人气，展现城市活力和宜居特色。

图117 轴线视廊模型示意图　　　　　图118 轴线视廊控制图

5.1.5 标志建筑布局控制

设置六个标志性建筑，其中三个是点式高层，一个是含光殿遗址复原，另外两个分别是美术馆和市民活动中心。

图119 标志性建筑意向图　　　　　图120 标志性建筑分布图

5.2 百戏并存

紧邻大明宫西宫墙的文化体验带区是体现规划区活力繁荣，展现片区风貌的城市形象窗口。按照功能和特殊风貌将其划分为4个分区——创意产业游览区、电影主题展示区、历史文化展览区和市民休闲区。该片区内浓缩了西安市现存的多项特色文化休闲活动，多种休闲娱乐方式并存，既满足了外来游客的需要，也兼顾了当地市民的需求，打造出地区品牌特色，再现大唐繁荣盛境。

图121 文化体验带功能分区图

5.2.1 创意产业游览区

功能类型：以创意产业和商业为主。结合火车站布置游客服务中心，塑造具有地域特色的城市门户形象。靠近大明宫地块布置相关配套商业，同时服务于基地和大明宫。

5.2.2 电影主题展示区

功能类型：以参观性游览为主。以大明宫遗址公园内西北首个IMAX影城为依托，以西部电影主题为特色，结合道北建筑肌理的修建保留，构筑电影主题展示片区。设置富有特色的剧院群，形成完善的表演产业链；建筑围合一个大型露天表演场地，定期举行大型特色演出活动，增强地区活力。

5.2.3 历史文化展览区

功能类型：以参观性游览为主。复原含光殿遗址，并在其东侧地块设免费展览馆，作为大明宫遗址公园的预展区。

5.2.4 市民休闲区

功能类型：以休闲娱乐和餐饮服务业为主。文化休闲区北部靠近保留居住区及大明宫太液池，适宜发展市民休闲产业。采用仿古建筑、院落围合的布局模式，形成一个服务功能相互渗透的文化休闲区。

图122 创意产业游览区　　　　　图123 电影主题展示区

图124 历史文化展示区　　　　　图125 市民休闲区

5.2.5 城市界面及轮廓线控制

为塑造古今协调建成环境，从城市界面和轮廓线上对城市轮廓线进行控制。

（1）城市界面控制

为满足不同功能需求，城市界面类型分为连续界面和通透界面两种形式。基地南西北三侧城市空间以连续性界面为主，界面轮廓线要求规整；基地东侧靠近大明宫片区以通透性界面为主，旨在突出基地与大明宫的视觉空间联系。建筑后退参考《西安市城市规划管理技术规定》相关要求，一般后退距离不小于5m。

（2）城市轮廓线

为塑造古今协调城市风貌，从横向和纵向上对城市轮廓线进行控制：靠近大明宫一侧及主要景观轴线上的建筑轮廓线要不阻碍视线；重要节点上的建筑体量，宜采用点式高层。具体高度引导：靠近大明宫一侧建筑高度控制在12m以下，局部可抬高，最高不超过18m；中部建筑高度控制在12～70m之间，其中南部新区建筑高度控制在70m以下，北部保留居住区建筑高度控制在24m以下；靠近未央路一侧大部分高层建筑高度控制在70m以上，几个主要节点处设置大于100m的超高层，作为城市地标。

图126 建筑高度控制图

5.3 绿带连珠

规划范围内绿地主要包括：公共绿地、步行广场绿地、道路绿地、屋顶绿地、遗址林地、地块内绿地等，形成"一环两带，九廊多点"的绿化结构体系。其中，基地中央景观休闲绿带将各重要节点串联成一个完整的开放空间体系，构成了"绿带连珠"的核心绿地景观。

一环：基地内绿化相互交错联系，形成绿环。

两带：包括中央景观休闲绿带和大明宫西宫墙外绿带。

九廊：九条横向景观视廊。

多点：广场绿地、组团绿地等多个绿地节点。

图127 绿化系统布局图　　图128 绿化结构意向图　　图129 绿化效果意向图

5.3.1 打造特色公共绿地

公共绿地结合公建和配套商业设计，体现绿地的开放新和市民的参与性。中央景观休闲绿带是该区公共活动密集地区。其公共绿地设计应结合横向视廊营造丰富的空间环境，并具有西安特色和人性化设计。大明宫西宫墙绿带设计应具有庄重性、艺术性；植物配置宜通过规整阵列强化轴线景观；植物宜选用西安本地代表性树种或花种。

5.3.2 打造九条景观视线廊道

基地内景观视线廊道景观布局应体现连续性、观赏性和活动性，突出轴线感。整体采用硬质铺地为主，植物栽植应考虑季相变化。

5.3.3 广场绿地

步行广场植物配置要疏密有致，体现连续性、统一性和观赏性，体现艺术和宜人效果。

5.3.4 地块内部绿化

组团内部绿化强调与人的互动性，注重营造亲切、宜人的氛围。设置一

定的活动场地，满足居民户外活动的需求。

5.3.5 绿化景观大道

重点强化龙首北路的绿化景观营造。种植双排特色行道树，设置连续的特色景观花坛，营造景观特色鲜明的城市道路。主要商业街绿化建设应提高遮阴率并注重观赏性，树木不遮挡建筑底层立面。

5.3.6 屋顶绿化

部分建筑设置屋顶绿化，提升空间生态品质。

5.3.7 遗址林地

汉长安城到唐大明宫沿线预留200m宽绿带，布置林地公园。

5.4 绿融商街

沿中绿带两侧布置小型商业建筑，使人工与自然环境有机融合。

图130 绿带旁商业模型示意图

控制引导1：景观休闲绿带两侧商业建筑多为小型底商，建筑进深控制在15～20m，建筑高度控制在9m以下，后退最小距离控制在5m；遗址绿带旁裙房商业建筑进深控制在32m以下，建筑高度控制在24m以下，建筑后退最小距离控制在10m。

图131 绿带旁商业分布图

控制引导2：基地南部景观休闲绿带与文化体验带之间布置配套服务商业，并通过空中连廊与底层架空等设计手法，加强与绿带之间的联系，保证地面层景观视廊的通透性。

5.5 城市慢游

由于我国城市道路资源非常紧张，"公交主导＋慢行接驳"成为我国大城市交通发展最佳选择。分别从三方面控制和引导，塑造反应城市特色、传承文脉、串联城市生活的步行系统。

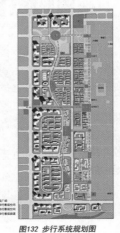

图132 步行系统规划图　　图133 步行体系结构图

步行系统主要分为两类：一类顺应景观休闲绿带，与城市相互交汇融合；二为垂直大明宫西宫墙的轴线景观步道，空间笔直层次分明，烘托大明宫气势。

规划范围内步行商业街纵向分布，打造集商业、娱乐、休闲、服务为一体，凸显西安地域特色的步行街区。整体营造安全连续的林荫步行环境，并起到串联各片区的作用。同时按照步行距离每300～500m设吸引点的原则，布置小型广场、社区中心等节点景观。

图134 步行空间意向图

5.6 公共艺术

城市公共艺术主要考虑如何将雕塑、壁画、装饰、园艺、街道设施、标识性艺术形式的公共小品设施布置在公共空间之中。

（1）点要素：规划中设置了主要点要素和次要点要素。点要素主要包括雕塑、装置等公共艺术形式，结合主要步行节点和重要公共建筑等开敞空间来布置。主要点要素布置在重要节点处，主要以大型城市家具和雕塑群的设置为主；次要点要素则主要考虑在一些过渡景观节点布置，以小型或单体雕塑来引导空间。

（2）线要素：线要素也分为主、次两级，其中以龙首北路景观视廊和中央景观休闲绿带为主要线要素，布置连续的街道设施小品和雕塑，以营造连续并蕴含特色的公共艺术带。次要线要素是大明宫西宫墙绿带和其他各横向景观视廊，通过设置包括指引标牌、花坛、座椅、路灯、信息亭等小品作为公共空间系统的过渡联系。

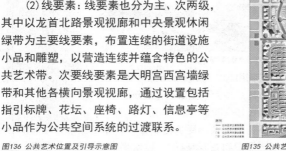
图135 公共艺术系统规划图

图136 公共艺术位置及引导示意图

5.7 夜景照明

夜景照明设计应以安全、实用、节能为基本前提，并充分结合空间环境特质，进行艺术提升，达到实用美观的目标。

（1）构成要素：规划区夜景照明从点、线、面三方面出发。以节点空间，标志建筑物的灯光效果作为点状要素，通过龙首北路景观大道、基地未央路一侧商业带以及基地东部文化娱乐带的线状灯光照明设计相互串联，并与居住区内面状照明相互穿插联系。

图137 照明系统规划图

（2）照度分区：最高照度区主要包括龙首北路景观大道、未央路一侧商业带、城市干线道路、主要空间节点等。次高照度区主要包括东部文化娱乐带、居住区、次要空间节点和城市次干道等。中等照度区：主要包括中央景观休闲绿带、大明宫西宫墙绿带等。

图138 照明系统规划引导图

5.8 建筑风貌

大明宫遗址西侧属于风貌敏感区和风貌过渡区，规划范围内风貌敏感区新建建筑的色彩与风格应尊重大明宫遗址周边地区自身特色，恢复唐代建筑风格。建筑主色调为赭石色系，建筑形式采用传统建筑语言。风貌过渡区的建筑风格应尽量将传统与现代语汇相结合。建筑主色彩以土黄色系为主。沿未央路东侧地段，以现代建筑风格为主，以明亮色系为主，体现现代都市气息。

重点片区规划控制导引：大明宫西宫墙外风貌敏感区为本次规划重点控制片区。根据规划功能及其产业定位，该片区建筑风格应以适于西安本土的传统汉唐风格建筑为主。

图139 建筑风貌控制图

5.8.1 建筑风格

公共设施建筑采用现代建筑风格，建筑色彩以浅灰色系为主。

对多层板式住宅进行立面整改，统一采用暖色系。高层板式的设计采用简约现代手法，添加部分传统唐文化元素。

沿街商业建筑采用现代设计手法，以暖色系为主。建筑立面采用框架结构与浅灰色玻璃幕墙相结合的形式。色彩以浅色系为主，部分突出暖色系。

靠近大明宫片区主要是一到二层的商业步行街，空间形态采用院落式围合布局。建筑风格以仿唐式建筑为主，南部为现代简约式设计，多处设置二层空中连廊。

图140 建筑风貌意向图

图141 建筑色彩意向图

5.8.2 建筑色彩

根据西安市城市色彩规划原则，建筑采取灰色、土黄、赭石三个主色调，所以规划范围内的建筑色调以这三个色调为主，并由这三个主色调派生出一些相同色系的颜色，形成既协调统一又富有变化的城市色彩。

XI`AN UNIVERSITY OF ARCHITECTURE AND TECHNOLOGY

■ 设计团队 WORKING GROUP

刘洋　　周燕妮　　高元　　韩旭　　顾纲　　张雯

西安建筑科技大学总规划 [守望大明宫]
西安建筑科技大学A组 [龙首北路休闲服务中心]　刘洋　周燕妮
西安建筑科技大学B组 [龙首西苑文化中心]　高元　韩旭
西安建筑科技大学C组 [二马路商业街区]　顾纲　张雯

■ 指导教师 INSTRUCTORS

尤涛　　　　邸玮

守望大明宫

西安建筑科技大学
XI'AN UNIVERSITY OF ARCHITECTURE & TECHNOLOGY
总规划

规划小组成果
2012届城市规划专业

西安唐大明宫西宫墙周边地区设计
The Surrounding Areas of the Xi'an Tang Daming Palace West Walls Urban Design

指导教师：尤 涛 邸 玮

　　唐长安城是当时世界规模最大的都城，也是我国古代都城的典范。大明宫就位于唐长安城城北的龙首塬上，建筑规模宏大，气势雄伟，面积约3.2 km²。

　　2010年，唐大明宫国家大遗址保护展示示范园区暨遗址公园建成，是目前西安最大的城市公园，三分之二的区域向社会公众免费开放。随着大明宫遗址公园的建成开放，周边地区也迎来了新的发展机遇。

　　因此，如何发挥区位优势，在新的城市格局下重新定位，完成角色转变，同时实现与唐大明宫遗址公园的和谐共存，是本次设计面临的主要课题。

146

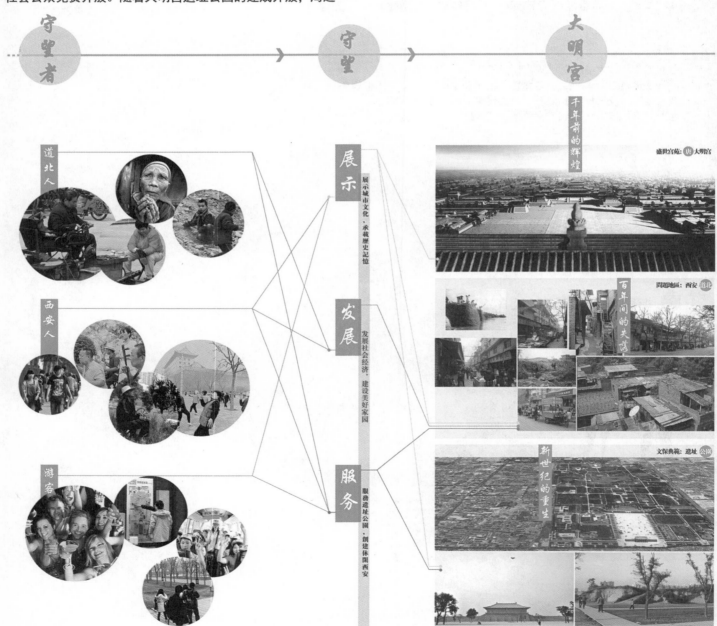

道北人、西安人和外地人，他们都是大明宫的守望者　　　展示、发展与服务，在坚守中迎接希望　　　辉煌、失落与重生，构成了大明宫完整的历史轨迹

守望大明宫的什么？

这里的故事、这里的文化、这里的人
城市文脉
城市山水格局

兴衰变迁：
城市核心文化：唐—儒家文化，中尊思想；道北时期—工业文化、铁路记忆；现在—文化特色缺失。
政治经济地位：唐—世界经济中心、中国权利中心；道北时期—城市落后边缘区域；现在—世界文化遗产、国家遗址公园。

空间演变：
唐—城市权利中心；道北—城市工业区、河南人逃难聚集地；现在—城市发展边缘地带。

规划演变：
唐长安城里坊制规划思想、六爻营城理念；现代城市规划理论。

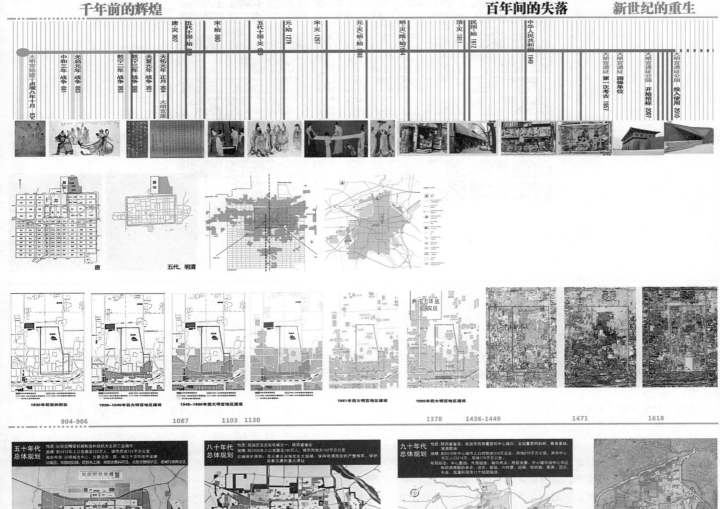

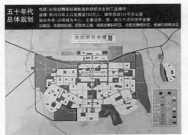

五十年代总体规划

八十年代总体规划

九十年代总体规划

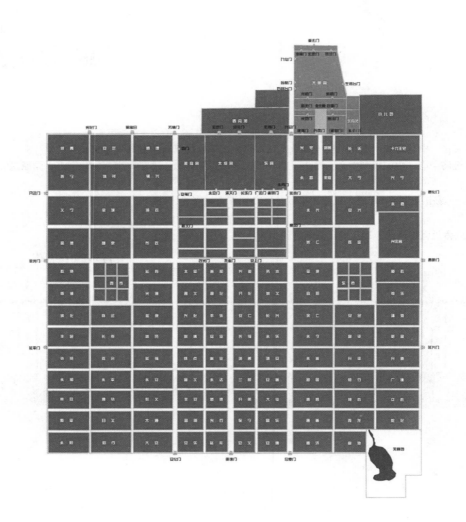

西安城市纵览

在世界：

西安作为世界文明古都之城，与罗马、开罗、雅典相媲美。西安浓缩了整个东方文明史，吸引着世人的注目。3100年的都市发展史，1200年的建都历史，如果把中华民族的文明史比作一部精彩的历史剧，那么这部戏剧的一半都发生在西安。

在中国：

西安做为"七大古都"之首。在中国历史上13个王朝在西安建都，分别为西周、秦、西汉、新莽、东汉、西晋、前赵、前秦、后秦、西魏、北周、隋、唐。在其数千年的城市发展过程中，始终沿袭着中国文化的脉络。

旅游之都：

在西安市区内有明城墙、钟鼓楼、碑林博物馆、大雁塔、小雁塔陕西省历史博物馆、青龙寺、汉长安城遗址、大唐芙蓉园等旅游景点，如同星罗棋布于天空之中。西安的人文景观内涵丰富、品位高雅，有以宗教文化为特色的寺庙道观；有反映不同王朝兴衰的宫殿御苑遗址与帝王陵墓，有反映古代经济、社会、政治、艺术的石刻、典籍与各种艺术珍品，有反映人类发展进化历史的遗址、化石、器物，这些资源凝聚着深厚的文化积淀，许多在国内外都是独一无二的。

西安文化纵览

民风民俗：民俗是一个民族的文化标志也是本民族文化为外界所了解的一个重要窗口。西安是中华民族古代文化的发祥地之一，受中国传统文化的深远影响，民俗民风纯朴浓厚，文化内涵丰富，在这片广袤的土地上形成了"百里不同风，十里不同俗"的繁荣景象。瑰丽华美的民俗文化主要由民间戏曲民间工艺和饮食文化组成，无不让人流连。

民俗娱乐文化：秦腔、皮影、眉户、陕北剪纸、农民画、凤翔泥塑、书画、秦绣等，这些艺术形式不仅具有展示性而且具有极强的参与性，游人可以置身其中，并以作坊的形式参与。

民俗饮食文化：茶文化、酒文化与特色小吃会让人们领略到陕西的特色风味和饮食文化。建议推出"陕西风味小吃一百口"，在品味中国茶文化的同时，也品味到特色的陕西精致小吃。

城市文化定位

目前正在启动"唐皇城复兴规划"，将把西安建设成最具东方神韵的人文之都。其保留西安城市的记忆，跨越时空的延续城市的文脉，打造城市梦想：以城市设计为科学手段经营好城市的空间，建设好自己美好的家园，使西安真正成为游人向往的地方，成为城市的品牌。吸引人们对西安的再次解读和认知。带着愿望、想象、疑问和热情去寻找人们最喜欢接受的从古至今的一切人文活动和成就，当你荡漾的在对西安城市的记忆和梦想中时、你将会发现历史的美感，在城市布满古迹的大街小巷中，弥散着古风和遗韵。令人情不自禁梦回唐朝，在这里你将发现历史的厚重。遥想当年情景，勾画当时繁华，任历史和现实若即若离地在眼前交错叠积。

山水格局

宫城格局

文化内涵

文化史迹研究

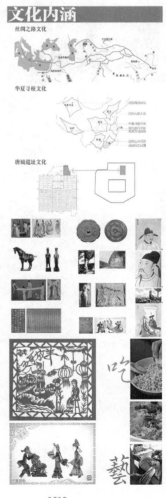

营城理念

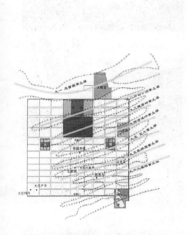

两唐长安城复原图六坡与现势关系示意图

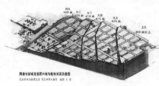
chang'an
apang gong
hao jing
feng jing
edge of the silk road

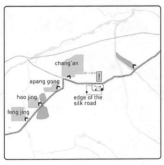

"初，宇文恺置都，以朱雀门门街南北尽郭，有六条高坡，象乾卦。故九二置宫网，以当帝之居，九三立百司，以应君子之数；九五贵位，不欲常人居之，故置元都观、兴善寺以镇之。"

——《唐会要》卷十五

149

历史沿革·近现代
（1930s ~ 2000s）

20世纪三十年代，陇海铁路线通车，大量移民沿线而来，聚居在此。在昔日巍峨的皇城边上，移民们依城墙搭窝棚、挖窑洞，在汉唐的"龙脉"上形成一个居民新区。

"出北门，上北坡，野鸡贼娃一窝窝"。道北人曾经留给西安城最深刻的印象，繁华的二马路、拥挤的棚户区、浓重的河南腔调。

而现在道北记忆正在褪色，过去民间名声"响亮"的道北地区，现在已经很少在新闻里听到，在报纸上见到了，这里有了他的新名字 —— 大明宫地区。随着棚户区改造、地铁通车，这里逐渐繁荣祥和起来，市场治安和社会秩序明显改善。道北，这个"落后、破旧、暴力"的代名词已经成为历史。道北的印记，也如同一抹旧色在逐渐褪去。

工业

爱萄面粉厂　喜迪制衣厂

商业

商场
街铺
地摊

生活

宗教记忆
场景记忆
市集记忆
街巷记忆

铁路

西安铁路
铁一村
铁一村壁画

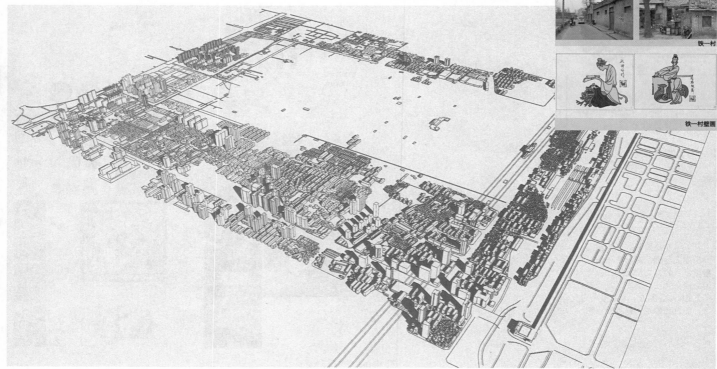

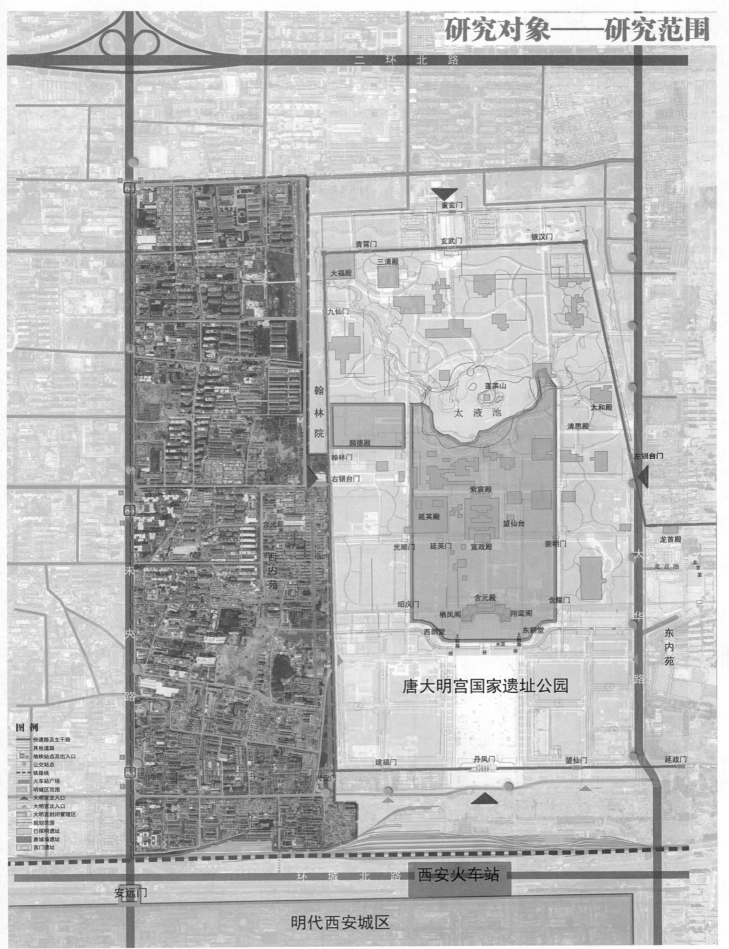

唐大明宫国家遗址公园

明代西安城区

151

现状分析：用地／建筑

规划区内用地较为复杂，除遗址保护用地外，用地性质以居住、商业为主。

居住用地分为两类，一类是二类居住用地，主要为多层居住建筑用地，含少量高层建筑用地。另一类为三类居住用地，为现状村宅和一些铁路职工住宅用地。

商业用地主要集中在太华路和未央路两侧，太华路主要为大明宫建材市场，未央路主要是为城市服务的一些商业服务设施用地。区域内工业以小型企业为主，大型工业有大华纱厂和汉斯啤酒厂两家，分布在太华路以东。

现状公共服务设施现状结构不完善，布局比较混乱，服务半径不合理；缺乏文化娱乐和体育锻炼设施以及高等级的医疗服务设施；此外住宿区商业配套不完善，学校的布置不匀称，均不能满足合理的使用需求。

交通流量过于集聚，交通设施规模不足。大明宫周边地段土地开发强度、日均出行强度持续提高，路网密度和公交系统都不适应城市用地的拓展。

交通设施容量有限，系统整体功能不完善。道路交通的需求的增长远远超过道路容量的增长，客运系统换乘效率低。

交通结构不尽合理，个体机动化发展过快。出租车、家用轿车、运输车辆的出行比重快速提高，而轨道交通和公共汽车的出行比重较低。

基地内居民住宅以庭院树和门前绿化为主。

基地内道路绿化整体状况较差，层次单一，不够美观，绿化效果差，部分主干道稍好。

基地东侧紧邻大明宫遗址公园，分布有4个较主要的入口广场。

基地内部公共开放空间分布散乱，没有较集中的公共活动空间。

基地内居住区大部分是中低档社区，内部活动场地缺乏绿地、水体等环境设计，而且对小区外居民来说可达性不强。

大明宫的景观系统则强化了从丹凤门、御道广场、含元殿、宣政殿、紫宸殿至蓬莱岛的南北空间视廊。

基地南邻太极宫北城墙，东面大明宫西城墙，包含唐含光殿，西内苑，北面为隋唐皇家禁苑。

禁苑为皇家狩猎和军事防御功能。

含光殿曾是个皇家马球场，唐朝马球盛行，在军队中流行，往往军旅所至，马球运动亦随之而盛，是公平、力量的象征。

西内苑为皇家园林。

右银台门是大明宫西宫墙宫门，与东宫墙的左银台门相对，是后宫区直接往来长安城内的主要通道其重要地位仅次于丹凤门，是大明宫最为主要的宫门之一。李白诗"承恩初入银台门，著书独在金銮殿"。

兴安门是进入大明宫西夹城的必经通道，太平公主初嫁薛绍时就是从此门出宫的。

| 用地现状 | 公共服务设施现状 | 道路现状 | 绿化现状 | 遗址分布现状 |

问题分析

● 发展缺乏依托，空间结构混乱，用地布局零散。

● 二环内存在大量的工业仓储用地用地结构与城市发展定位不吻合。

● 道路不成系统，路网密度低，联通性能差。市政基础设施不配套。

● 规划区绿化较少，环境较差。

● 建设状况杂乱无章，部分建筑侵占遗址保护区。

● 物质性老化。

● 道路交通条件得不到改善历史地段往往不能满足城市基础设计对地下空间的要求。

● 文化危机。

● 经济发展失衡。

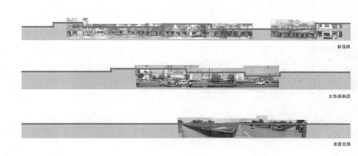

对基地内建筑质量按照四个等级进行了综合评价，其中建筑质量较差的建筑考虑在近期建设过程中予以更新，质量较好的建筑考虑结合远期规划予以更新或保留。

基地以龙首北路为界，以南建筑为新建居住区，建筑质量较高；以北建筑大多以90年代早期建造，建筑质量较差，急需治理改造，其中铁一村、铁二村及二马路附近棚户区的环境尤为混乱。

从基地整体分析：
在基地中部以多层为主，在北部以小高层为主，在基地南部以低矮棚户区为主。
沿基地道路分析：
沿未央路高层较多，沿建强路的南段以棚户区为主，沿自强东路混杂着低矮的商铺及新建的小高层，沿玄武路自西向东，建筑高度逐步降低。

基地内容积率多处于1～3，为棚户区和居住区。

基地内以居住建筑为主，其次是商业金融建筑和行政办公建筑，这三种类型建筑的总基底面积占到基地建筑总基底面积的近90%。此外，基地内现存部分施工区域。

建筑质量评价   建筑密度   建筑高度   容积率   建筑类型

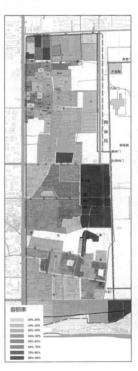

153

现状分析：地形 / 人群活动

地形

坡向分析

坡度分析

山影分析

（1）整体层面

龙首塬东西向贯穿了整个大明宫区域，其对整个大明宫甚至长安城的建设产生了最基本的自然条件影响，大明宫从含元殿到紫宸殿的最主要的宫殿区都是位于龙首塬之上的。从高程上来看，大明宫地区的海拔高度为395～415m之间，最大高差约为20m；坡度较大的区域集中在龙首塬台地附近，最大坡度在25度以上，其他地区的坡度基本在3度以下。总的来说，整个区域呈现出了中间高，南北低的地形走势。

太液池水系在大明宫北部穿过，龙首渠在含元殿以南穿过，平时水流较小，且为市政用水，在规划中可考虑从整个城市水网格局的角度梳理片区水系。大明宫内植被条件良好，自然环境优美。

（2）基地层面

首先，大明宫的选址与建设与龙首塬关系密切，因此作为守望的最主要的对象之一，对于龙首塬的态度是规划要考虑的重点问题。

在唐代，基地内部的高地上建设了含光殿这一处宫殿，而如今，龙首塬之上已经变成了大量的居住区，居住环境较差，建筑质量不一。在规划中，应对龙首塬高地利用的可能性与景观结构进行深入研究，发掘其历史和自然价值，通过绿化景观、道路景观、标识体系、空间序列等手法展现其自然地形特质。

其次，基地植被条件差，绿地率和绿化覆盖率极低，对整个大明宫地区的景观构架造成了很大的不良影响。

人群活动

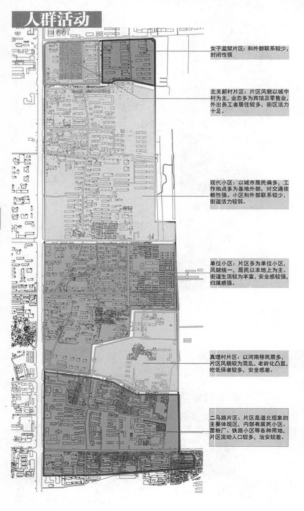

女子监狱片区：和外部联系较少，封闭性强。

北关新村片区：片区风貌以城中村为主，业态多为宾馆及零售业，外出务工者居住较多，街区活力十足。

现代小区：以城市居民偏多，工作地点多为基地外部，对交通依赖性强，小区和外部联系较少，街道活力较弱。

单位小区：片区多为单位小区，风貌统一，居民以本地上为主，街道生活较为丰富，安全感较强，归属感强。

真理村片区：以河南移民居多，片区风貌较为混乱，老龄化凸显，吃低保者较多，安全感差。

二马路片区：片区是道北现象的主要体现区，内部有居民小区、面粉厂、铁路小区等各种用地，片区流动人口较多，治安较差。

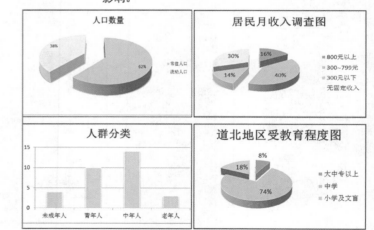

人口数量

居民月收入调查图

人群分类

道北地区受教育程度图

1. 人口数量：常住人口约80000人，流动人口约5000人。

2. 人口构成：以中老年人和儿童居多，以及外来务工者。年轻人多居住在基地内部建筑状况较好的小区中。

3. 职业特征：多从事零售和体力方面的劳动。

4. 产业构成：基地内部只有面粉厂、汽修厂、制衣厂、牛奶厂、车灯厂五处工厂，第三产业构成也极其单调，休闲文化体育类产业严重缺乏。

西安市2008～2020总体规划

主城区规划功能结构图 (2008～2020年) | 主城区用地规划图 (2008～2020年) | 主城区综合交通规划图 (2008～2020年) | 主城区绿地系统规划图 (2008～2020年) | 主城区公共服务设施规划分析 | 城墙内轴线延伸示意图

具有浓郁文化特色的国际性旅游城市；历史风貌保护完整的世界著名历史名城；优势产业高度聚集的中心城市；国家级交通枢纽中心；高贸中心及金融信息中心城市；具有良好的山水生态环境和最佳人居环境的城市。"九宫格局，棋盘路网，轴线突出，一城多心"，以二环区域为核心发展商贸旅游服务区。至2020年：市域总人口将达1000万；全市城镇建设用地总规模为848平方公里。其中市区总人口将达760万人，用地规模788平方公里。

构筑一个与大西安发展进程相适应的、高效、快捷、一体化和人性化可持续发展的绿色综合交通运输体系，为城市可持续发展提供保证。

坚持生态优先的原则，把西安建设与自然和谐共处的生态城市。以主要河流、交通廊道沿线绿色通道为脉络，形成城乡一体的生态体系。以多种形式的绿化来增加绿地面积并构成多物种的绿色生态系统

突出特色，加强整合，构筑优势产业集群，重点发展高新技术、现代装备制造、旅游、现代服务、文化等五大优势产业。

突出特色，加强整合，构筑优势产业集群，重点发展高新技术、现代装备制造、旅游、现代服务、文化等五大优势产业。

上位规划解读
大明宫周边地区实施规划

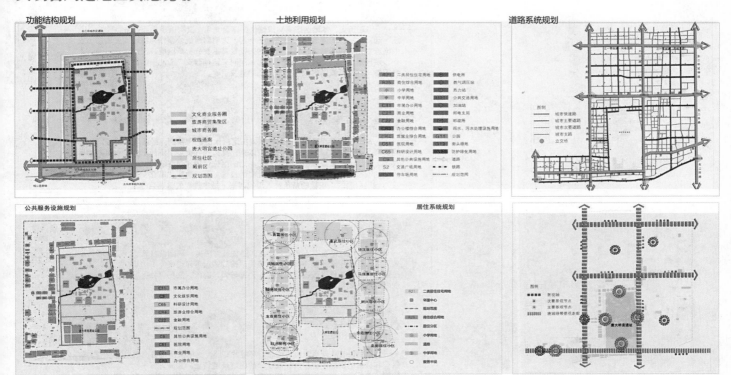

功能结构规划 | 土地利用规划 | 道路系统规划

公共服务设施规划 | 居住系统规划

总体规划解读结论

1/总体定位——体现西安作为国际旅游城市，世界著名历史城市，国家级交通枢纽中心，具有良好的山水生态环境和最佳人居环境的城市的城市性质。

2/交通系统——营造绿色交通运输体系。

3/道路系统——基本承接总规的路网结构。

4/绿化系统——以主要河流、交通廊道沿线绿色通道为脉络，以多种形式绿化形成一体的生态系统。

5/公共服务设施系统——突出特色，加强整合，承接总规中发展旅游、现代服务、文化产业的要求。

6/保护自然环境格局（八水绕长安+保护凸显六岗自然形态+太液池）。

7/保护城市历史格局（隋唐棋盘格局+轴线+肌理+尺度）。

8/保人文遗址（遗址公园缓冲区+外围建设区）。

实施规划解读结论

1/总体定位：以大明宫遗址公园为依托，逐步形成遗址保护、文化旅游、商贸、居住等功能为一体的环境优美的城市新区（规划地段为核心商务区）。

2/用地布局——围绕大明宫形成文化商务区、居住社区、城市商务区和旅游商贸集散区。

3/道路交通系统——规划道路丁字路仍口较多，支路密度不均匀，道路成环率不高，道路畅通性低。横向次干密度不高。

4/绿化景观系统——唐城绿带的实施受到现状条件的一定限制。

5/公共服务系统——立足于高起点、高标准、着重考虑公益性的公共服务设施。

展现城市文化 塑造城市形象

纵观历史，本地区既有辉煌灿烂的盛唐文化，又有近现代西安市特殊的"道北"现象，历史的盛衰跨时空交织在一起。大明宫遗址公园作为展现西安古都历史中盛唐文化的重要窗口，其周边地区无疑是其重要的影响区域。借助这一平台，进一步展现唐文化内涵及相关城市文化，同时又留存西安"道北"的特殊历史记忆，共同参与构建西安新形象，是本规划的重要目标。

调整角色功能 增强地区活力

长期以来，"道北"一直是西安市落后地区的代名词，经济发展缓慢，社会问题突出。大明宫遗址公园开发建设以来，周边的社会经济环境已经发生了的显著改善。借助这一重要契机，发掘利用基地的区位优势和潜在的资源优势，调整并注入新的城市功能，实现本地区经济社会的良性发展，改变"道北"的传统落后形象，使本地区以新的、积极的角色融入现代西安，是本规划的重要目标。

改善居住环境 完善社区功能

道北地区是西安出名的棚户区，居住条件恶劣，基础设施简陋，公共服务设施落后，在近年来西安市居住环境普遍改善的情况下显得格外不协调。因此，通过改建尤其是新建住区改善居住环境，完善教育、医疗、文化等社区服务设施，是本规划的的重要目标。

提升空间品质 改善地段环境

如果说脏乱差是昔日"道北"环境的写照，大明宫遗址公园则以丰富的人文景观和良好的自然生态景观构成了新的区域环境特征。在展现城市文化、调整角色功能、改善居住环境的同时，在该地段创造与遗址公园相协调的、高品质的空间环境，是本规划的重要目标。

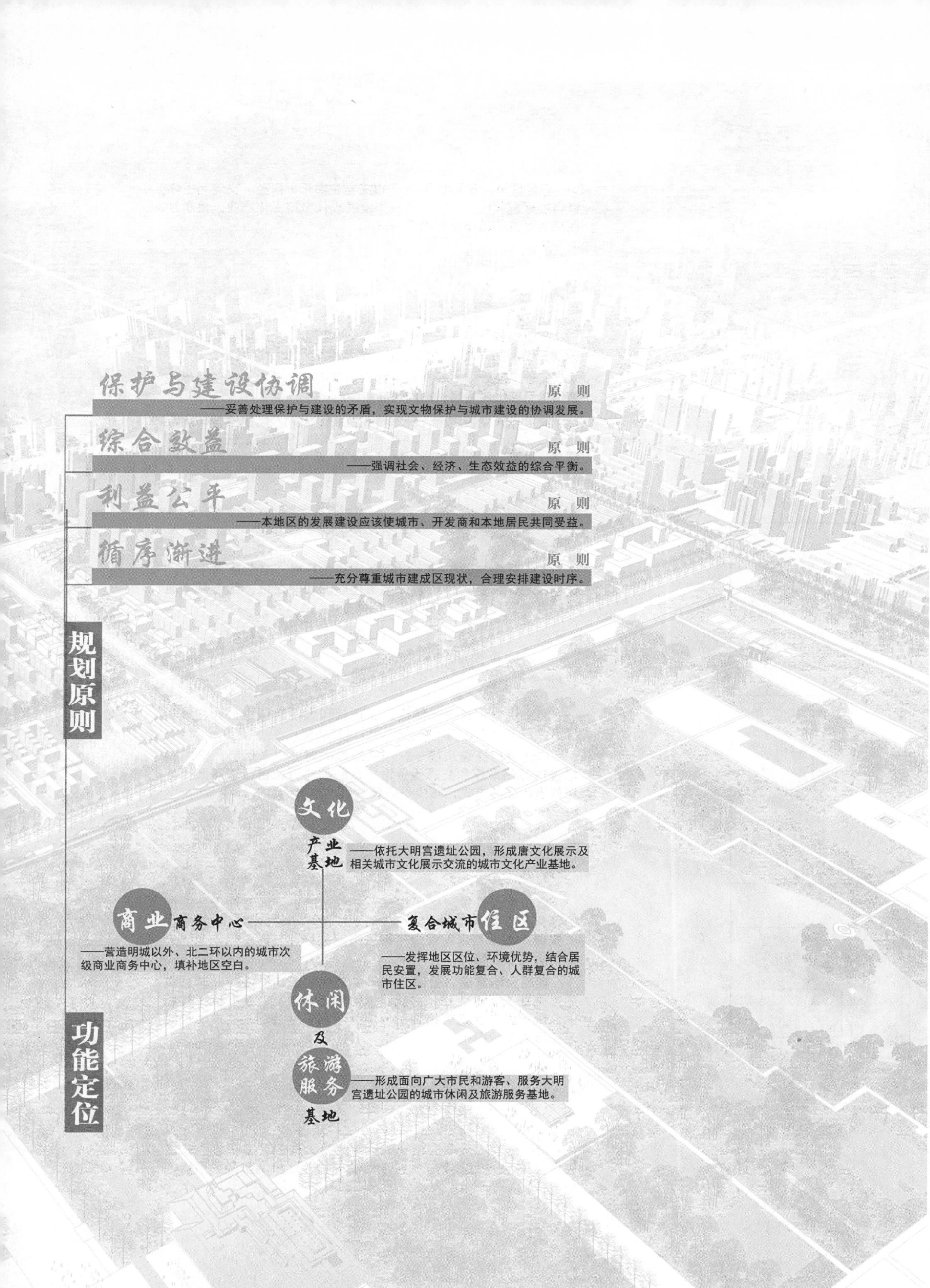

保护与建设协调
原 则
——妥善处理保护与建设的矛盾，实现文物保护与城市建设的协调发展。

综合效益
原 则
——强调社会、经济、生态效益的综合平衡。

利益公平
原 则
——本地区的发展建设应该使城市、开发商和本地居民共同受益。

循序渐进
原 则
——充分尊重城市建成区现状，合理安排建设时序。

规划原则

功能定位

文化 产业基地
——依托大明宫遗址公园，形成唐文化展示及相关城市文化展示交流的城市文化产业基地。

商业 商务中心
——营造明城以外、北二环以内的城市次级商业商务中心，填补地区空白。

复合城市住区
——发挥地区区位、环境优势，结合居民安置，发展功能复合、人群复合的城市住区。

休闲 及旅游服务基地
——形成面向广大市民和游客、服务大明宫遗址公园的城市休闲及旅游服务基地。

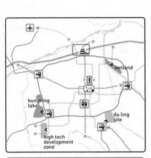

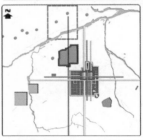

158

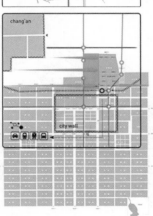

规划策略

文化发展

立足盛唐，多元发展—— 以唐文化展示、研究、交流为主体，适当展现道北历史记忆，进一步发展现代城市文化产业，使本地区成为西安的城市文化窗口。

社会经济

产业结构调整——根据文化产业基地、商业商务中心、休闲及旅游服务基地的功能定位，逐步推进产业结构调整。

保障居民就业——充分发挥本地区居民众多的人力资源优势，围绕二马路地段发展城市次级商业中心。

安置与开发相结合——本着利益公平原则，居民安置与房地产开发相结合，形成商住功能复合、人群复合（安置住宅与商品住宅、公寓）的新型城市住区。

空间发展

用地置换与调整——根据文化产业基地、商业商务中心、休闲及旅游服务基地、复合城市住区的功能定位，结合具体地段条件，实现用地布局的优化与调整。

道路交通

道路优化调整——结合道路现状和大明宫遗址公园的景观要求，对上位规划的路网结构进行优化调整。

构建慢行交通系统——依托地铁的对外交通优势，区内构建慢性道路系统和交通服务设施，鼓励步行、自行车等低碳环保的慢行交通方式，减少不必要的机动车交通。

景观生态

参与大西安景观格局构建——通过建立大明宫与汉长安城的绿化景观联系、与明清西安城北门城楼的视线联系、实施唐长安城外郭城百米景观绿带等措施，贯彻并发展总规确定的大西安历史景观格局。

实现大明宫遗址公园与城市中轴线的密切衔接——通过实施自强路、龙首北路、玄武路道路景观绿带，以及开辟龙首塬南北绿色生态廊道等措施，形成大明宫遗址公园与城市中轴线未央路的充分衔接。

开发实施

滚动开发，分期实施——摒弃大拆大建的开发建设模式，结合基地内的土地使用及城市建设现状，逐步调整置换用地性质，合理规划建设时序，保证规划的有序实施。

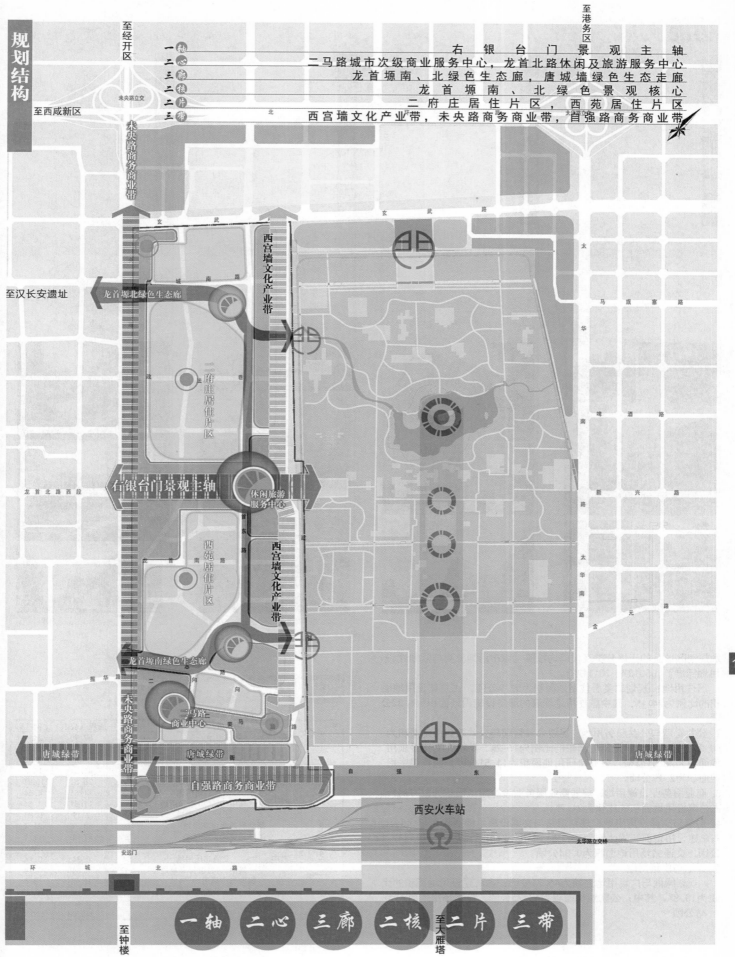

规划结构

一 轴 —————————— 右 银 台 门 景 观 主 轴
二 心 —————————— 二马路城市次级商业服务中心，龙首北路休闲及旅游服务中心
三 廊 —————————— 龙首塬南、北绿色生态廊，唐城墙绿色生态走廊
二 核 —————————— 龙首塬南、北绿色景观核心
二 片 —————————— 二府庄居住片区，西苑居住片区
三 带 —————————— 西宫墙文化产业带，未央路商务商业带，自强路商务商业带

一轴　二心　三廊　二核　二片　三带

功能构成

文化产业基地

商业商务中心

休闲及旅游服务基地

复合城市住区

本规划区涉及的土地分类及代码均按照《城市用地分类与规划建设用地标准》GB50137—2011执行。

1. 居住用地：规划二类居住用地面积为59.9公顷，占总建设用地面积的比例为24.1%，其中居住用地配套的服务设施用地面积为1.32公顷。

2. 公共管理与公共服务用地：规划公共管理与公共服务用地面积为40.21公顷，占总建设用地面积的比例为16.2%。其中：文化设施用地面积为26.51公顷，教育科研用地面积为11.51公顷，医疗卫生用地面积为2.19公顷。

3. 商业服务业设施用地：规划商业服务业设施用地面积为53.78公顷，占总建设用地面积的比例为21.7%。

4. 道路与交通设施用地：规划道路与交通设施用地面积为47.48公顷，占总建设用地面积的比例为19.1%。其中：城市道路用地面积为47.14公顷，交通站场用地面积为0.34公顷。

5. 绿地与广场用地

规划绿地与广场用地面积为46.71公顷，占总建设用地面积的比例为18.8%。其中：公园绿地面积为43.25公顷，交广场用地面积为3.46公顷

规划用地平衡表：

序号	用地性质		用地代号	面积（公顷）	比例（%）
1	居住用地		R	59.90	24.1
	其中	二类居住用地	R2	59.90	24.15
		其中 服务设施用地	R22	1.32	0.53
2	公共管理与公共服务用地		A	40.21	16.2
	其中	文化设施用地	A2	26.51	10.69
		教育科研用地	A3	11.51	4.64
		其中 中小学用地	A33	11.51	4.64
		医疗卫生用地	A5	2.19	0.88
3	商业服务业设施用地		B	53.78	21.7
4	道路与交通设施用地		S	47.48	19.1
	其中	城市道路用地	S1	47.14	19.00
		交通站场用地	S4	0.34	0.14
		其中 社会停车场用地	S42	0.34	0.14
5	绿地与广场用地		G	46.71	18.8
	其中	公园绿地	G1	43.25	17.43
		广场用地	G3	3.46	1.39
6	总计			248.08	100.0

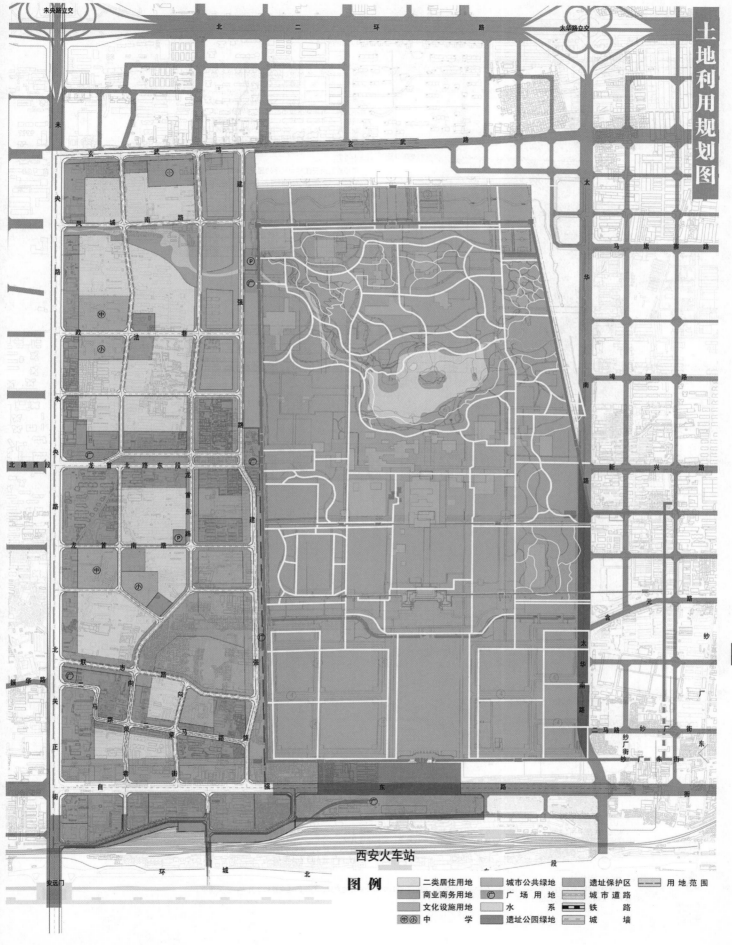

西安火车站

图 例

二类居住用地　　城市公共绿地　　遗址保护区　　用地范围
商业商务用地　　广 场 用 地　　城市道路
文化设施用地　　水　系　　铁　路
中　学　　遗址公园绿地　　城　墙

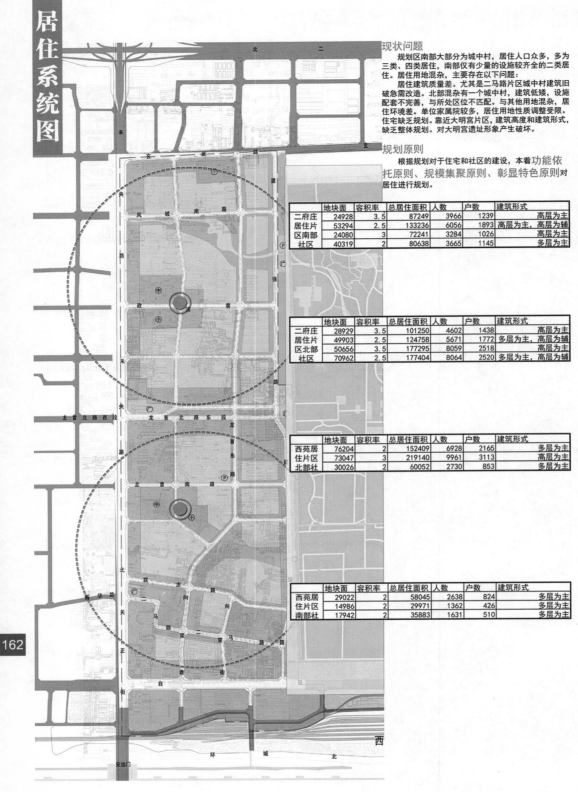

现状问题

　　规划区南部大部分为城中村，居住人口众多，多为三类、四类居住，南部仅有少量的设施较齐全的二类居住。居住用地混杂，主要存在以下问题：

　　居住建筑质量差。尤其是二马路片区城中村建筑旧破急需改造。北部混杂有一个城中村，建筑低矮，设施配套不完善，与所处区位不匹配。与其他用地混杂，居住环境差。单位家属院较多，居住用地性质调整受限。

　　住宅缺乏规划。靠近大明宫片区，建筑高度和建筑形式，缺乏整体规划。对大明宫遗址形象产生破坏。

规划原则

　　根据规划对于住宅和社区的建设，本着功能依托原则、规模集聚原则、彰显特色原则对居住进行规划。

	地块面	容积率	总居住面积	人数	户数	建筑形式
二府庄	24928	3.5	87249	3966	1239	高层为主
居住片	53294	2.5	133236	6056	1893	高层为主，高层为辅
区南部	24080	3	72241	3284	1026	高层为主
社区	40319	2	80638	3665	1145	多层为主

	地块面	容积率	总居住面积	人数	户数	建筑形式
二府庄	28929	3.5	101250	4602	1438	高层为主
居住片	49903	2.5	124758	5671	1772	多层为主，高层为辅
区北部	50656	3.5	177295	8059	2518	高层为主
社区	70962	2.5	177404	8064	2520	多层为主，高层为辅

	地块面	容积率	总居住面积	人数	户数	建筑形式
西苑居	76204	2	152409	6928	2165	多层为主
住片区	73047	3	219140	9961	3113	高层为主
北部社	30026	2	60052	2730	853	多层为主

	地块面	容积率	总居住面积	人数	户数	建筑形式
西苑居	29022	2	58045	2638	824	多层为主
住片区	14986	2	29971	1362	426	多层为主
南部社	17942	2	35883	1631	510	多层为主

居住系统

居住区规划组织

　　本规划居住用地 59.90 公顷，居住人口 6.9 万人。人均居住面积 22 ㎡。按照居住社区——基层社区两级社区组织结构模式，进行空间组织和服务设施配套。划分两大居住片区——二府庄居住片区，西苑居住片区。

　　其中二府庄社区由两个基层社区构成，近期维持现状，远期进行建设。居住面积 95.4 万㎡，规划安排居住人口 4.3 万人。

　　其中西苑社区由两个基层社区构成，近期集中改造。居住面积 55.6 万㎡，规划安排居住人口 2.6 万人。

保障性住房建设

　　规划范围内保障性住房包括经济适用住房和安置房两类，规划采取集中回迁安置的方式，共需回迁安置约 3 万人，主要集中在靠近未央路，以高层形式进行安置。

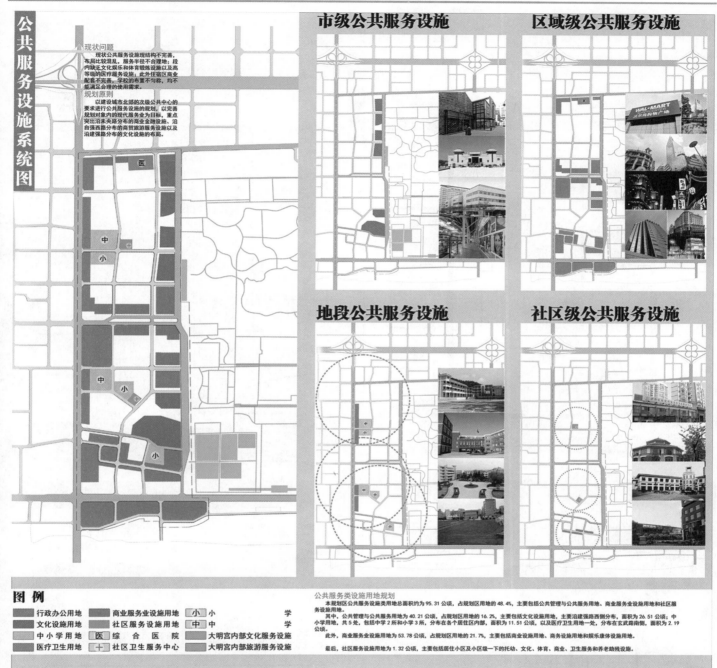

公共服务设施系统图

现状问题
现建公共服务设施现状不完善，布局比较混乱，服务半径不合理地；段内缺乏文化娱乐和体育锻炼设施以及高等级的医疗服务设施；此外住宿区商业配套不完善，学校的布置不匀称，均不能满足合理的使用需求。

规划原则
以建设城市北郊的次级公共中心的要求进行公共服务设施的规划，以完善规划对象内的现代服务业为目标，重点突出沿未央路分布的商业金融设施、沿自强西路分布的商贸旅游服务设施以及沿建强路分布的文化设施的布局。

市级公共服务设施

区域级公共服务设施

地段公共服务设施

社区级公共服务设施

图 例
- 行政办公用地
- 文化设施用地
- 中小学用地
- 医疗卫生用地
- 商业服务业设施用地
- 社区服务设施用地
- 医　综 合 医 院
- 社区卫生服务中心
- 小　小　　学
- 中　中　　学
- 大明宫内部文化设施
- 大明宫内部旅游设施

公共服务类设施用地规划
本规划区公共服务设施类用地总面积约为95.31公顷，占规划区用地的48.4%，主要包括公共管理与公共服务用地、商业服务业设施用地和社区服务设施用地。
其中，公共管理与公共服务用地为40.21公顷，占规划区用地的16.2%，主要包括文化设施用地，主要沿建强路西侧分布，面积为26.51公顷；中小学用地，共5处，包括中学2所和小学3所，分布在各个居住区内部，面积为11.51公顷，以及医疗卫生用地一处，分布在玄武路南侧，面积为2.19公顷。
此外，商业服务业设施用地为53.78公顷，占规划区用地的21.7%，主要包括商业设施用地、商务设施用地和娱乐康体设施用地。
最后，社区服务设施用地为1.32公顷，主要包括居住小区及小区级一下的托幼、文化、体育、商业、卫生服务和养老助残设施。

1. 现状问题
现状公共服务设施现结构不完善，布局比较混乱，服务半径不合理地；段内缺乏文化娱乐和体育锻炼设施以及高等级的医疗服务设施；此外住宿区商业配套不完善，学校的布置不匀称，均不能满足合理的使用需求。

2. 规划原则
以建设城市北郊的次级公共中心的要求进行公共服务设施的规划，以完善规划对象内的现代服务业为目标，重点突出沿未央路分布的商业金融设施、沿自强西路分布的商贸旅游服务设施以及沿建强路分布的文化设施的布局。

3. 公共服务类设施用地规划
本规划区公共服务设施类用地总面积约为95.31公顷，占规划区用地的48.4%，主要包括公共管理与公共服务用地、商业服务业设施用地和社区服务设施用地。其中，公共管理与公共服务用地为40.21公顷，占规划区用地的16.2%，主要包括文化设施用地，主要沿建强路西侧分布，面积为26.51公顷；中小学用地，共5处，包括中学2所和小学3所，分布在各个居住区内部，面积为11.51公顷，以及医疗卫生用地一处，分布在玄武路南侧，面积为2.19公顷。此外，商业服务业设施用地为53.78公顷，占规划区用地的21.7%，主要包括商业设施用地、商务设施用地和娱乐康体设施用地。最后，社区服务设施用地为1.32公顷，主要包括居住小区及小区级一下的托幼、文化、体育、商业、卫生服务和养老助残设施。

道路交通系统

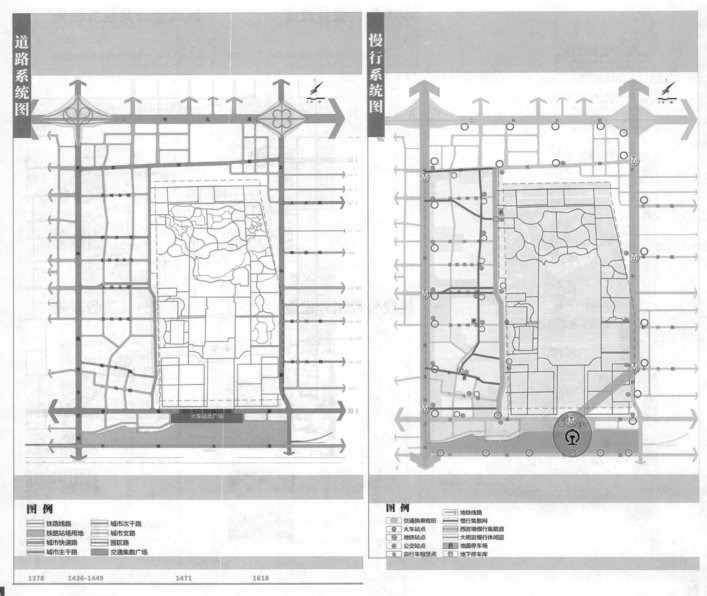

道路系统图

图例
铁路线路	城市次干路
铁路站场用地	城市支路
城市快速路	园区路
城市主干路	交通集散广场

火车站北广场

1378　　1436-1449　　1471　　1618

慢行系统图

图例
交通换乘枢纽	地铁线路
火车站点	慢行集散网
地铁站点	西宫墙慢行集散通道
公交站点	大明宫慢行休闲道
自行车租赁点	地面停车场
	地下停车库

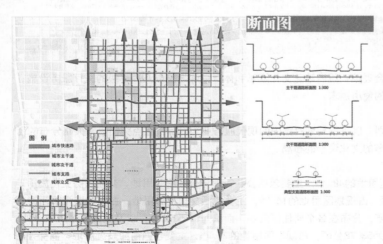

图例
城市快速路
城市主干道
城市次干道
城市支路
城市立交

断面图

主干路道路断面图 1:300

次干路道路断面图 1:300

典型交通道路断面图 1:300

交通换乘

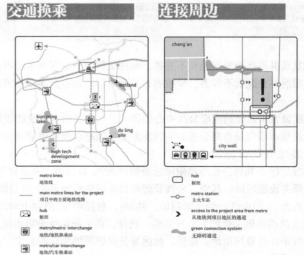

chang'an

Wetland

kun ming lake

du ling site

high tech development zone

metro lines
地铁线

main metro lines for the project
项目中的主要地铁线路

hub
枢纽

metro/metro interchange
地铁/地铁换乘站

metro/car interchange
地铁/汽车换乘站

连接周边

hub
枢纽

metro station
主火车站

access to the project area from metro
从地铁到项目地区的通道

green connection system
无障碍通道

city wall

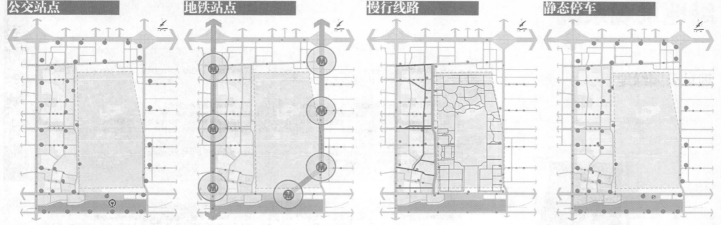

公交站点　　　　地铁站点　　　　慢行线路　　　　静态停车

1. 现状问题

　　干路网系统较为发达，支路系统比较薄弱；交通流量过于集聚，交通设施规模不足；交通设施容量有限，系统整体功能不完善；交通结构不尽合理，个体机动化发展过快。

2. 规划原则

　　提高路网密度，完善道路连通性，使内部路网形成环状。建立完善、快速、便捷的现代化交通体系。

　　大力发展轨道交通，优先发展公共交通。

　　注重可持续发展和分期建设要求，达到规划要求与经济效益的紧密结合。

3. 路网系统

　　经过对整个地区系统的交通组织梳理，确定道路骨架，结合功能布局和地形条件，设计成主、次、支分工明确的格网状道路系统。基地周边规划形成"两横两纵"城市路网骨架结构。"两横"指基地北边的二环北路快速路和南边的自强东路主干路两条，"两纵"分别是基地以西未央路和大明宫以东太华路两条主干路。区内的主干路系统与外围整个新城的主干路系统有机衔接，并保持合理的主干路网间距。

　　规划在基地内部形成"三横一纵"的次级路网系统成为城市主干路网系统的补充。"三横"分别是玄武路、龙首北路和联志路，"一纵"是大明宫以西建强路。规划范围内根据地块性质、开发建设需要和交通组织要求设计发达有序的支路系统。城市支路到达城市各个角落，在与其他级别道路衔接上避免横穿通江达到，并尽量减少在城市主干道上开口。

　　未央路作为基地周边南北向的主干路；东西向玄武路、自强路为东西向主干路，自强路在丹凤门与铁路北广场处下穿。沿现状格局进行梳理支路。

4. 对上位规划进行调整

1）建强路：上位规划为城市主干道，但分析基地及周边现状建设等情况，如其与北二环无法联通、大兴路被大明宫阻断等，很难实现上位规划所确定的性质。同时考虑到南部拉通的现实与经济性，确定其为次干道路，并相应调整了道路线位（右银台门以南）和道路断面（现状北段缩小车行道宽度增加人行道与绿地）。

2）龙首北路：作为大明宫国家遗址公园的西入口，是重要的门户空间，规划采取中央为步行+景观空间，两侧为单行道路的形式。

3）大兴路：即上位规划中的含元路，大明宫的阻断和基地现状存在矛盾等具体问题导致不具备实际可操作性，规划对其予以取消。

4）其余内部道路：龙首北路以北片区基本遵循上位规划；以南片区更多在现状研究基础上进行了路网的规划。

5. 道路断面

　　主干道红线宽度60~40ｍ，采用四块板形式。其中未央路不但具有很强的交通功能也负担着城市景观、公共交通主轴、轨道交通等功能，因此对其断面应进行特殊处理。首先将通江大道红线宽度拓展到60ｍ，使其断面尺寸与北部路段红线一致，保持全线畅通，一气贯通。其次是将未央路断面设计成两块板形式，在现有的道路中心景观带两侧布置BRT专用车道，借助现有的景观带开辟停车港湾和BRT车站。

　　次干道红线宽度一般控制在30ｍ，采取一块板的断面布置方式，保证双向6个车道。在前期交通量不大的建设阶段可以先按4车道考虑，多余部分进行人行道或绿化处理。次干道结合交通组织，在道路交叉口处进行展宽渠化设计，局部路段上需要保留设置公交港湾停车站的可能。支路红线宽度一般控制在20ｍ，按一块板考虑，一般保证双向3车道和双向4车道的断面形式。

6. 三横一纵的慢性交通线

1）二马路片区：入口两条流线一条结合龙首西苑，贯穿唐文化艺术中心的步行环境；一条沿二马路的商业氛围展开。

2）龙首北路片区：沿景观带北侧用地展开，到达西入口。这些横向步行到都与大明宫自身的步行环境结合。

纵向有沿建强路两侧的绿化景观带，组织自行车+步行环境。

7. 公共交通系统

　　公交规划引进目前世界上先进的规划设计理念，采用TOD的开发模式，即公共交通导向的开发方式。在整个新城建立以BRT和轨道交通为主轴的公交系统，并结合考虑P+R（停车+换乘）的交通组织。在现状基础上合理引导"步行+公交"、"自行车+公交"的绿色交通出行方式。对公交站点、地铁站进行布局。

　　规划地下轨道交通（2号线和4号线）引入基地，在火车站周边核心地段设计地铁车站，成为区内的公交换乘枢纽，并与主要的商业开发地段和人流聚散空间有机联系。地铁换乘站与地面公共交通垂直连接，达到立体互通和步行零换乘的目标。

　　在轨道线路不能迅速到位的建设初期，建议采取BRT公交的形式。即在主要道路上设计公交专用道路，安排大运量快速公交线路。

绿地景观系统

遗址公园绿地

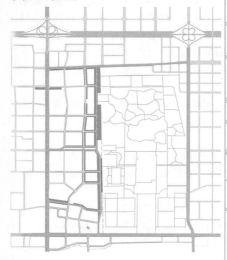

街头绿地

公园绿地

绿地现状

　　规划对象现状几乎没有公共绿地，绿化用地十分短缺，在绿化系统上与大明宫国家遗址公园缺乏必要的联系，此外，居住用地中缺乏必要的街坊庭院绿地，不利于居民日常户外活动，影响居住环境质量。

规划原则

　　着眼于规划地段生态环境质量的提高，城市的可持续发展，满足居民对于生产生活环境更高的要求。
　　重点突出"五横两纵"共七条景观廊道的绿化景观规划，并强调大明宫遗址周边特有的绿化景观风貌。
　　点、线、面绿地规划相结合，形成一个完整的绿地系统，建设大明宫遗址公园西侧设施良好、环境优美的城市功能片区。
　　因地制宜，绿地分布与龙首原地形相结合，充分利用优越的自然环境条件和大明宫遗址公园的资源优势，构成丰富变化的开放空间体系，同时促进旅游业的发展。
　　重视居住区中小型游憩绿地的建设，为居民提供就近的户外活动场所。
　　根据城市总体风貌布局以及景观环境设计的要求，创造具有地方特色的绿化空间环境，体现历史自然风貌。
　　增加绿地面积，提高城市绿地率和人均绿地标准。

　　本规划区绿地总面积为43.15公顷，占规划区用地的17.4%，主要包括城市公园绿地、社区公园绿地、遗址绿地和街头绿地。城市公园绿地，共4处，主要分布在凤城南路南侧，龙首北路，龙首东路东南侧和自强东路北侧，总面积12.7公顷；社区公园绿地，共2处，共2.1公顷；遗址绿地，共2处，一处为龙首路与建强路交叉口西侧的含光殿遗址绿地，另一处为自强东路北侧的唐城墙遗址绿地，面积为6.55公顷；街头绿地，主要沿"四横两纵"共六条景观廊道分布，面积共21.8公顷。
　　规划范围南侧有防护绿地2.7公顷，主要沿陇海铁路北侧分布。
　　此外，规划区内广场用地总面积为3.46公顷，占规划区用地的1.39%，共有3处，分别位于龙首北路与未央路交叉口东北处、龙首北路与建强路交叉口东侧（大明宫西入口广场）和联志路与未央路交叉口东南侧。

图例

■ 城市公园绿地		■ 社区公园绿地
■ 街头绿地		■ 广　　场
■ 遗址绿地		■ 遗址保护区
■ 防护绿地		

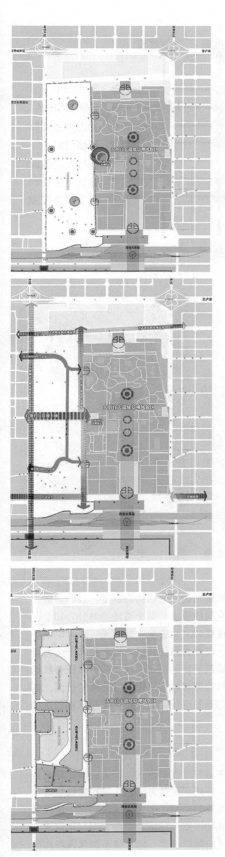

参与大西安景观格局构建，建立大明宫与汉长安城、明清西安城之间景观与视线的联系，贯彻并发展总规确定的大西安历史景观格局。

加强大明宫遗址公园与城市中轴线的衔接。

合理分布，点、线、面相结合，形成一个完整的景观系统。因地制宜，充分利用自然环境条件，构成丰富变化的景观体系，促进旅游业的发展。

"一核、一轴、两心、两廊、三点、两带、六区"

"一核"——即右银台门景观核心。右银台门是进出大明宫主要门户之一，也是大明宫遗址公园的象征。强化对右银台门的绿化景观规划，形成特色的门户展示空间。

"一轴"——即沿龙首北路展开的右银台门景观主轴。是大明宫西重要的门户空间，塑造右银台门景观主轴，打造大明宫的一张亮丽的城市名片。

"两心"——即龙首塬南、北绿色景观核心。围绕龙首塬地形营造景观核心，突显地形特色，是联结大明宫与汉长安城景观轴线上的重要核心。

"两廊"——即龙首塬南、北绿色生态廊。大明宫建造之时充分利用龙首塬的地形特点，规划旨在通过开辟龙首塬南北绿色生态廊道展示龙首塬之地势，同时亦加强大明宫遗址公园与城市中轴线未央路的充分衔接。

控制体系

城市设计控制体系是通过城市设计"空间系统"及"形态系统"两方面构建的,其中城市设计的"空间系统"主要通过"区域控制"实现,"形态系统"的控制主要包括:开敞空间系统控制、标志体系控制、界面控制、视线通廊控制、建筑高度控制和开发强度控制,共6个方面。

分区层面　轴线层面　节点层面　地块层面

多要素的空间形态

区域控制
开敞空间控制
标志体系控制
界面控制
视线通廊控制
建筑高度控制
开发强度控制

多层次的城市空间系统

区域控制

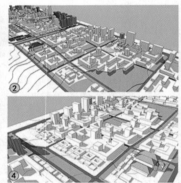
① ②

③ ④

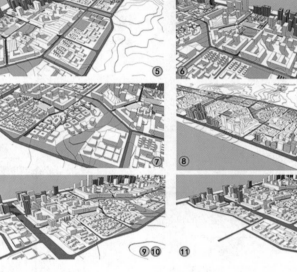
⑤ ⑥
⑦ ⑧
⑨⑩ ⑪

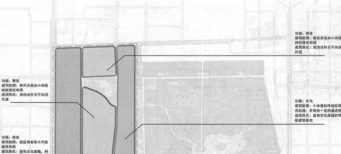

划分依据:

区域划分主要依据规划的圈层结构来制定,兼顾功能分区、路网骨架和开敞空间的要求。整个基地共划分为10个区域,包括商业商务、居住和文化三大主题单元。沿大明宫一带为唐文化主题片区,向外为居住片区,沿未央路一带为商业商务片区。通过对建筑风貌的控制可以将几个区域各自的意向强化,然而区域的边界可能会阻碍区域之间的过渡,这样一来通过四条横向的开敞空间带的拉结作用可以减弱这种分割的趋势。

控制要素

区域的控制元素主要包括建筑形式、街道空间、环境氛围和标识体系等方面。首先,建筑方面包含了对建筑肌理、尺度、形式、立面装饰等的控制;街道空间包括对街道尺度、路面铺装、步行环境等的控制;环境氛围包含对绿化形式、开敞空间形式、休憩设施等的控制;标志体系则强调各片区标志点的控制。

开放空间体系控制

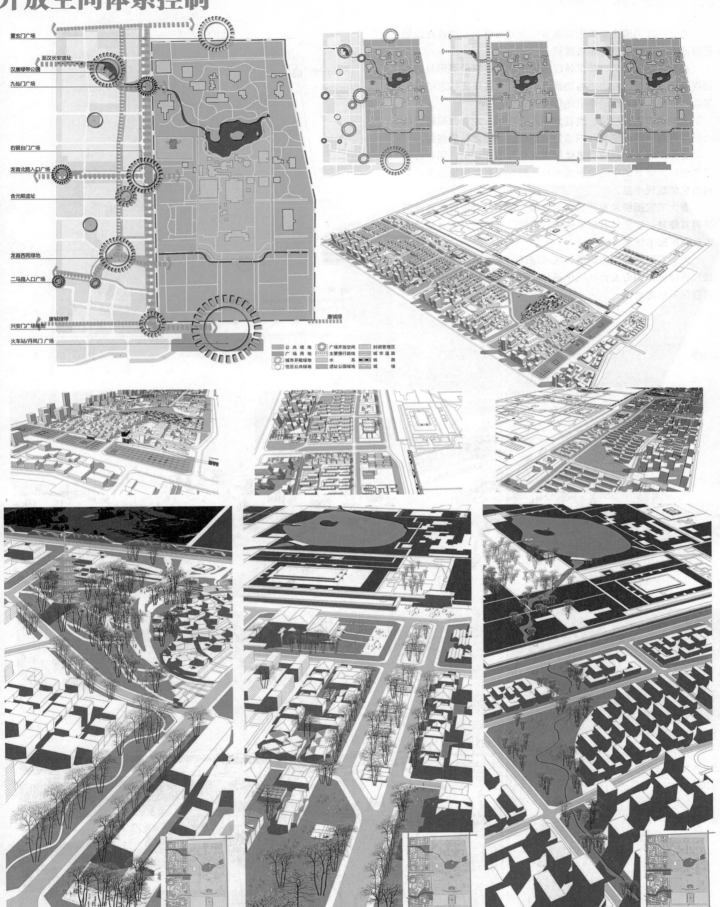

重玄门广场
至汉长安遗址
汉唐绿带公园
九仙门广场

右银台门广场

龙首北路入口广场
含光殿遗址

龙首西苑绿地

二马路入口广场

兴安门广场绿地
火车站/丹凤门广场

唐城绿

公共绿地　　广场开放空间　　封闭管理区
广场用地　　主要慢行路线　　城市道路
城市开敞绿地　　水系　　铁路
住区公共绿地　　遗址公园绿地　　城墙

标识体系控制

规划只在沿未央路侧区域适量布置高层建筑。建议在规划区域西北角设计高层标志性建筑。

在龙首北路中央，将能体现唐代木结构建筑最高形制的麟德殿复原，此外，在区域各功能区的中心也应设置标志性的建筑物，使各功能片区的中心地位得到强化。

在二马路入口广场、龙首北路入口广场、龙首西苑等处精心创作具有一定地域文化内涵的雕塑作品，使之各具特色。

文化广场的小品应着重体现唐文化及道北记忆，同时应设置部分供人休息的小品设施如座椅，形成既有景观价值又有实用价值的现代小品。

唐大明宫围绕龙首西苑自然地形兴建，可以依据现有地形，并将其修复，以强化其形象价值与科学研究价值，使之成为城市重要的形象标志。

大明宫西宫墙生态廊道、唐城绿带、龙首塬北生态走廊应当加强绿化，精心设计环境小品，同时通过各类游憩设施的设置强化其标志地位。

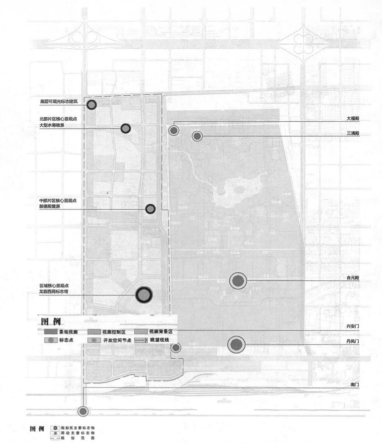

龙首塔

麟德殿复原

从龙首塔眺望麟德殿

界面控制

考虑城市开放空间体系的营造，根据人对连续在连续界面中行走距离过长会感到审美疲劳，适当进行空间的缩放处理。

对人流出入较多的大型商业用地、广场等处需要进行适当的界面后退处理，以腾出相当的集散空间。

在此基础上，我们将建筑界面分为了连续界面和通透界面。由于商业空间经常以一种线性空间的形态出现，需要以一种相对连续的界面来进行人流的导向。因此，规划的连续建筑界面主要分布在商业地块靠近规划主要生活型道路一侧。通透界面则主要是对景观视线的考虑，主要是唐城绿带及规划的多条绿带沿线的建筑界面，使得景观能渗透到地块内部，达到最大景观面。

围墙界面主要是针对铁路、高速公路沿线的防护幕墙；单位、部分小区围墙或者未开放的公园围墙等，高度应控制在2.2m以下，以通透式外墙为主。

规划主要是对基地东侧靠近大明宫西宫墙的文化用地片区及围绕龙首塬展开的几条规划绿带进行绿化界面控制，旨在柔化空间界面，增强环境品质。

立面界面控制和平面界面控制是两个相互作用的过程。立面界面主要考虑城市天际线及与平面界面控制的配合，共同指导城市空间形态。

本次规划中首先将基地立面界面控制由西到东分为了未央路城市风貌区（包括二马路城市次级商业中心）、中央协调片区、靠近大明宫西宫墙的文化商业片区三个主要分区进行。

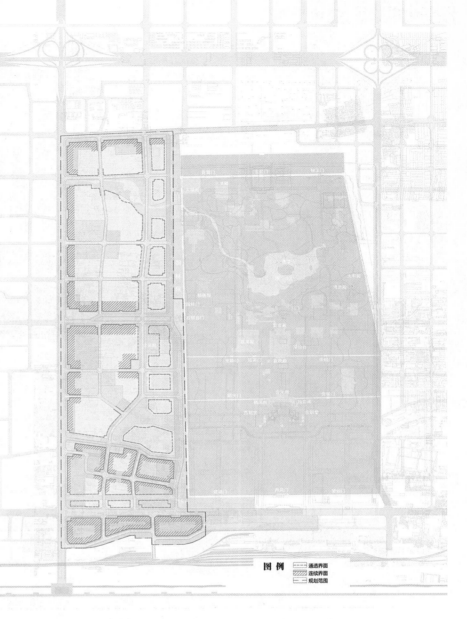

图 例
通透界面
连续界面
规划范围

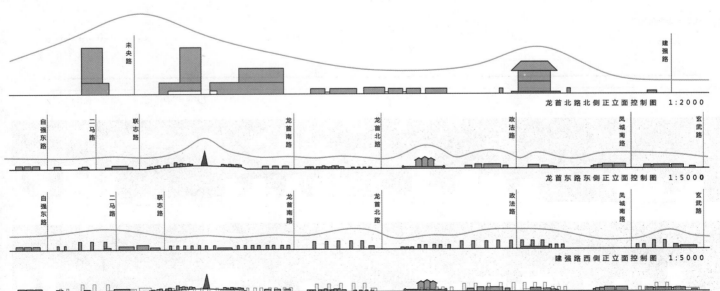

龙首北路北侧正立面控制图　1:2000

龙首东路东侧正立面控制图　1:5000

建强路西侧正立面控制图　1:5000

片区综合立面控制叠加图　1:5000

视线通廊控制

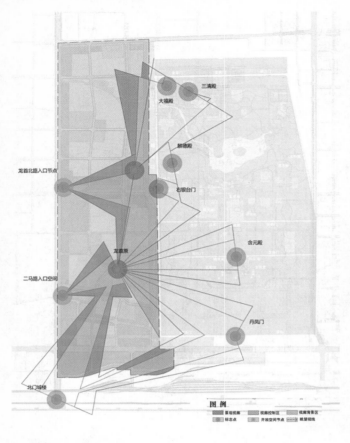

龙首塔望麟德殿

龙首塔望麟德殿

从龙首原至高点眺望麟德殿

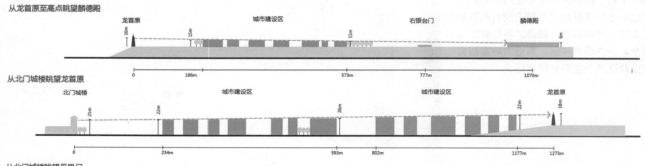

从北门城楼眺望龙首原

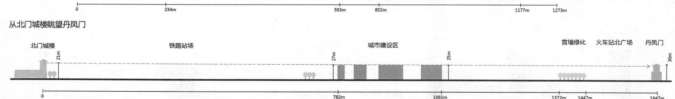

从北门城楼眺望丹凤门

建强路沿街立面

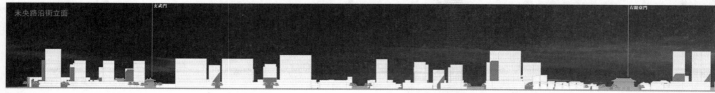

未央路沿街立面

建筑高度 / 开发强度控制

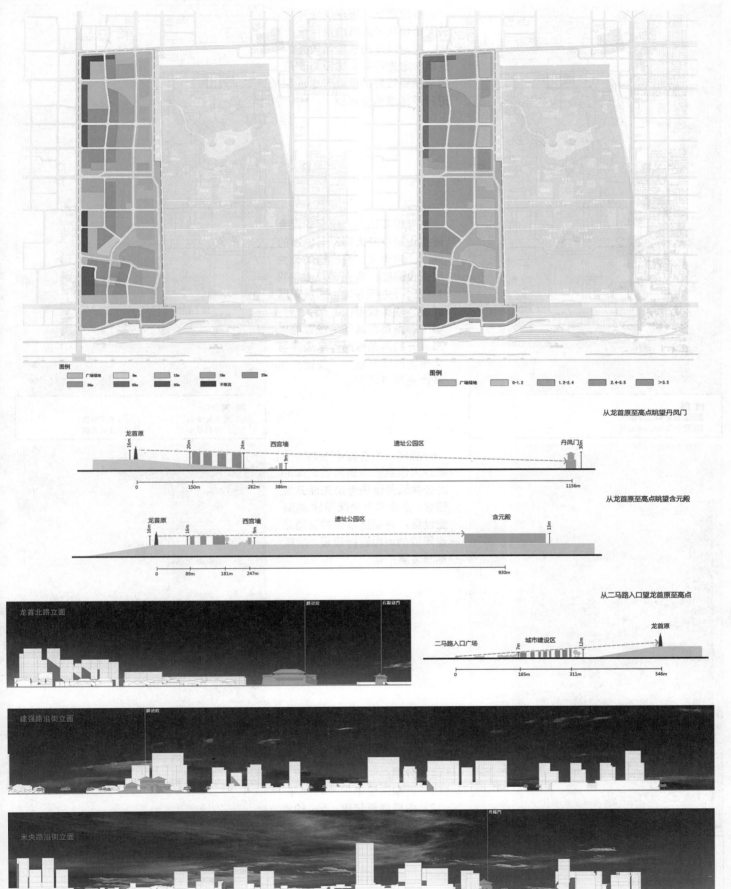

图例　广场绿地　6m　12m　18m　25m
　　　36m　50m　80m　不限高

图例　广场绿地　0-1.2　1.2-2.4　2.4-3.5　>3.5

从龙首原至高点眺望丹凤门

龙首原　西宫墙　遗址公园区　丹凤门
16m　20m　24m　9m　30m
0　150m　282m　386m　1156m

从龙首原至高点眺望含元殿

龙首原　西宫墙　遗址公园区　含元殿
16m　16m　9m　13m
0　89m　181m　247m　930m

从二马路入口望龙首原至高点

二马路入口广场　城市建设区　龙首原
7m　12m
0　165m　311m　546m

龙首北路立面

建强路沿街立面

未央路沿街立面

建设时序

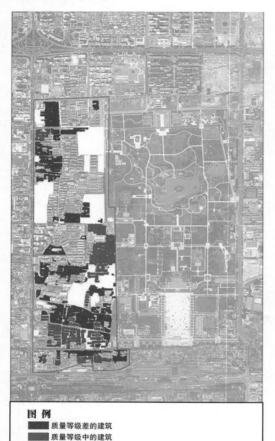

← 基地现状：根据规划对象的用地现状与建筑质量评价，现状空地以及建筑质量较差的区域考虑先行开发建设与改造，建筑质量较好的区域考虑远期进行改造或适当保留。

→ 考虑基地内大明宫的配套服务设施以及大明宫与城市的联系：沿大明宫西宫墙的公共服务设施带：首先选取重点的片段进行先行开发，随后逐渐建设，联结成带；三条"廊道"：龙首北路和沿龙首原地形展开的两条绿廊对未央路与大明宫的联系起到了关键作用，考虑先期进行实施。

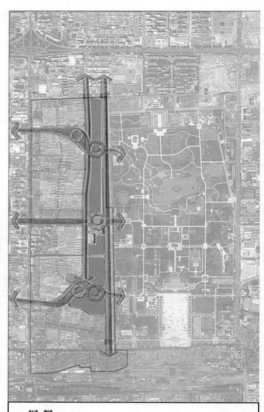

← 规划对象在城市中的功能：基地内沿自强东路靠近火车站的公共服务设施考虑先期开发建设；基地内未央路沿线的商业设施：先期选取公共交通站点周围的地段进行建设，后期逐渐发展成带。

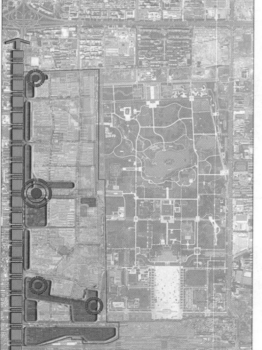

→ 建设分期：
（1）近期建设年限：0～5年
（2）中期建设年限：5～10年
（3）远期建设年限：10～30年

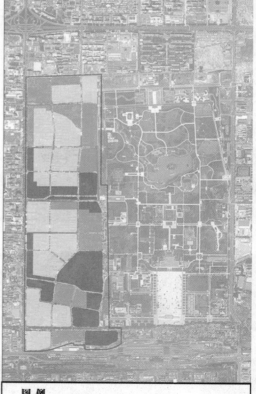

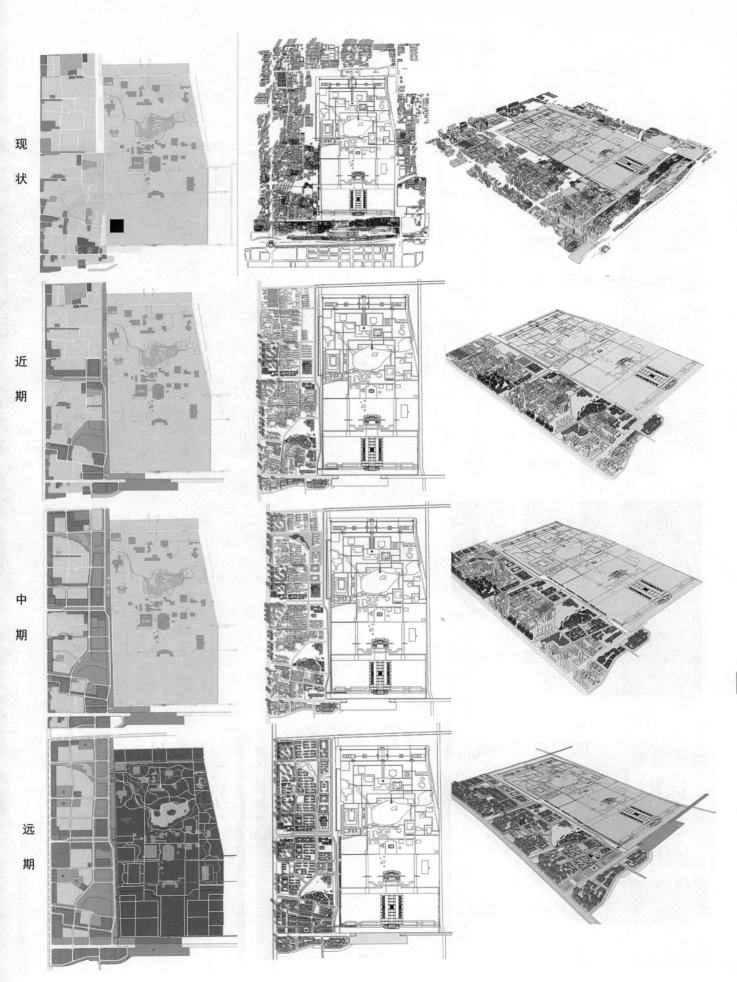

现
状

近
期

中
期

远
期

175

大明宫
西宫墙周边地段城市设计
Urban Design of Tang Daming Palace west
walls of the palace Peripheral Area

远期
总平
面图

大明宫
西宫墙周边地段城市设计
Urban Design of Tang Daming Palace west walls of the palace Peripheral Area

远期鸟瞰图

龙首北路休闲服务中心

西安建筑科技大学
XI'AN UNIVERSITY OF
ARCHITECTURE & TECHNOLOGY
A组

规划篇——

设计者：刘 洋
2012届城市规划专业

西安唐大明宫西宫墙周边地区设计
The Surrounding Areas of the Xi'an Tang Daming Palace West Walls Urban Design

指导教师：尤 涛 邸 玮

对于世界来说，如今的中国是一个正在崛起的大国。伴随着城市化的迅速推进，文化在城市经济的发展中正在扮演着越来越重要的角色，文化的复兴如何与产业的发展相结合，正是此次设计所处的大背景。该方案正是基于以上背景，并在小组总体方案的基础上，结合个人设计地段，提出了在传统服务业中引入文化产业的新的设计模式。

1. 现状概况

规划对象为龙首北路片区位于大明宫西宫墙西侧未央路与建强路之间，沿龙首北路南北两侧展开，规划研究范围58.2公顷。

2. 设计理念

2.1 功能定位

2.1.1个人设计地段在总体方案中的定位

2.1.1.1景观廊道

联系城市中轴线与大明宫遗址公园西入口的重要景观廊道。

2.1.1.2城市休闲及旅游服务基地

面向广大市民和游客、服务大明宫遗址公园的城市休闲及旅游服务基地。

2.1.2产业研究

服务业可以分为分为生产性服务业，消费性服务业与公共性服务业。生产性服务业是指那些为进一步生产或者最终消费而提供服务的中间投入，一般包括对生产、商务活动和政府管理而非直接为最终消费者提供的服务；生活性服务业主要是指直接满足人们生活需要的服务行业。

2.1.3地段历史文化资源

规划对象东面为大明宫西宫墙，包含右银门和翰林门，基地范围与西内院部分重叠，并包含了含光殿遗址。西内苑为皇家园林，禁苑为皇家狩猎场所，并具有军事防御功能。翰林门即翰林院的大门，是设于西墙夹城边上的类似皇家艺术委员会的机构。

2.1.3.1右银台门

右银台门位于大明宫西宫墙中部，现状为城墙土遗址，曾是大明宫北半部后宫区直接往来长安城内的主要通道，唐代宗于永泰年间又在右银台门附近设置客省，供地方州县以及四夷和外国使者暂时住。门内北面有麟德殿、翰林院等建筑。李白诗"承恩初入银台门，著书独在金銮殿"，说的就是此门。右银台门遗址位于大明宫麟德殿遗址西南170m 处，考古实测门基南北长18m，东西宽14m，开一个门道，宽5.9m。据史籍记载，门上筑有城楼。

2.1.3.2含光殿

含光殿现状被一所职业技术学校所占压，曾经是个皇家马球场，应为马球运动在唐代在军队中十分流行，往往军旅所至之处马球运动亦随之而盛，是公平、力量的象征。

2.2 产业构成

规划地段产业构成在地段功能的基础上进行细化，主要包括：

2.2.1生产性服务业

金融、会展、艺术品市场、表演艺术和时尚设计等。

2.2.2消费性服务业

零售、住宿、康体、娱乐和餐饮等。

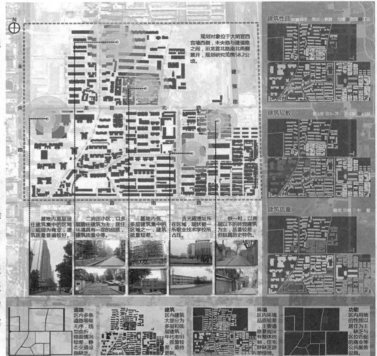

图1 个人设计地段现状概况

图3 地段发展资源重新审视

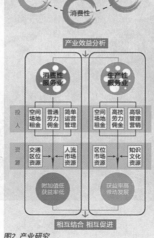

图2 产业研究

图4 产业重构

3. 空间设计

3.1 空间设计策略

3.1.1总体格局
在基于唐代尺度分析的基础上确定总体格局。

3.1.2建筑形态
通过对唐代建筑的尺度及组合关系分析确定具体地段的建筑形态。

3.2 整体设计
沿基地中央的绿化景观带南北两侧分别布局各个功能但愿，形成一个中心、两条线索、多个片区的结构。

一个中心：基地中央的绿化景观带，形成绿化景观和游憩活动的中心。

两条线索：在中央绿化景观带两侧各平行布置一条商业活动流线。

多个片区：在两条商业线索外围布置城市商业商务片区和居住片区

3.3 道路交通系统规划

3.3.1道路系统
基地内道路系统呈现三横四纵的格局。三横分别是基地南北两侧的两条城市支路和中间的城市次干路（龙首北路），其中龙首北路局部地段实行双线单行措施；四纵从西到东分别指的是城市主干路（未央路）、两条城市支路和东侧的城市次干路（建强路）。

3.3.2交通系统

3.3.2.1静态交通系统
基地内共有地面停车场两处，地下车库出入口六个。

3.3.2.2慢行交通系统
慢行交通系统分为绿化慢行轴线，商业慢行轴线以及慢行节点。绿化慢行轴线主要沿东侧两条南北向道路两侧绿化展开；商业慢行轴线主要沿平行于中央景观带的两条商业活动流线展开；两个慢行节点分别分布于龙首北路东西两个交叉口出。

3.4 公共空间系统
规划对象的公共空间系统为一横、两纵、两中心、多节点。一横为龙首北路景观轴线；两纵为沿龙首东路和建强路两条景观轴线；两中心分别为位于龙首北路东西两个交叉口的两个一级公共空间节点，多节点是指分别位于龙首北路南北两侧的多个公共空间节点。

4. 技术经济指标

总用地面积：58.2公顷　　容积率：1.5
总建筑面积：854500 m²　　建筑密度：26.7%
筑基底面积：155200 ㎡　　绿地率：37%

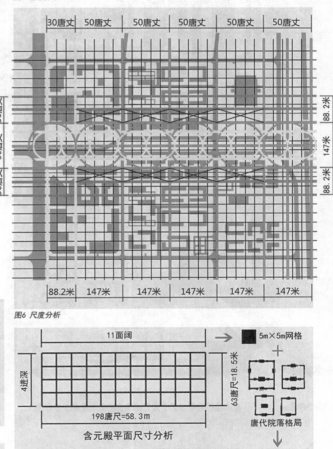

图5 业态分布

图6 尺度分析

181

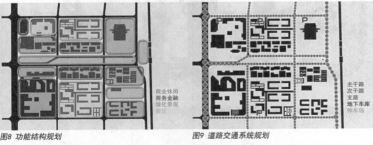

图8 功能结构规划　　　　图9 道路交通系统规划

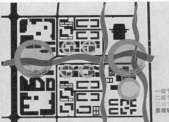

图10 公共空间系统规划　　图11 慢行系统规划

含元殿平面尺寸分析

唐代院落格局

图7 形体生成

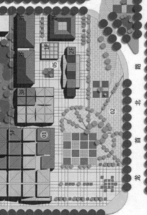

图12 总平面图

N

0 25 50 100

总规划用地面积：58.2hm²
总建筑面积：854500m²
建筑基底面积：155200m²
容积率：1.5
建筑密度：26.7%
绿地率：37%

01 大明西苑（标志建筑）
02 丝路主题广场
03 大明宫馆（商业建筑）
04 水景广场
05 大唐商业街（西区）
06 大唐商业街（东区）
07 丝绸之路主题景观带
08 大唐创意街区
09 地下车库出入口
10 麟德殿文化综合体（标志建筑）
11 遗址公园西入口广场
12 遗址公园西宫墙
13 翰林门
14 右银台门
15 铁新Village
16 入口广场
17 中心广场
18 特色居住建筑
19 观演建筑
20 地面停车场
21 含光殿文化展廊
22 含光殿文化景观广场

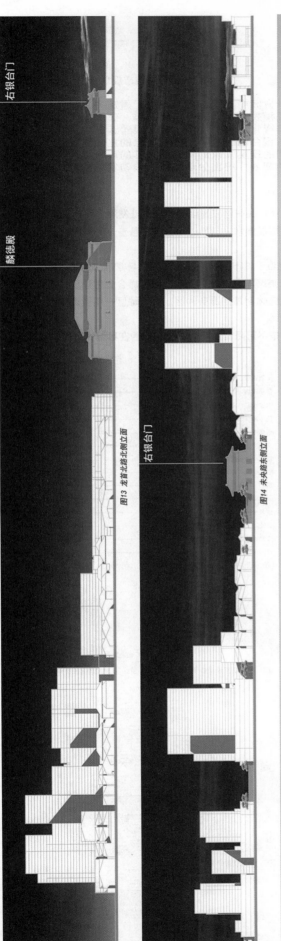

图13 龙首北路北侧立面

右银台门　　　　麟德殿　　　　右银台门

图14 未央路东侧立面

图15 鸟瞰效果

183

龙首北路 休闲服务中心

西安建筑科技大学
XI'AN UNIVERSITY OF
ARCHITECTURE & TECHNOLOGY
A组

设计者：周燕妮
2012届城市规划专业

西安唐大明宫西宫墙周边地区设计
The Surrounding Areas of the Xi'an Tang Daming Palace West Walls Urban Design

指导教师：尤 涛 邸 玮

在本规划设计方案中，提出城市消隐、建筑去建筑化、地景式建筑及规划布局模式。具体通过绿化遮挡，玻璃等通透界面，大地材质或色彩与绿化遮挡的结合，将建筑营造一种自然环境，最大程度地凸显右银台门遗址及麟德殿复原的主体建筑。认为规划应是在满足迫切的现实需求的同时保证其的可持续性效用，故而应是一套软质的规划；提出分期发展，滚动发展的基本策略。

1. 课题背景

近年来，我国快速城镇化所伴生的城乡建设使得地处人类经济活动密集区的一些大遗址保护区在遗址保护与区域发展之间产生明显博弈。一方面，囿于文物保护政策的限制，遗址区域的社会经济发展受到制约，多数大遗址区域发展水平与周边地区存在悬差。另一方面，遗址区域的城乡建设与居民土地利用活动又对遗址造成严重影响。

唐大明宫是当时世界上最大的宫殿，是世界文化遗产，具有极高的文化价值。基地位于城市商务中轴线未央路与城市文脉大明宫之间的夹层地带，且居于大明宫国家遗址公园南北中心，紧挨西宫墙。包括右银台门遗址、未央路与龙首北路入口区域、原含光殿遗址（现为铁路技术学校）、铁三村及龙首北路以北的部分空地。在小组的整体规划中，将此片区定义为休闲旅游服务片区，属于地区一期重点打造地段，是区域整体发展的"激活点"。同时对此片区提出风貌协调的要求。

本方案旨在讨论一种可能的发展模式，即在城市化进程加快的今天，城市的发展已是不可阻挡的趋势，那么能否在尽最大可能真实展现唐大明宫遗址风貌的前提下，对其周边地区进行最大可能的开发利用。

2. 现状分析

2.1 社会经济分析

2.1.1西安市三产分行业增加值分析

一个健全的三产服务体系是西安城市未来发展的引擎，对西安近年来三产分行业增加值的分析可知，住宿餐饮业，文化体育娱业，房地产业未来的发展潜力较大。

2.1.2基地发展休闲产业优势分析

基地在发展西安休闲产业方面具有先天优势。首先，随着全球文化大冲浪及人们对遗址文化的重视，唐大明宫遗址公园影响力扩大至世界范围，基地位于唐大明宫西侧休闲娱乐主题入口，具有坐拥唐大明宫遗址公园的资源优势；其次，发达的地铁，公交网络及临近火车站为基地发展休闲产业具备了交通优势；再者，行政中心北移（城市向北发展），未央区政府及周边密集居住区为其提供稳定客源；而西安市政府准备建设集文化商贸居住休闲为一体的具有国际水准的城市新区又提供了政策优势。

2.1.3未来用户及需求分析

对于基地发展休闲旅游服务区，不同的人群有不同的要求，通过提取典型人群并对其进行抽样调查，各地游客期待具有地方特色/能感受独特的气质/可以学到知识/环境品质好/身心得到放松/吃住行游购一体；本地居民期待环境优美且可日常消遣/可找寻记忆/可看到历史的痕迹/有文化氛围对孩子成长有帮助；商务人士期待环境品质好/相关配套设施齐全且具独到之处/富氧；艺术名家则期待具有独特的文化艺术气息/有利于艺术创作/环境品质好。调查结果将作为设计目标之一。

2.2 空间现状分析

2.2.1建筑年代

基地内建筑多为1990～2000年的近代建筑；沿未央路有部分2010年以后的新建筑；东侧靠近大明宫为80年代铁路村，建筑肌理保留较为完好；西侧原含光殿遗址被90年代铁路技术学校侵占。

2.2.2建筑质量

基地内建筑质量呈现明显的分区现象；东侧城中村及龙首北路以北城中村建筑质量差，急需改造修整；沿未央路建筑质量普遍较好，近期应予以保留；其余居住建筑质量目前尚可，远期可考虑拆除重建。

2.2.3建筑层数

基地内建筑总体呈现有西到东明显的高度分区；沿未央路多为30层及以上高层建筑；中部多为多层居住建筑；东侧则为1～2层的低层建筑；总体高度分区符合大明宫的风貌保护要求，东部靠近未央路远期可在保护大明宫风貌及视线要求的前提下，适当建些小高层，以提高土地开发效率。

图1：西安市三产分行业增加值分析

图2：唐大明宫遗址公园影响力分析

图3：基地周边区位条件分析

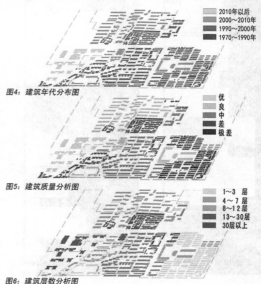

图4：建筑年代分布图

图5：建筑质量分析图

图6：建筑层数分析图

184

2.3 现状问题总结

2.3.1 用地现状

龙首北路以北临近未央路及建强路区域已拆迁控制，现为空地；其他区域主要为环境质量较差居民区，部分地区呈居民区与企事业单位相交错的形态。

2.3.2 道路交通现状

地段内部现状交通量不大，主要为城市居民的日常出行，且多在基地周边活动，人均日出行距离较短。现状建强路北段已拓宽，红线宽度50 m，双向6车道，对遗址公园的阻隔作用过大，且此种以拓宽道路来改善城市交通的以小汽车为主导的城市交通发展模式是非人性化的，同时将严重破坏遗址公园周边的环境。因此，地段未来规划可考虑将南部尚未建成的建强路机动车道缩减为双向4车道，并着重考虑慢行系统的规划建设。现状未央路的交通量较大，但还算通畅，考虑到大明宫遗址公园的建设带来的地区的发展，未来该地段的交通量将明显增加。

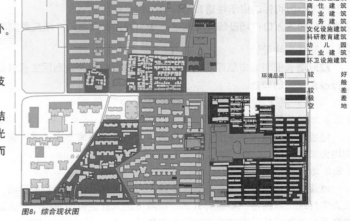

图7：现状问题分析图

2.3.3 绿化现状

地段总体绿化环境较差，不成体系，除主要道路周边有些道路绿化外，基本无点状、面状绿化，对大明宫遗址公园的绿化系统基本无衔接渗透。

2.3.4 公共服务设施现状

规划地段沿未央路有一些商业商务，内部有一所幼儿园和铁路职业技术学校及一些小型商务办公。

考虑到公共服务设施与地段主体功能定位的吻合性；区域整体功能结构规划；由于大明宫的建设导致周边地区土地的增值，进而导致原为含光殿遗址的铁路技术学校的经济寿命的可能终结；未来铁三村功能的置换而引发的其存在的必要性。因此，可以在未来规划考虑将其搬迁。

图8：综合现状图

3. 规划模式：

3.1 对规划模式的思考

首先，是一个姿态问题。在大明宫这样重量级的遗址公园周边，应是以一种怎样的形式呈现？目前，主流的开发模式主要有两种，一是顺接关系，即采用仿古建筑形式，对大明宫做出回应。此种模式曾经风靡一时，却在现今遭到质疑，这种大规模的"不伦不类"的假古董是否需要？二是对话关系，即采用现代城市规划建筑手法体现当今时代特色，激活本地区的发展。对此，我认为两种模式都有缺陷，在本规划设计方案中，提出城市消隐、建筑去建筑化、地景式建筑及规划布局模式。具体通过绿化遮挡，玻璃等通透界面，大地材质或色彩与绿化遮挡的结合，将建筑营造一种自然环境，最大程度地凸显右银台门遗址及麟德殿复原的主体建筑。

其次，是一个开发策略问题。任何有效的规划最终都是要付诸于实践的，都是回避不了实际问题。因此，好的规划策略就显得尤为重要。我以为分期发展，滚动发展是一个基本态度。应是在满足迫切的现实需求的同时保证规划的可持续性效用，故而应是一套软质的规划；一套区别于惯常的以物质空间实体塑造为主的规划；一套可操作的规划。

最后，是一个规划管理问题。良好的建设实施引导、管理方式能使规划事半功倍。

3.2 对规划系统的思考

本次规划中将规划系统分为两大类，即物质类和非物质类。其中物质类系统用以支持地段发展的基本需求；非物质类系统用以提升地段的文化品质，塑造场所感，提高城市居民的幸福指数。

3.3 规划原则

a）保护文物原真性原则；
b）以考古信息为依据原则；
c）以区域整体规划为依据原则；
d）塑造地段特色、凸显遗址景观原则。

3.4 规划目标

a）以塑造龙首地景式景观，打造城市重要标志空间，激活区域活力为总体目标；
b）努力保护地段内遗址的原真性和完整性，与大明宫遗址公园协调发展；
c）改善周边环境，提升空间品质；
d）作为西安的文化高地。

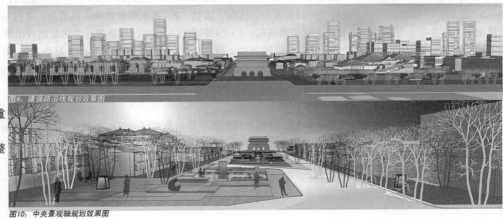

图9：建强路沿线规划效果图

图10：中央景观轴规划效果图

4．规划策略：

4.1 肌理整合—提取典型西安肌理/格局
4.2 文化重塑—提炼城市核心文化，融入唐尺
4.3 视廊控制—建筑限低控高
4.4 交通规划—常规道路交通/慢行系统/
　　　　　　浏览性交通相结合
4.5 环境提升—打造公共空间/开放空间体系
4.6 空间赋形—流动空间/围合空间交融渗透
4.7 场所营造—策划各时期重点事件

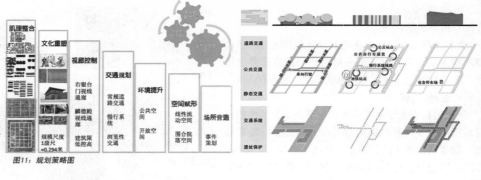

图11：规划策略图

5．规划设计

5.1 总体布局

5.1.1 核心商业区设计：

将规划地段由西到东分为三个核心设计区，分别为：

1）现代城市风貌协调区——主要为未央路龙首北路入口广场，此区域塑造入口标志性建筑及现代高层商务办公建筑组成，其风貌为生态型建筑，有裸色、玻璃幕墙镶嵌绿化空间组成；

2）中央核心景观区——主要由中央景观廊道及两侧地景式建筑组成，其建筑色彩趋于大地色，屋顶绿化，营造绵延地景感；

3）遗址公园周边协调发展区——延续中央核心景观区的建筑景观风格，适当加入唐风语汇，其宜以小构件、标志物等小型构件的提示性语言的形式出现；

4）遗址公园西入口广场及绿化景观区——主要由右银台门广场及两侧西宫墙生态廊道组成。

5.1.2 居住区块设计

提取唐长安城城市肌理与现代西安城市典型肌理为规划区主要骨架，同时将区域原有肌理进行抽取提炼，进行围合空间的塑造。

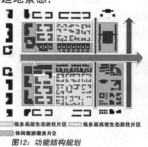

图12：功能结构规划

5.2 道路交通系统

5.2.1 地段外部道路交通

地段西侧为城市主干道，交通压力较大；东侧为城市次干道，紧邻大明宫西宫墙；南北均为城市支路，两侧均为城市住区。

5.2.2 地段内部道路交通

地段内部最主要为龙首北路次干路，规划将其设计为两条单行路。在个人详细方案设计中，将南侧东行线改为慢行线，以铺地、隔断等方式，以降低进入此区域的车速，营造适宜人行的空间，同时加强与中央景观带的联系，消除了机动车道带来的阻隔与危险。

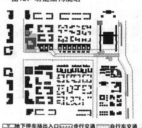

图13：慢行系统规划

5.2.3 慢行系统

规划在西宫墙生态绿地与龙首西苑生态绿地中设计2条主要的休闲观光型自行车道，并将其与区域其他普通自行车道及大明宫内部慢行系统连成整体。

5.2.4 静态交通系统

将公交站点与自行车租赁系统统一整体，方便换乘。

5.3 绿化系统

以凸现遗址格局为主要原则，在不破坏遗址格局的情况下对现状树木最大限度进行保留。规划主要以中央景观廊道为核心景观带，设计以中轴对称，逐步递进，到达右银台门到高潮。西宫墙生态廊道与龙首西苑生态廊道从中穿过。三条景观带向地块内部延续渗透，与住区内部的公共绿地形成一个完整的生态系统。

图14：景观系统规划

5.4 公共服务设施系统

地段内公共服务设施主要包括：

1）主要服务设施：高级宴会厅、咖啡厅、酒吧、餐厅、主题酒店、特色酒店、艺术品创作所及展厅、书吧、茶座、DIY工坊、小型会议中心、SPA；2）游憩设施：园椅、园凳；3）基本服务设施：售票房、书报亭、厕所、公用电话、信息亭、提款机、自动售卖机、果皮箱；4）标牌标志：路标、导游牌、文化景观导读牌。

基本服务设施布置原则：1）小型化原则：设施的移动、拆除，不会改变文物遗址的历史环境；2）可还原性原则：尽可能减少固定设施和永久设施，减少对地面的接触和改变；3）统一性原则：风格应趋于自然化，与遗址公园整体风格相协调。

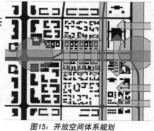

图15：开放空间体系规划

5.5 文化信息系统

为了更好地达到与遗址公园衔接的功能，规划中特引入文化信息系统。以中央景观廊道为主要轴线，串起未央路入口文化广场、右银台门遗址广场两个一级文化节点；依托景观带内设施形成一条由现代城市文化到盛唐文化的历史轴线。

5.6 遗址保护展示系统

主要是对麟德殿、含元殿、右银台门、西宫墙部分宫墙的复原展示，主要复原手法以与丹凤门一致的方式或者用现代语汇，摒弃原样复建的方式。

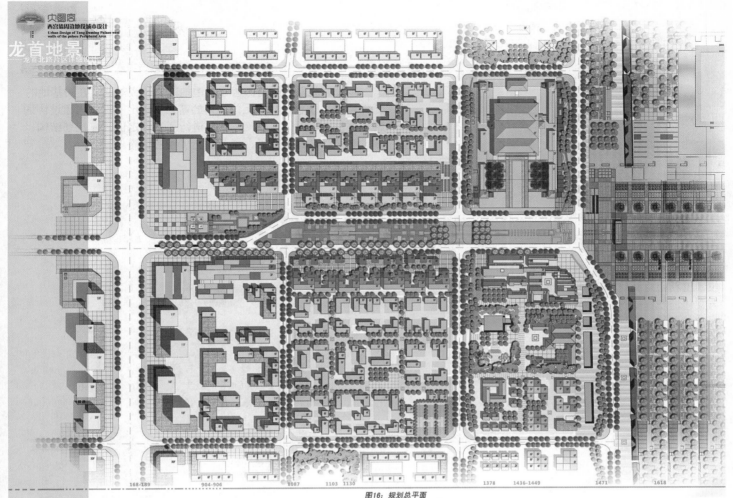

图16：规划总平面

6. 规划实施导引

第一步：整体控制，重点改建基础设施及大明宫西宫墙沿线商业设施及右银台门广场。

理由：该区域为大明宫右银台门西主入口，重要性突出。同时现周边区域已拆迁完毕，故实施最易，且商业建筑马上能投入使用，为大明宫遗址公园服务，其资金周转率最高，实施可能性最大。

第二步：重点龙首北路北侧区域

理由：右银台门遗址广场的建设将会将大明宫的人流引向龙首北路，因此，龙首北路西行线应优先开发。同时，现状北侧的建筑质量较南侧差，空地率高，实施可行性相对较高。

第三步：重点发展龙首北路中央景观轴带及北侧区域。

理由：随着北侧的建设完成，其辐射人流及氛围影响力逐步扩大，南侧也迎来了契机。

第四步：重点发展两侧的城市生活组团，最终形成完善的龙首北路城市片区。

187

图17：规划鸟瞰图

龙首西苑
文化中心

西安建筑科技大学
XI'AN UNIVERSITY OF
ARCHITECTURE & TECHNOLOGY
B组

西安唐大明宫西宫墙周边地区设计
The Surrounding Areas of the Xi'an Tang Daming Palace West Walls Urban Design

指导教师：尤 涛 邸 玮

规划篇——

设计者：高 元
2012届城市规划专业

本设计就以大明宫西宫墙周边地段为研究对象，在对基地的历史沿革、现状分析、上位规划的基础下提出了保护与建设协调的规划目标与原则。对规划地段进行了重新定位。在规划结构、用地布局、道路、交通、景观提出了相应策略。

目前，随着城市的发展，经济实力的提升，人们对文化遗产的保护意识越来越强。但遗产地区的城市建设往往受到限制。遗产对于周边到底有什么样的带动作用？应该在充分尊重文脉和基地现状的前提下，重新定位，重新植入新的城市功能，使得城市发展与文化遗产保护得到双赢。改变建成区落后衰败的面貌。实现社会、文化、经济、生态的综合效益。

前期分析

188

大明宫
西宫墙周边地段城市设计
Urban Design of Tang Daming Palace west
walls of the palace Peripheral Area

地形分析

规划篇——

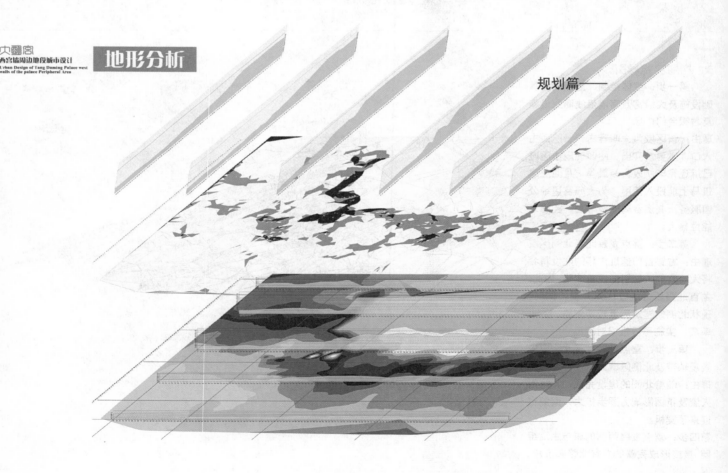

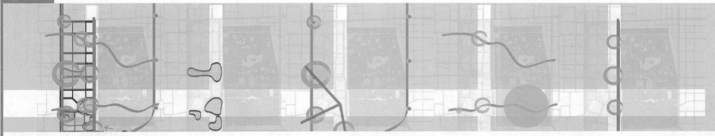

空间生成

空间设计策略
①首先是对地形的整合，通过GIS专业分析，对基地的高程、坡度、坡向进行了分析。基地呈现北高南低的地形，地形高差15 m。东西向有一条坡度较大的坎贯穿基地。
②通过空间肌理抽取及组合关系分析确定具体地段的形态。

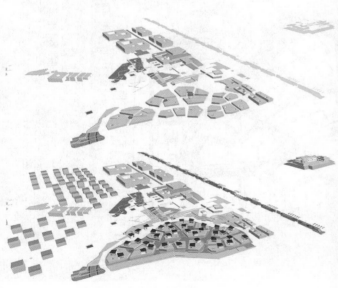

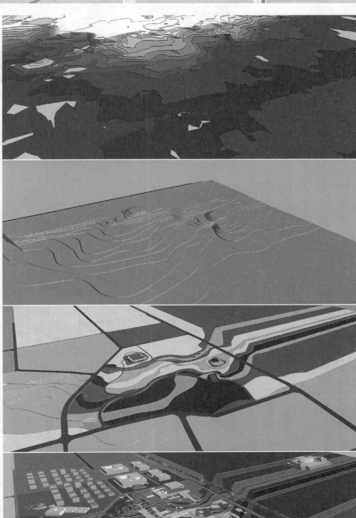

整体设计

沿基地中央的绿化景观带南北两侧分别布局各个功能单元，最终形成一核三片多点多廊的规划结构。

一核：龙首西苑绿化核心，形成绿化景观和游憩活动的中心。

三片：中央绿化景观片区，景观北部文化展示区，南部文化创意产业区。

多点：文化创意产业片区中的景观点，中央绿化景观带中的景观点。

多廊：串接景观点之间的步行廊道、视线廊道、绿化廊道。

功能分区

停车系统

道路交通系统

总平面图

龙首西苑 文化中心

西安建筑科技大学
XI'AN UNIVERSITY OF
ARCHITECTURE & TECHNOLOGY
B组

设计者：韩 旭
2012届城市规划专业

西安唐大明宫西宫墙周边地区设计
The Surrounding Areas of the Xi'an Tang Daming Palace West Walls Urban Design

指导教师：尤 涛 邸 玮

设计重点主要有：充分借助优势，紧邻西安主城的交通优势和大明宫遗址公园的文化氛围和环境优势，是发展文化产业的最有利条件；转挑战为机遇，形成丰富、流线清晰的开敞空间；营城造景，再现龙首，唐大明宫的规划理念与自然地势有关，若要再现龙首塬的宏大气势，就必须要传承古人的营城理念，结合最高点的地势布置核心建筑物，统领整个片区。

唐风苑·创意源

大明宫
西宫墙周边地段城市设计
Urban Design of Tang Daming Palace west
walls of the palace Peripheral Area

地段特征

规划地段为龙首西苑地段,东临大明宫西宫墙;在历史上,其位于唐大明宫西内苑之内;同时,地段又处于龙首塬边沿,整个地段自然标高最高点位于此范围内。

概念演绎

地块位置位于龙首北路片区南侧,北起龙首南路,南至联志路,东西两侧分别以建强路和龙首东路为界,面积20.61公顷。

"唐风苑,创意源"的设计概念主要来源如下:

第一,大明宫是盛唐文化的集中体现,基地毗邻大明宫,自然要体现唐元素,展现大唐风采。第二,地段位于西内苑之中,"苑"是古代养禽兽植林木的地方,多指帝王的花园,也可泛指园林、花园。因此规划应突出园林景观效果,特别是大唐园林的大气。最后,作为创意文化基地,这里是创意的源泉。

功能定位

1. 以唐文化为主题的创意文化产业区和唐文化艺术中心。

2. 连接大明宫与城市的重要景观廊道和开敞空间带,是片区的绿化核心。

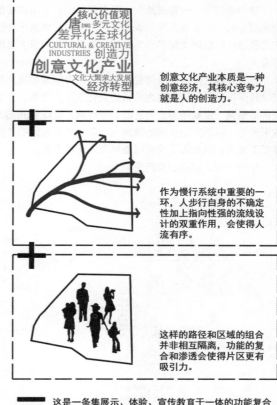

创意文化产业本质是一种创意经济,其核心竞争力就是人的创造力。

作为慢行系统中重要的一环,人步行自身的不确定性加上指向性强的流线设计的双重作用,会使得人流有序。

这样的路径和区域的组合并非相互隔离,功能的复合和渗透会使得片区更有吸引力。

这是一条集展示、体验、宣传教育于一体的功能复合的"创意流"

图1 设计地段定位

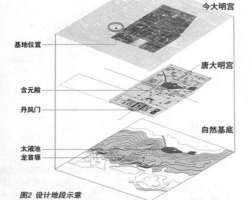

基地位置 — 今大明宫

含元殿 — 唐大明宫

丹凤门

太液池 龙首塬 — 自然基底

图2 设计地段示意

图3 规划理念

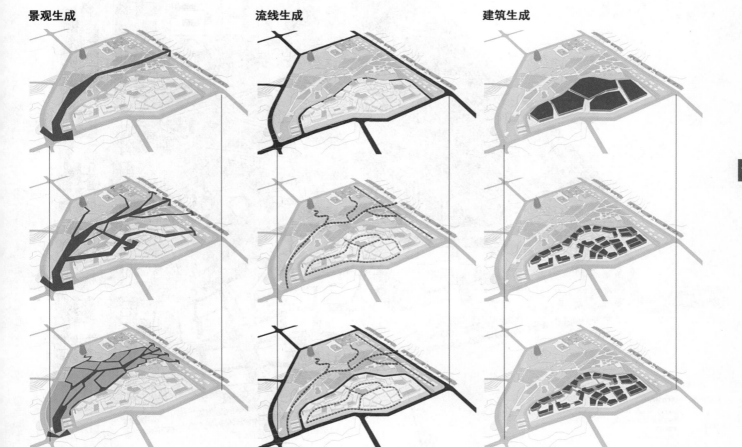

景观生成

流线生成

建筑生成

图4 形态生成示意

193

空间结构分析

空间结构为"一轴三片"，即中间的慢行生态景观轴线，由南到北的创意文化片区、绿地景观片区和综合展示片区。综合展示片区以唐文化展示为主题，兼具其他创意文化展示的内容。

绿地景观片区以休闲体验为主题，结合绿地斑块，将七个斑块赋予不同的以唐文化为背景的文化主题，包括以文学为主题的华章苑、以绘画书法为主题的塑砚苑、以戏剧曲艺为主题的乐府苑、以雕刻为主题的镌刻苑、以音乐为主题的弄弦苑、以手工艺为主题的善工苑和以服饰为主题的霓裳苑。

创意文化片区即创意产业园。

道路交通系统

内部道路沿地形变化顺势展开，并采用人车分流的方式，停车场结合出入口布置。同时根据不同类型的人流设计不同的步行路径。

开放空间系统

在绿化开放空间中结合地块两个主要出入口和龙首塔，形成三大开放空间节点。

绿地景观系统

绿地分为密林、疏林和硬质景观，并结合开放空间形成景观节点。

图5 系统图

① 北入口（人行次入口）　⑪ 车行次入口
② 龙首塔　　　　　　　　⑫ 南入口（步行主入口）
③ 综合展示中心　　　　　⑬ 西入口（步行次入口）
④ 西内苑宫墙遗址　　　　⑭ 华章苑
⑤ 大明宫西宫墙遗址　　　⑮ 塑砚苑
⑥ 东入口（人行主入口）　⑯ 乐府苑
⑦ 大明宫入口　　　　　　⑰ 镌刻苑
⑧ 文化艺术展示区　　　　⑱ 霓裳苑
⑨ 创意产业区　　　　　　⑲ 弄弦苑
⑩ 车行主入口　　　　　　⑳ 善工苑

总平面图

技术经济指标
地块面积：20.61ha
总建筑面积：51681.5㎡
建筑密度：12%
容积率：0.25
绿地率：48%

图6 总平面图

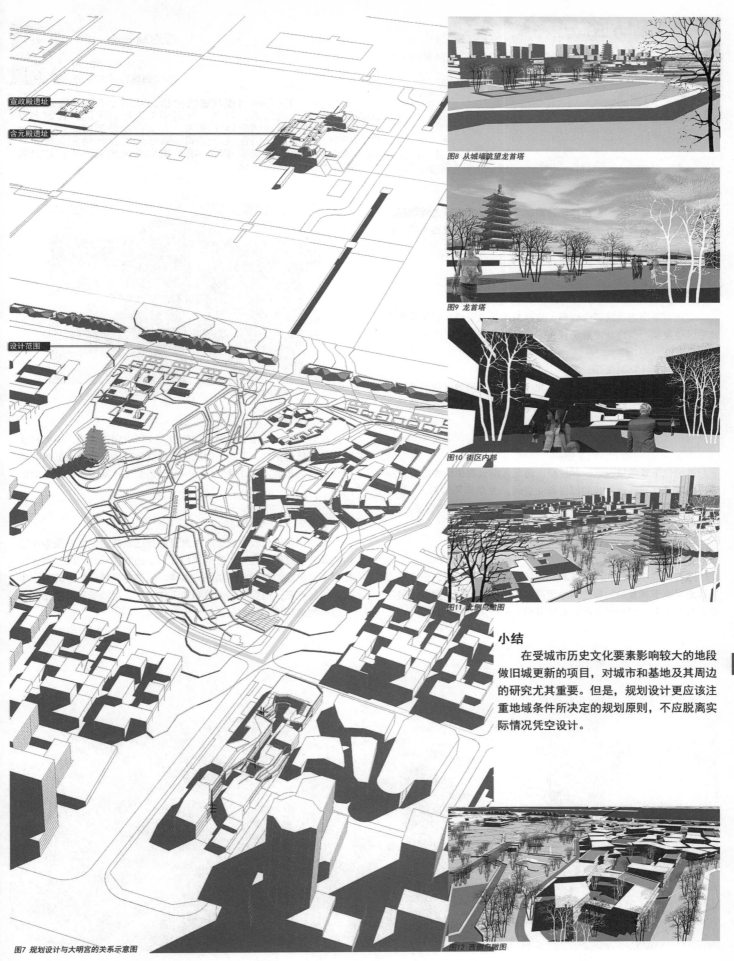

宣政殿遗址

含元殿遗址

设计范围

图8 从城墙眺望龙首塔

图9 龙首塔

图10 街区内部

图11 北侧鸟瞰图

小结

　　在受城市历史文化要素影响较大的地段做旧城更新的项目，对城市和基地及其周边的研究尤其重要。但是，规划设计更应该注重地域条件所决定的规划原则，不应脱离实际情况凭空设计。

195

图7 规划设计与大明宫的关系示意图

图12 西侧鸟瞰图

二马路商业街区

西安建筑科技大学
XI'AN UNIVERSITY OF
ARCHITECTURE & TECHNOLOGY
C组

设计者：顾纲
2012届城市规划专业

西安唐大明宫西宫墙周边地区设计
The Surrounding Areas of the Xi'an Tang Daming Palace West Walls Urban Design

指导教师：尤 涛 邸 玮

本方案以问题导向对现状进行分析，从三个方面共同激活基地潜力，提升生活品质。经济：针对服务人群的不同，设置多样化复合型商业，带动城北经济腾飞。人文：建设唐城绿带，传承唐韵遗风；塑造道北特色城市空间，弘扬地区文化特色。民生：增加就业岗位，改造安置居住环境，提高居民生活品质；建立慢行系统，倡导绿色慢生活。

1. 项目概况

规划对象位于大明宫西宫墙西侧联志路与建强东路之间南部，沿二马路南北两侧展开，东西两侧分别以建强路和未央路为界，面积约42.1公顷。

2. 研究意义

2.1 区位重要性

规划对象周边道路等级较高，分别为两条主干路和两条次干路，地理区位重要，但现状发展仍较为落后。

2.2 功能核心性

从西安商业分布可知，明城以北、北二环以南地区目前匮乏城市级商业中心，因此规划对象作为填补地区功能空白，发挥着核心的作用。

2.3 历史独特性

基地位于铁路线以北。20世纪，道北人的公共生活中心在此展开，沿着二马路形成狭长的线性商业空间，生活氛围浓厚，成为"道北记忆"的一个代表特征，也是周边地段所不具有的特征。

3. 问题分析

3.1 经济：振兴城北

随着行政中心的北迁，城北的经济已开始飞速发展，但大明宫周边地区由于其复杂的周边用地情况和历史遗留问题所限制，经济依旧萎靡不振，成为城北经济发展进程中的一大难题。

图1 二马路片区城市区位　　　图2 二马路片区现状照片

3.2 人文：文化共生

规划对象中不仅仍以唐文化作为人文环境塑造主线，更具有独特的道北历史记忆，不同的时期形成的文化在同一空间中如何共同体现、互相和谐包容，共同弘扬地区特色文化，是规划必须考虑的问题。

3.3 民生：安居乐业

大明宫遗址公园的建设产生大量的拆迁，周边地区则是为此提供安置的最好用地之一。在解决拆迁人口的居住问题同时，就业问题也不容忽视。随着城市功能的置换，当地居民赖以生存的工作也大多不复存在，他们急需大量新的工作岗位。当地居民的生活环境（包括物质环境和精神品质）也亟待提高。

196

4. 规划策略

4.1 重塑商业氛围

规划旨在打造新的二马路商业中心，为其赋予新的生命。同时在其中部地段恢复道北时期线性商业格局，重塑繁华景象。

4.2 延续历史文脉

延续盛唐文化，传承历史文脉，与周边地区共同打造地区文化产业。结合规划功能定位，发展文化性商业，作为文化产业的重要补充和支柱。

4.3 历史独特性

参与大西安景观格局构建——通过建立大明宫与明清西安城北门城楼的视线联系、实施唐长安城外郭城百米景观绿带等措施，贯彻并发展总规确定的大西安历史景观格局。

实现大明宫遗址公园与城市中轴线的密切衔接——通过实施自强路景观绿带，以及开辟龙首塬南绿色生态廊道等措施，形成大明宫遗址公园与城市中轴线未央路的充分衔接。

4.4 解决民生问题

规划以人为本，合理布置居住功能，解决拆迁人口安置问题。通过增加商业及公共服务设施来解决当地居民就业问题。完善城市绿地景观系统，提高人居环境，增加居住区级文化设施，丰富居民生活。

5. 规划措施

5.1 商业

5.1.1 服务对象

通过对规划对象分析研究，此处设置商业设施，可能的主要服务对象大致分为以下几类：

1）游客

来自大明宫的游客，对本地特色文化商品、文化认知体验服务有较大需求。

2）乘客

在火车站候车的乘客，需要一个休闲、舒适的空间消磨候车时间，而与火车站北广场相连接的基地有着得天独厚的地理优势。

3）本地居民

明城墙以北至北二环地区缺少城市商业中心。此外，周边居民还需要居住区级的公共服务设施。

5.1.2 业态分布

1）综合商业

综合商业拟定在规划对象西北处，位于西入口附近，结合入口广场设置，拥有大量的人流，通过城市道路亦可以方便周边居民快速到达。

2）商务办公

沿未央路一侧布置商业办公区，拥有良好交通条件，高层办公楼也是城市重要的城市景观之一。

3）特色商业

明城墙以北至北二环地区缺少城市商业中心。此外，周边居民还需要居住区级的公共服务设施。

4）文化性商业

沿建强路一带布置文化展示性商业和文化体验性商业，与北部文化产业设施相结合，共同为大明宫遗址公园提供配套服务。

5.2 人文

5.2.1 盛唐文化

在历史上，规划对象乃西内苑和太极宫所在之处，二者南北分置，有唐长安城外郭城分割。

规划远期将以唐城墙遗址为基础，向南建设百米唐城绿带，对唐城墙遗址进行标识，再现盛唐文化。

服务对象		需求
大明宫	游客	地域特色商业
火车站	乘客	打发候车时间
本地	周边居民	次级商业中心
		居住区级商业

图3 商业服务对象及需求分析

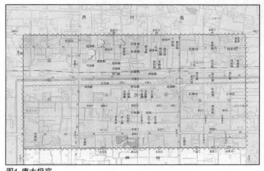

图4 唐太极宫

5.2.2 道北记忆

1）商业氛围

重塑特色商业街，打造下商上居的道北特色线性商业空间。

2）工厂厂房

将基地内面粉厂改造为文化体验性商业，成为道北记忆标志。

3）道北故事

沿二马路结合节点空间、城市家具建立标识系统，展示道北时期的城市生活，留下一个时期的城市印象。

5.3 民生

5.3.1 原住民安置

首先增加商业设施，提供就业岗位，提高居民生活水平。其次逐步改造安置居住环境，提高居民生活品质。

5.3.2 倡导居民慢生活

降低现代人生活节奏，使城市居民生活方式更加健康。

通过对二马路道路断面改造，取消路缘石，将车行道与步行道统一标高，通过对车辆限速以及分时段、分类别限行等措施，将二马路打造为生活为主的特色街道。

建立地区以至城市级的完善的慢行系统，综合布置步行系统、自行车租赁设施、公交系统。

6. 规划结构

综合上述分析，本次规划结构可以概括为"双心、三轴、两节点、两带"。

双心，即西部综合商业中心和东部文化性商业中心。

三轴，即沿建强路、和唐城绿带的文化双轴，以及沿二马路形成的商业轴。

两节点，即基地西北部入口节点和兴安门形成的功能节点。

7. 功能分区

规划用地以商业功能为主，沿二马路、未央路、建强路分布，辅以绿地、居住、小学等配套功能。

8. 规划结构

规划承接整体道路交通系统规划，基地外围西侧为主干路北关正街，南侧为主干路自强东路，北侧为次干路联志路，东侧为次干路建强路。基地内部东西向为支路二马路，南北向为支路向荣巷、向荣街。

基地周边东侧为城市交通枢纽：火车站，西侧为交通中心：北关正街。在联志路—向荣巷、二马路—向荣街交汇处设置片区内部交通节点，在各节点布置公交车站点及自行车租赁点，完善慢性系统

二马路道路断面进行改造，取消路缘石，将车行道与步行道统一标高，对车辆限速并分时段、分类别限行。

串联唐城遗址两边、商务办公区内部、商业区内部步行道，形成完善的步行系统。

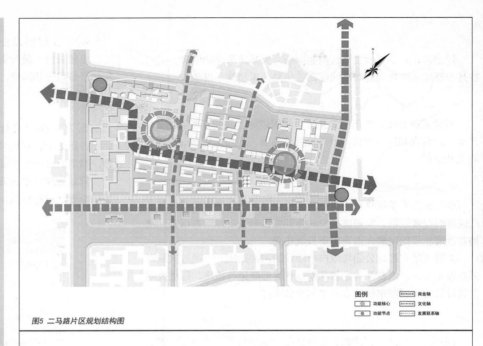

图5 二马路片区规划结构图

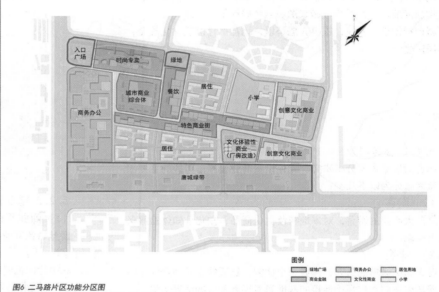

图6 二马路片区功能分区图

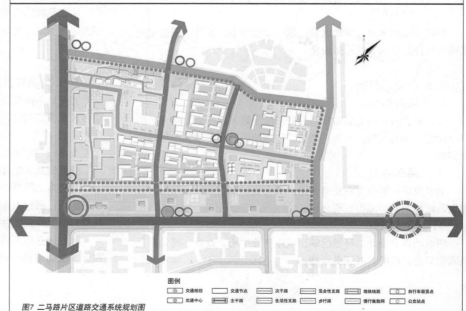

图7 二马路片区道路交通系统规划图

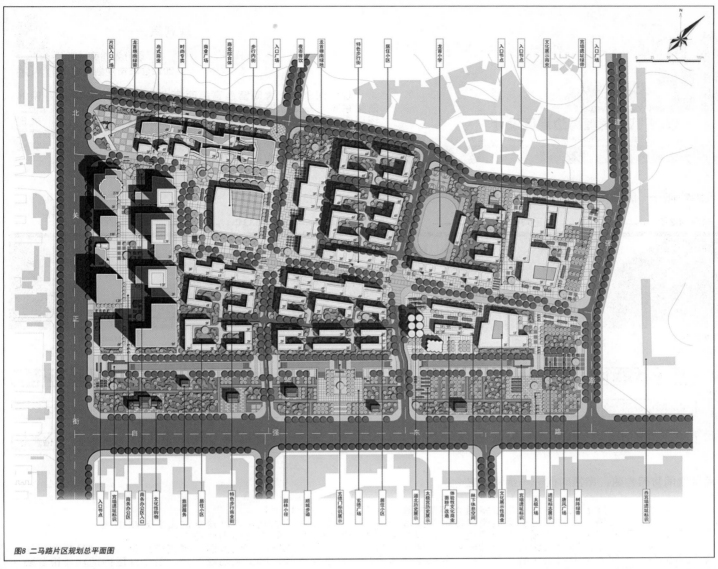

图8 二马路片区规划总平面图

图9 鸟瞰图

199

二马路商业街区

西安建筑科技大学
XI'AN UNIVERSITY OF
ARCHITECTURE & TECHNOLOGY
C组

规划篇——

设计者：张 雯
2012届城市规划专业

西安唐大明宫西宫墙周边地区设计
The Surrounding Areas of the Xi'an Tang Daming Palace West Walls Urban Design

指导教师：尤 涛 邸 玮

规划对象位于大明宫西宫墙西侧未央路与建强路之间，南邻自强东路，规划研究范围42公顷。规划定位为明城墙以外、北二环以内的城市次级商业中心。城市主轴线上的发展新节点、展现西安风貌的窗口，以城市文化传承与再生为导向，打造可持续发展、具有引领作用的集商业、商务办公、文化展示、居住、交通集散为一体的城市次级商业中心。

场地特征——历史文脉跨度大

| 公元582年 | 公元634年 | 30年代 | 1933年 | 90年代 |

大明宫遗址　　唐城墙遗址（压占）　　二马路　　面粉厂　　未央路商业商务

现状特征

1. 场地历史文化资源丰富，如何传承与发扬
2. 场地具有一定人气，如何进一步带动活力
3. 原住民的居住、就业问题如何解决

规划策略

1. 引入时间逻辑，充分传承与发扬地域文化魅力
2. 加强场地空间联系，丰富功能，加强吸引力
3. 利用原有工厂灯资源，开发创意产业，民俗产业

片区空间骨架构建：串接时间——传承历史

　　规划结构从整体上说，基本上可以概括为两条轴线、两个核心、五大功能片区。
　　两轴——一条是由二马路历史商业街串联的商业发展轴，另一条是依托唐城墙遗址建立的生态景观轴线。
　　两心——即紧邻未央路的城市次级商业核心，以及紧邻大明宫遗址公园的文化休闲商业中心。
　　五片区——把地段划分为城市商业综合片区、SOHO商务办公片区、文化休闲商业片区、唐城墙绿化片区以及创业居住片区五部分。规划方案中强调功能复合概念，因此上述五个功能片区是以其片区主要功能划分，各个片区内的功能相互融合渗透，相辅相成。

Past
时间串接：
　　将基地内不同时间历史要素进行整理，形成有时间逻辑的体验性路线。

Present
过程弥补：
　　在时间点上植入公共空间，来体现历史变迁过程中的社会、文化、经济等的历史变迁，提高文化弥补的可能性。

Futuer
串接拓展：
　　对于时间轴上的空间进行拓展与丰富，形成节点，对历史进行传承，对历史的阐释模式进行创新。

公元582

90年代

30年代

公元634

兴安门

1933年

功能空间类型设计

空间类型	设计策略	空间结构类型与主要活动	设计媒介要素

[大业态商业空间]

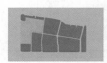

■ 整体设计开发，形成商业内街增加商业面。

　　紧凑布局，大体量单体建筑聚集人气、适应大业态商业空间需求。

　　地块商业空间处理多样化，丰富商业购物空间体验性。

　　室外廊道与商业空间多种方式结合，如内穿、外切、节点等模式，形成舒适方便的步行交通体系，丰富空间体验。

空间结构
内向性 关联性
线性 流动性

活动：
商业购物 办公住宿 餐饮娱乐

步行街　凹式庭院
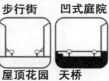
屋顶花园　天桥　建筑内部中庭

[小业态沿街商业空间]

■ 结合二马路原有商业肌理，丰富其空间层次。

　　小体量单体建筑的建筑群体组合，营造亲切宜人的空间尺度。

　　地块商业空间处理多样化，丰富商业购物空间体验性。

　　二马路历史记忆标志与商业空间的多种方式结合，形成特色鲜明，历史记忆感强烈的步行交通体系，丰富空间体验。

空间结构
外向性 可及性

活动：
商业购物 休闲娱乐

建筑退台　屋顶花园　建筑整体空地

[小业态文化休闲商业空间]

■ 考虑城墙因素，弱化建筑形态，采取退台建筑、屋顶绿化，将建筑隐匿于绿化中，形成良好空间感受，同时屋顶平台提供了更好的观景平台。

　　引入空中步道，串联面粉厂历史要素，融入体验项目，激活休闲性商业。

空间结构
整体性 独立性

活动：
文化展示 演绎展览 景观展示

建筑退台　屋顶花园　建筑内部中庭

[绿地开放空间]

■ 二马路入口绿地开放空间顺应龙首地势，实现步行流线、景观等多种功能。

　　唐城墙绿带主要围绕城墙遗址展开，不同程度对历史进行展示与保护，配合绿化形成良好城市景观，实现保护与游憩结合的空间。

空间结构
外向性 可及性

活动：
遗址保护 景观展示

展示墙　穿行道路

[居住空间]

■ 提取二马路建筑肌理，考虑原有居民的商业、居住共同需求，形成居住模块。

　　纯步行交通增强居住安全性与静谧性。

　　景观设计与唐城绿带结合，为居民提供更好居住景观享受。

空间结构
内向性 安全性

活动：
居住生活 景观休闲

建筑退台　屋顶花园　穿行道路

[学校空间]

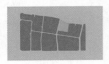

■ 建筑形式引入学校空间。

空间结构
整体性 独立性

活动：
学习教育 运动休闲

建筑整体空地　穿行道路　天桥

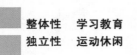

建筑记忆图

■ 保留建筑　■ 新建风貌协调建筑　■ 新建现代风格建筑

功能分区图

■ 城市次级商业综合片区　■ 文化休闲商业片区　■ 绿地游憩片区
■ 二马路特色商业片区　■ 居住片区

道路结构图

■ 车行流线　■ 人车混行流线　■ 步行流线
○ 行人活动空间节点　○ 地下停车场入口　● 地面停车场

景观结构图

□ 绿化景观风貌线　□ 二马路商业风貌轴
□ 现代商业风貌轴　○ 景观核心　○ 景观节点

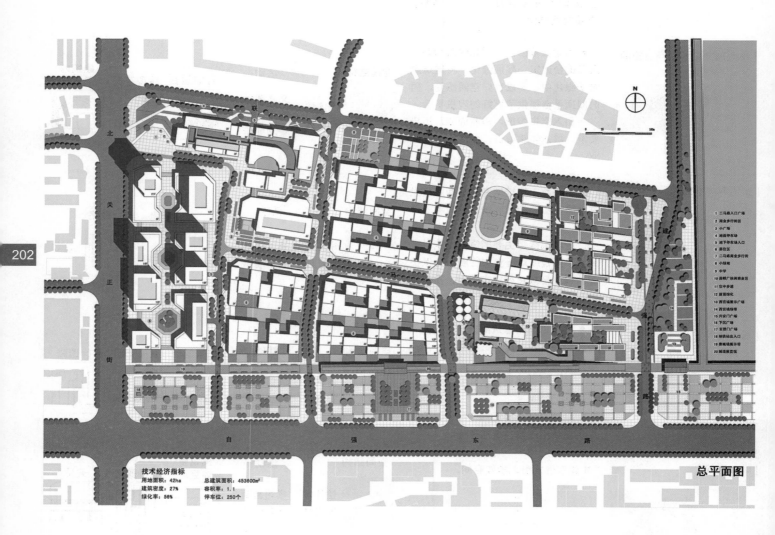

总平面图

1 二马路入口广场
2 商业步行街区
3 小广场
4 地面停车场
5 地下停车场入口
6 居住区
7 二马路商业步行街
8 小绿地
9 中学
10 沿街广场休闲商业区
11 空中步道
12 屋顶绿化
13 西立墙展示广场
14 西立墙维修
15 兴安广场
16 下沉广场
17 家庭广场
18 地铁站出入口
19 景墙雕塑小村
20 城墙展览馆

技术经济指标

用地面积：42ha　总建筑面积：453600m²
建筑密度：27%　容积率：1.1
绿化率：56%　停车位：250个

二马路入口

立体商业街区

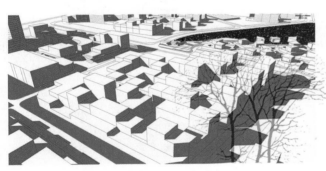

高密居住

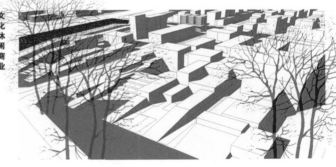

文化休闲商业

二马路望丹凤门

唐城绿带景观

风景园林篇 Landscape Architecture

重庆大学 Chongqing University
[考古公园]
[西部文化休闲中心]
[西安道北纪念园设计]
[休闲公园景观设计]
[西部文化休闲中心]
[西部文化休闲中心]

西安建筑科技大学 Xi'an University of Architecture Technology
[捻诗行]
[行走宫门]
[LINE]
[重檐叠院]
[垣中窥城]
[侧影]

CHONGQING UNIVERSITY

■ 设计团队 WORKING GROUP

任知航　　朱云秋　　李宾　　肖希　　李洁　　王昭希

重庆大学A组 [考古公园]　　　　　　　任知航
重庆大学B组 [西部文化休闲中心]　　　朱云秋
重庆大学C组 [西安道北纪念园设计]　　李宾
重庆大学D组 [休闲公园景观设计]　　　肖希
重庆大学E组 [西部文化休闲中心]　　　李洁
重庆大学F组 [西部文化休闲中心]　　　王昭希

■ 指导教师 INSTRUCTORS

卢峰　　　　　董世永　　　　　夏晖

考古公园

重庆大学
CHONGQING UNIVERSITY
A组

守望大明宫——西安大明宫西宫墙周边地区设计
Space Reformation and Architectural Design for Old cityAreas in Harbin

指导教师：卢 峰 董世永 夏 晖

景观篇——

设计者：任知航
2012届景观建筑设计专业

场地东面紧邻大明宫遗址公园，西面紧邻城市道路。根据上层次规划，场地属于城市绿带。根据功能需求，在城市道路的界面上，要满足市民、艺术家和游客的功能需求。在紧邻大明宫遗址公园的一侧区域内结合大明宫西宫墙二夹墙遗址建成古城墙体验休闲区。场地最北端是基地的制高点，在设计时抬高原有地形成为整个公园的视线焦点。

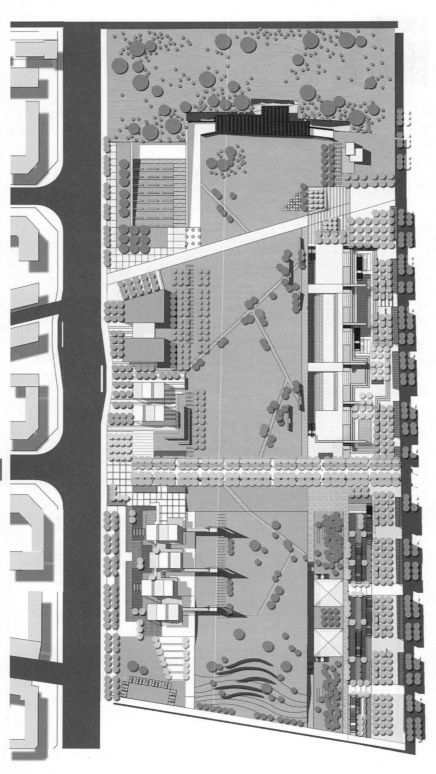

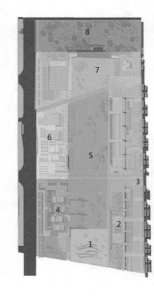

1. 入口微地形 雕塑区
2. 城墙展示区
3. 城墙林下空间
4. 书法交流景观区
5. 中央草坪
6. 博物馆景观区
7. 考古体验区
8. 密林草地

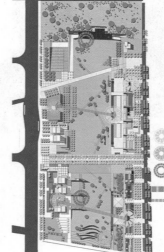

⊛ 主要景观节点
⊚ 次要景观节点
◎ 景观视觉焦点
▬▬▬ 景观主轴
▬·▬· 景观对景

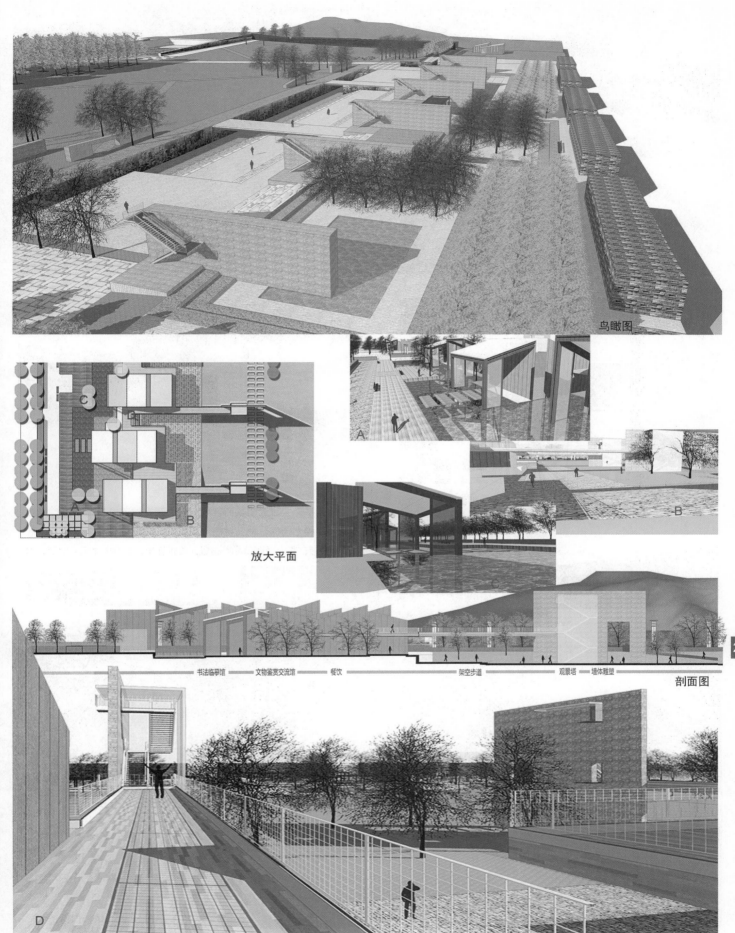

鸟瞰图

放大平面

书法临摹馆 —— 文物鉴赏交流馆 —— 餐饮 —— 架空步道 —— 观景塔 —— 墙体雕塑

剖面图

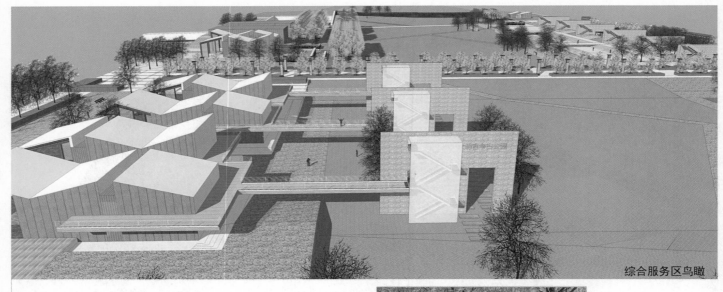

综合服务区鸟瞰

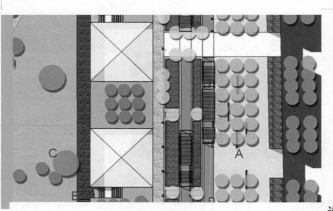

放大平面

设计说明：

该放大平面紧靠大明宫西宫墙，与大明宫林下停车场相接。将靠近城墙一面种上国槐，地面材质选用细沙，并配以长条坐凳供人休息。同时结合高差，将水面顺着高差布置，布置廊架，创造出休闲的空间氛围。

自然缓坡　　考古现场展示　　景观廊架　　林下空间　　大明宫西城墙

剖面图

考古现场模拟区透视

城墙体验区透视图

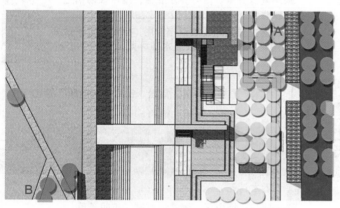

放大平面

设计说明：

　　城墙是整个公园的设计主要元素，二夹墙也是守望大明宫的一个重要形式，将遗址建成开放空间，鼓励活动，吸引人流。

考古馆　　　　　墙体浮雕　表演平台　　　　登高构筑物　　　　林下空间　　大明宫西城墙

剖面图

城墙体验区透视图

植物分区规划

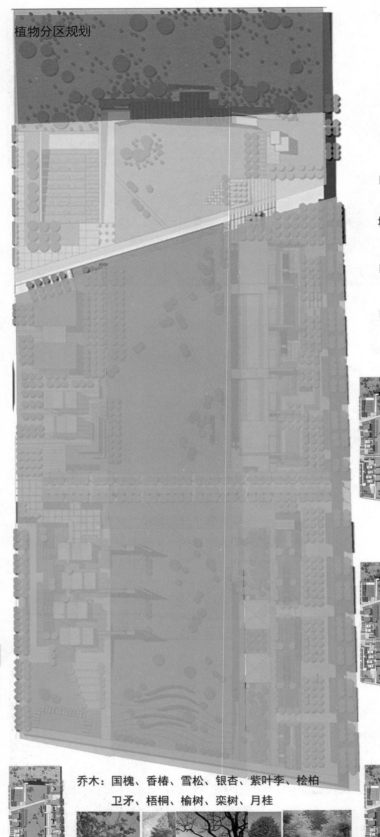

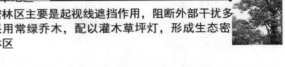

| 中央草坪区 | 考古体验区 |
| 城墙绿带及服务区 | 密林草地区 |

公园中央草坪区
中央草坪区不宜过多遮挡，采用树形高大、优美有色的树种

城墙绿带及服务区
城墙绿带多休息空间，采用枝下高的树种，综合服务区的树种要与建筑配合，加强外部空间围合

考古体验区
考古体验区的考古体验建筑要隐藏于环境当中，采用常绿乔木、落叶乔木混合，灌木辅助搭配

密林草地区
密林区主要是起视线遮挡作用，阻断外部干扰多采用常绿乔木，配以灌木草坪灯，形成生态密林区

乔木：国槐、香椿、雪松、银杏、紫叶李、桧柏
　　　卫矛、梧桐、榆树

灌木：无
地被：结缕草、麦冬、鸢尾、羊胡子草

乔木：银杏、河北杨、悬铃木、卫矛

灌木：无
地被：结缕草、麦冬、鸢尾、白三叶

乔木：国槐、香椿、雪松、银杏、紫叶李、桧柏
　　　卫矛、梧桐、榆树、栾树、月桂

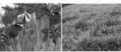

乔木：银杏、白皮松、悬铃木、七叶树、红皮云杉
　　　栾树、月桂

灌木：小叶黄杨、金叶女贞、矮紫杉、大叶黄杨
地被：结缕草、剪股颖、鸢尾、二月兰

灌木：小叶黄杨、金叶女贞、矮紫杉、大叶黄杨

地被：结缕草、麦冬、鸢尾、白三叶

小品设计

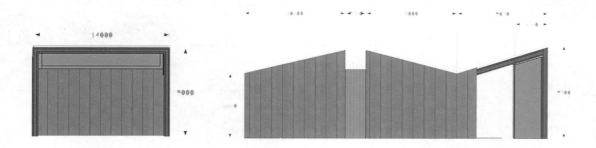

为了限定公园的空间，形成进深感，在公园的
中央草坪上设置门形的构筑物，起引导作用。

该建筑形式参考的是西安地区有特色的单坡屋顶，建筑
功能主要是餐饮类建筑、书法临摹馆等。在临水面除去
了墙面，形成亲水的灰空间，增强人的活动项目。

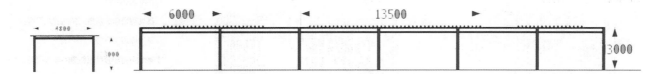

廊架集中布置在城墙展示区，为林下空间休息的以及
在水池边休闲的人群提供休息的场地，并被布置在不
同的高差上形成相互间的视线关系。

西部文化
休闲中心

重庆大学
CHONGQING UNIVERSITY
B组

景观篇——

设计者：朱云秋
2012届景观建筑设计专业

Space Reformation and Architectural Design for Old cityAreas in Harbin

指导教师：卢 峰 董世永 夏 晖

景观设计场地处在西安北城墙、陇海铁路以北。南北两侧为商业中心，东接唐大明宫国家遗址公园西宫墙，西接城市中轴线未央路。是沟通大明宫与城市的重要地段。设计结合道北遗址展示和景观绿化游憩功能，打造大明宫遗址公园西侧道北文化主题村落，保留历史记忆，丰富地域文化。

西安唐大明宫右银道北文化村景观设计

Xi'an Tang Daming Palace Cultural Village Of Daobei Landscape Design

道北·行走的时间

逃荒·河南担

定居

大杂院

道北

陇海铁路

接坡

秦腔 胡辣汤

道北70年：道北是指西安市铁路以北的地方，20世纪30、40年代河南发过水灾和旱灾，大量难民沿着陇海铁路向西逃荒，最后在这里定居，形成河南人聚居地，70多年来，中原文化和关中文化在道北相互碰撞、互相融合，形成了一种奇特的文化—"道北文化"。"道北文化"见证了西安河南人的变迁与发展。

一背景解读

规划背景解读

汉唐绿化廊带
行政办公
民俗文化街
中小学
博物馆
基地
考古主题公园
创意产业街区

大明宫西宫墙片区城市设计

绿地系统

绿地系统廊道
绿化节点
绿地

民俗绿化带 城遗绿化带 大明宫
博物馆群 基地
创意产业街区 考古主题公园

城市次级道路
城市快速干道

慢行系统

主要慢行流线
慢行节点
自行车换乘点

大明宫
城市绿带
停车场
民俗街
博物馆群
创意产业街区
考古主题公园

连接汉唐绿带与明城墙绿带
书画、陕北民俗展示，小吃街
唐文化展览
小型企业集聚街区
考古体验

基地

作为大明宫旅游资源的补充
作为道北文化的体验区
作为休闲娱乐区

公共开放空间系统

公共开放空间节点
带状公共开放空间

西安市外地游客
西安市内游客
周边居民

基地定位：一道北文化为主，提供道北文化体验的历史文化街区。并保留基地中唐西内苑遗址，为大明宫提供旅游产品补充。
功能定位：小型创意产业、餐饮、道北文化体验、唐文化体验、休闲娱乐、游憩。

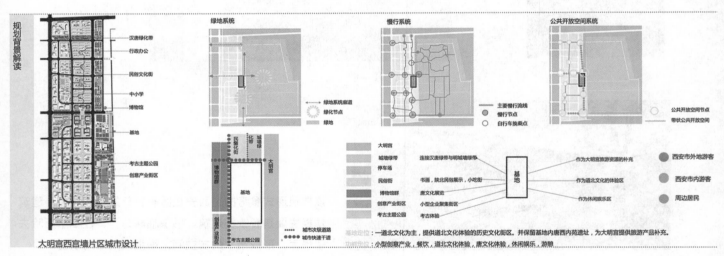

二基地现状解读

周边建筑功能与出入口关系

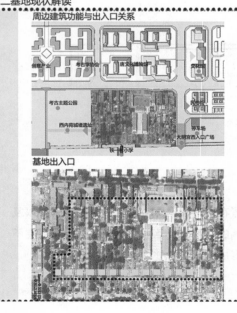

基地出入口

空间肌理分析

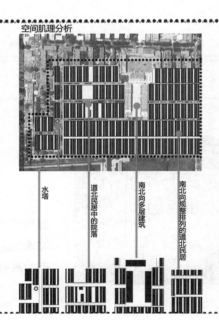

水塔
道北民居中的院落
南北向多层建筑
南北向规整排列的道北民居

含光殿遗址 西内苑城遗址

基地文脉分析

基地有目前保留最完整的道北民居

基地保留了水塔

基地中有部分后来新建的多层民居和职业学校，应当拆除

基地中包含了唐西内苑含光殿遗址

基地还包含了唐西内苑宫墙遗址

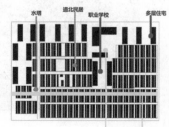

水塔 道北民居 职业学校 多层住宅

道北 · 行走的时间

——道北历史文化街区景观设计

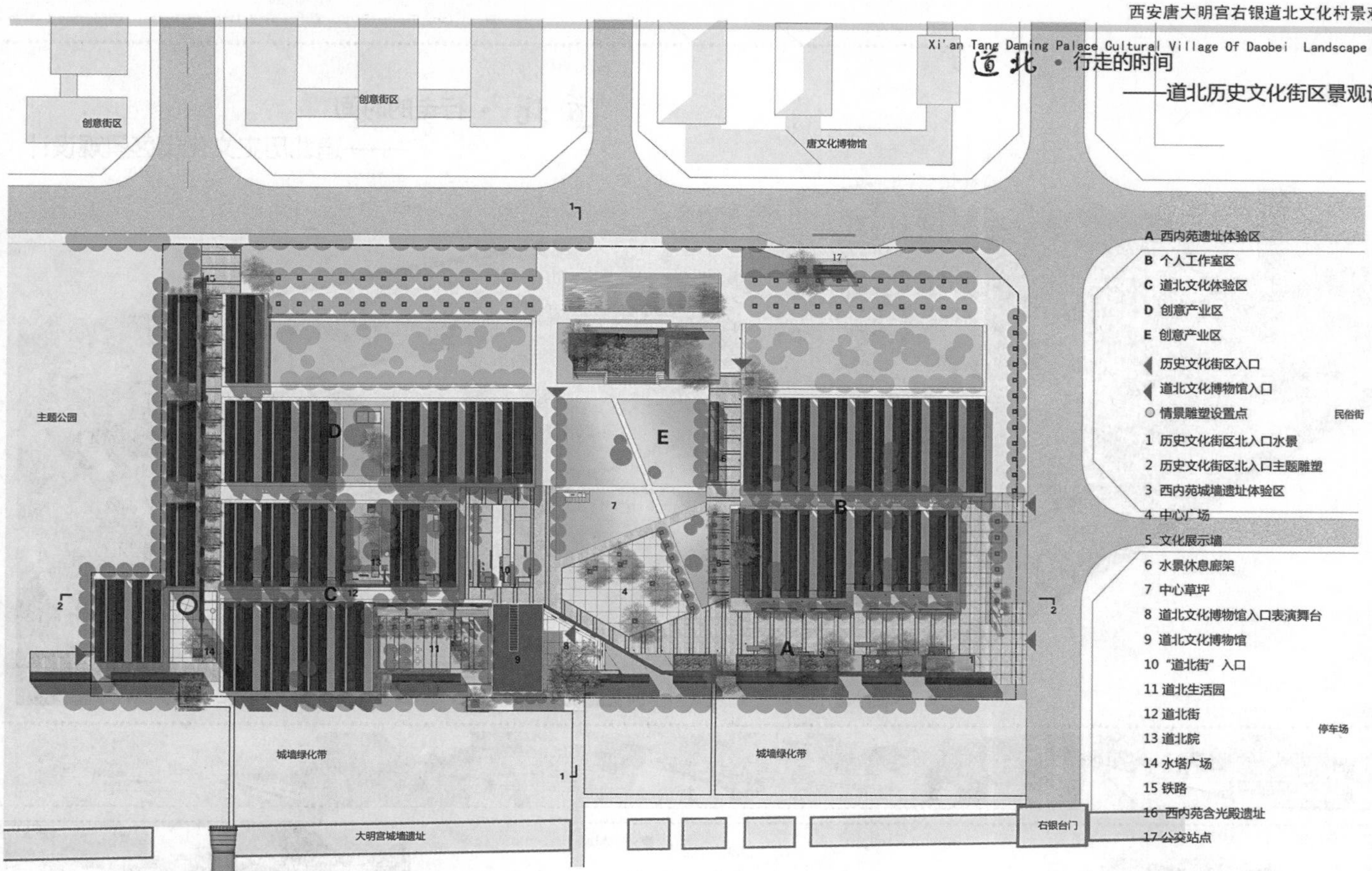
创意街区
创意街区
唐文化博物馆
主题公园
民俗街
停车场
城墙绿化带
城墙绿化带
大明宫城墙遗址
右银台门
A 西内苑遗址体验区
B 个人工作室区
C 道北文化体验区
D 创意产业区
E 创意产业区
历史文化街区入口
道北文化博物馆入口
情景雕塑设置点
1 历史文化街区北入口水景
2 历史文化街区北入口主题雕塑
3 西内苑城墙遗址体验区
4 中心广场
5 文化展示墙
6 水景休息廊架
7 中心草坪
8 道北文化博物馆入口表演舞台
9 道北文化博物馆
10 "道北街" 入口
11 道北生活园
12 道北街
13 道北院
14 水塔广场
15 铁路
16 西内苑含光殿遗址
17 公交站点

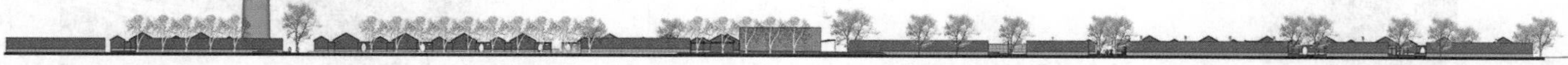

东立面图 1:300

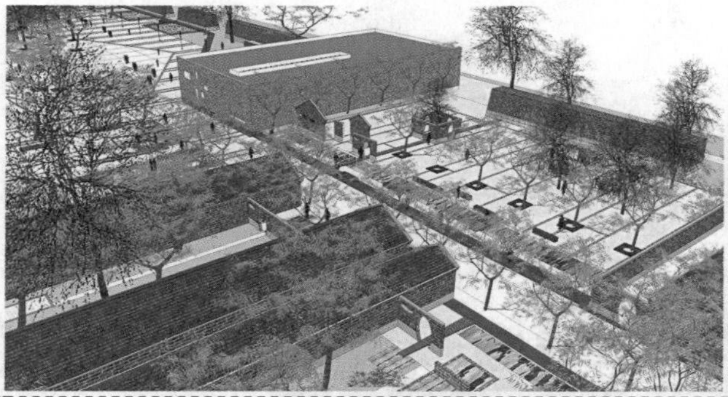

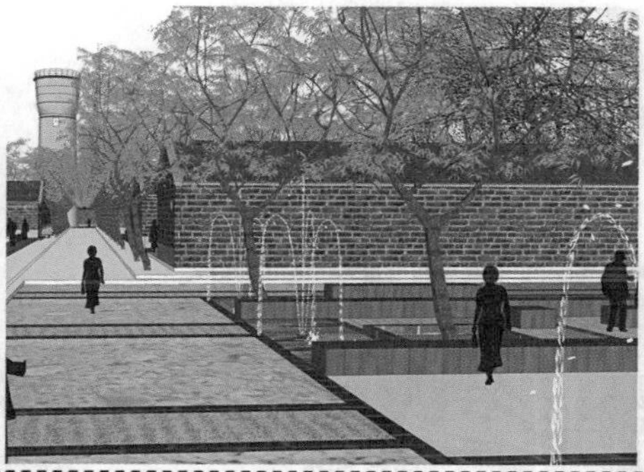

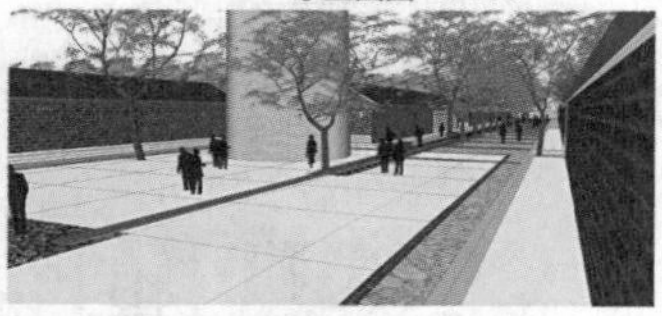

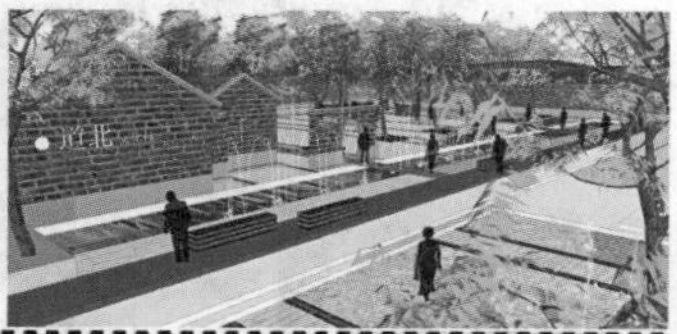

交通关系分析

交通分析：

基地被西、北两面被城市主要干道环绕。有两条人车混行的道路进入基地内部。基地内部路网规整，每条道路有不同的特色，应该保留原有路网结构和每条道路的不同特色。

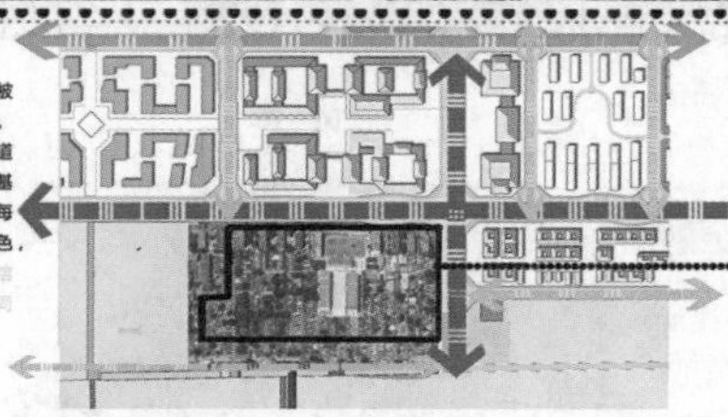

基地外围交通关系

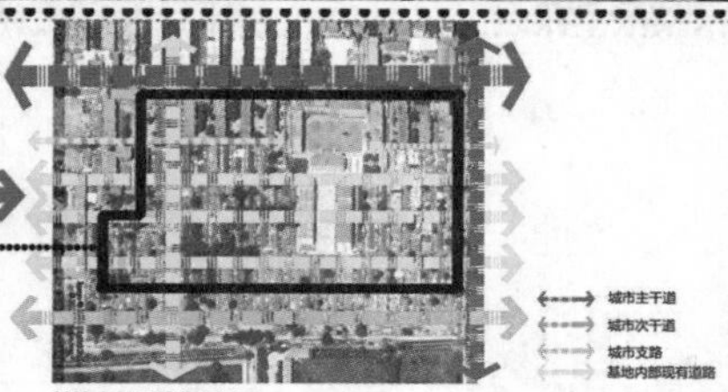
城市主干道
城市次干道
城市支路
基地内部现有道路

基地内部现状交通关系

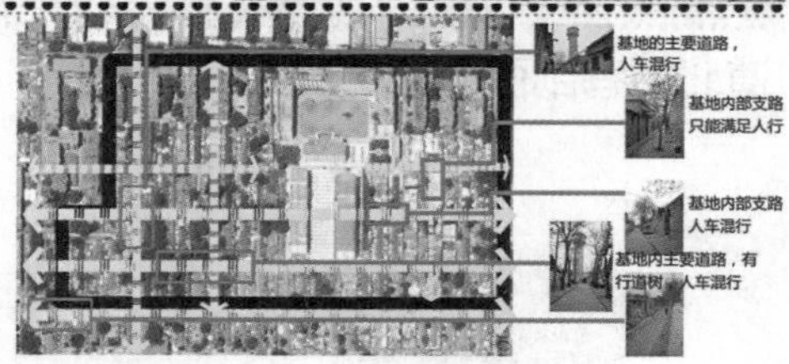
基地的主要道路，人车混行
基地内部支路只能满足人行
基地内部支路人车混行
基地内主要道路，有行道树，人车混行

基地内部道路现状

道北民居解读 视线分析

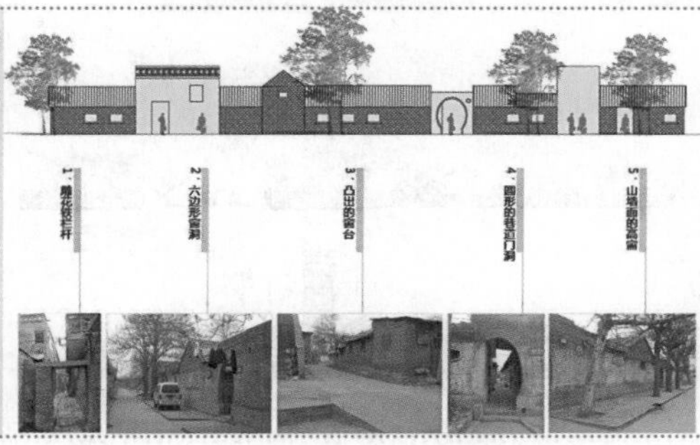
1、雕花铁栏杆
2、六边形窗洞
3、凸出的窗台
4、圆形的巷道门洞
5、山墙面的高窗

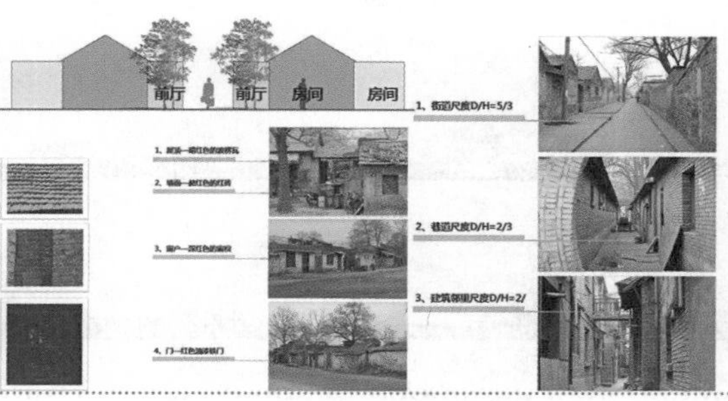
前厅
前厅
房间
房间
1、街道尺度D/H=5/3
2、巷道尺度D/H=2/3
3、建筑邻里尺度D/H=2/

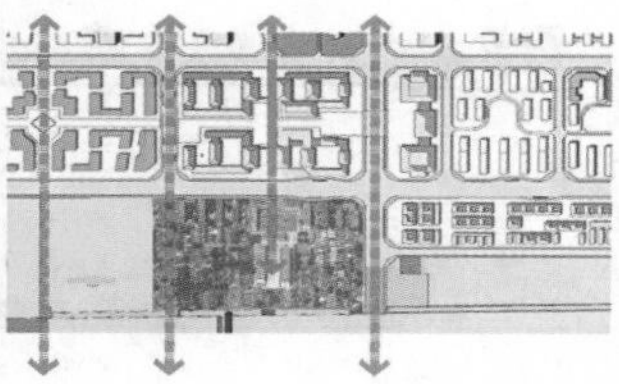

道北 · 行走的时间
——道北历史文化街区景观设计

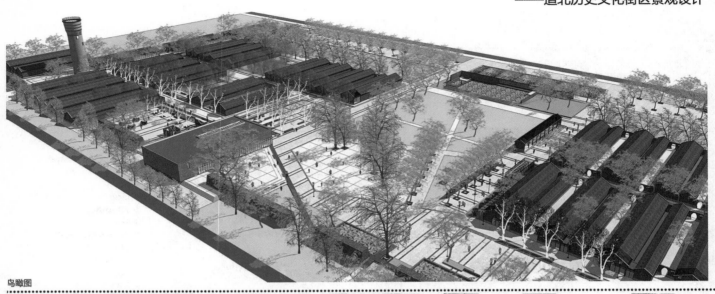

鸟瞰图

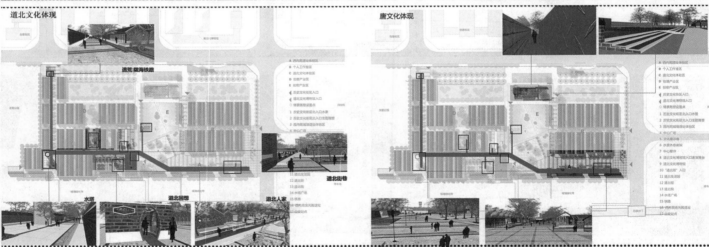

道北文化体现   唐文化体现

道北街巷剖面

1-1 剖面

整个基地剖立面

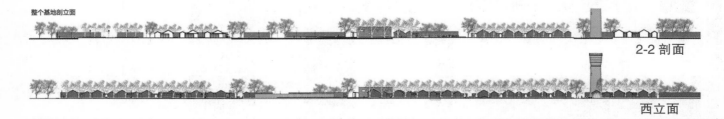

2-2 剖面

西立面

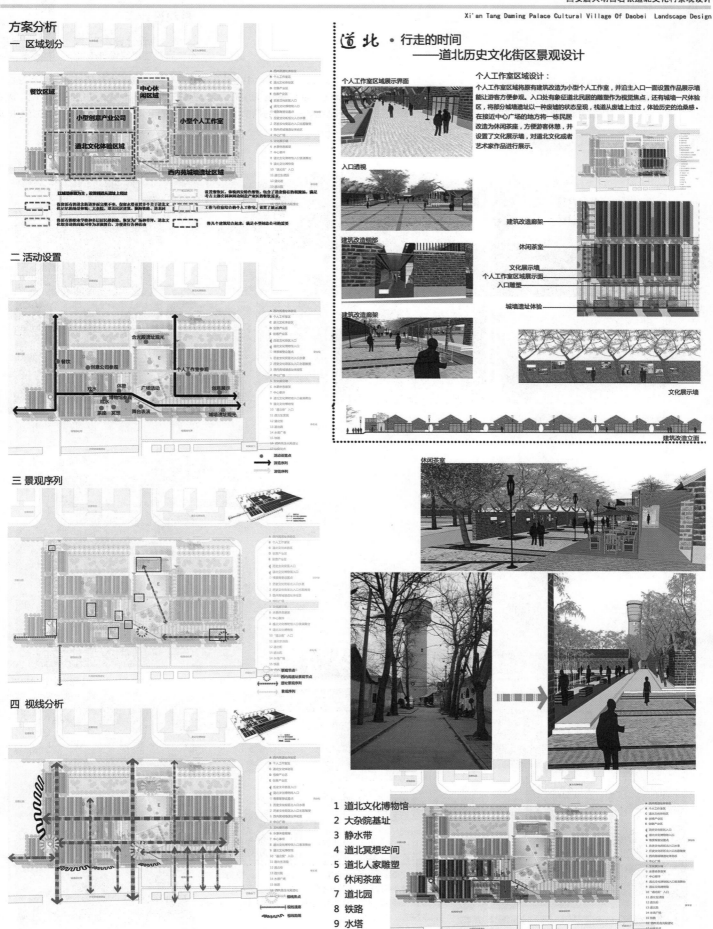

方案分析

一 区域划分

餐饮区域　中心休闲区域

小型创意产业公司

道北文化体验区域　小型个人工作室

西内苑城墙遗址区域

二 活动设置

三 景观序列

四 视线分析

道北 · 行走的时间
——道北历史文化街区景观设计

个人工作室区域展示界面

入口透视

建筑改造细部

建筑改造廊架

个人工作室区域设计：

个人工作室区域将原有建筑改造为小型个人工作室，并沿主入口一面设置作品展示墙，能让游客方便参观。入口处有象征道北民居的雕塑作为视觉焦点，还有城墙一尺体验区，将部分城墙遗址以一种废墟的状态呈现，栈道从废墟上走过，体验历史的沧桑感。在接近中心广场的地方将一栋民居改造为休闲茶座，方便游客休憩，并设置了文化展示墙，对道北文化或者艺术家作品进行展示。

建筑改造廊架
休闲茶室
文化展示墙
个人工作室区域展示界面
入口雕塑
城墙遗址体验

文化展示墙

建筑改造立面

休闲茶室

1 道北文化博物馆
2 大杂院基址
3 静水带
4 道北冥想空间
5 道北人家雕塑
6 休闲茶座
7 道北园
8 铁路
9 水塔

215

西安道北纪念园设计

重庆大学
CHONGQING UNIVERSITY
C组

西安唐大明宫西宫墙周边地区设计
The Surrounding Areas of the Xi'an Tang Daming Palace West Walls Urban Design

指导教师：卢 峰 董世永 夏 晖

景观设计篇——

设计者：李 宾
2012届景观建筑设计专业

该方案寻求场地中道北历史、文化的点滴，也是场地的信息存在的价值所在，他们的价值所在，都应该在整个设计中得到很好地体现，而不仅仅是出于怀旧的情节，除了美学上的考虑，还应有功能、逻辑上的思考……

2002
1998
1994
当下的变化

宏伟的城墙
狭长的巷子
隐约可见的水塔
残破的巷子
传统的门户
狭长的巷子

西安城墙绿带
城市设计重要轴线
未央路城市主干道
水塔
百米林荫道
230m
440m

基地现状分析

基地范围示意

现状建筑分析

40m 原有建筑肌理
含光殿遗址

水塔
加建小院
原有建筑

30m

8m

基地中存在一高30m、直径8m的混凝土现浇水塔，国内常见的类型，居民日常用水的保障，塔内可上人，值得注意的是，塔处于整个基地的核心位置，因此塔身常被贴上通告，是基地内唯一可在大明宫望的的标志物。

随意的加建使得原本狭窄的巷道更加狭长
加建小院
与门牌

基地建筑主要是西铁运输分局实行职工住宅自建公助，在道北的铁路东西村修建的118栋，870户住宅的一部分，年限大多在50年以上，为一层砖混建筑，随着时间的推移，居民不断的加减，使得现状比较凌乱，环境卫生较差。

7200 1000 4200 1400
5400
700 900

历史的回顾

逝去的历史
DREAM LAB

1943　1945　1949　1978　1988

当下的变化
2008　2002　1994　1998

昔日道北那令人难忘的历史画面、那令人怀念的生活场景、那让人感动的故事、那枝大荫浓的铁村小院、那熙攘的二马路、那高大的水塔、那······

提出问题

QUESTION1：如何承接上层次规划设计中对基地自身的定位？

QUESTION2：设计怎样满足满足"守望大明宫"的主题思想？

QUESTION3：设计怎样在尊重周边大环境的同时，突出自身特色？

基地现状分析

现状植物分析

现状建筑分析

基地中树木长势良好，主要树种包括国槐、刺桐、柳树、毛白杨、杨树，其中毛白杨占多数，树高在15-20M，与低矮的建筑形成良好的对比。

基地建筑主要是西铁运输分局实行职工住宅自建公助，在道北的铁路东西村修建的118栋，870户住宅的一部分，年限大多在50年以上，为一些砖混建筑，随着时间的推移，居民不断的加建，使得现状比较凌乱，环境卫生较差。

基地中存在一高30M直径8M的混凝土水塔，由于策略的考虑，固对其进行水塔的保留。塔内可上人，室轴十堂穿过基地的中心位置，固此场址被保留下接触合适。是基地内唯一 大明宫观望的视觉标志。

217

问题解决策略
空间设计策略

结构：强调与大明宫的连系，突出守望主题。

主题：采用场景叙事模式来表达对道北的记忆。

策略：以转置，原置，重置为策略对空间进行改造。

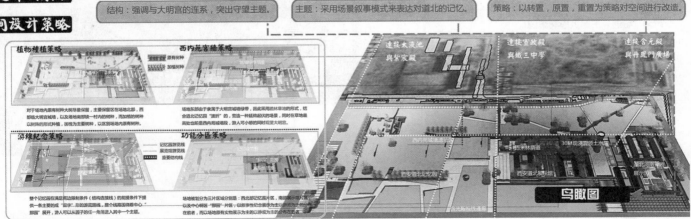

植物种植策略

西内苑宫殿策略

对于场地内原有树种大树尽量保留，主要保留在场地北部，西部由于大明宫城墙，以及场地南部统一村内的树种，而加建的树种以转置的形式利略，国槐为主要树种，以区别场地内其他树种。

场地东部由于隶属于大明宫城城绿带，因此采用树林草地的形式，结合道北记忆园，宫造一种结构超庞的场景，同时在草地是高些地起是而为绿城模型，游人小憩的同时观望多大明宫。

游线纪念策略

功能分区策略

整个记忆园在满足周边规制条件（结构连接线）的前提条件下提供一条主要的四"回乙"回忆游览路线，整个线整网络是中心"顾"那园"片区展开，游人可以从园子的任一角所进入其中一个主题。

场地地划分为三片区域分别是：西北记忆园片区，南部展示园区以及中心街区"顾园"片区。以场地叙事性纪念来展示为主题的风景在名者，而以场地叙有实物展示为主的风貌为主的分布为名记者。

连接太液池与紫宸殿

连接宣政殿与铁三中学

连接含元殿与丹凤门广场

西内苑城墙遗址

30M观望混凝土水塔

含光路铁路通道

西安道北记忆园

西五米林荫道

西安道北展示馆

道北风物馆展示区

鸟瞰图

A "温故"西北"追忆的铁路"景观片区

B "希望"西南"生活的杂院"景观片区

C "波折"东南"跌宕的草坡"景观片区

D "融逝"东北"纪念的土丘"景观片区

E "记忆"中心"那园"庭院景观片区

● 情景雕塑设置点

▶ 道北纪念馆建筑出入口

▶ 道北记忆园出入口

▶ 地下停车库车行出入口

1 入口叠泉广场

2 记忆园主入口"扁担"情景雕塑

3 地下停车库出入口(由右银台门方向来客)

4 条形锈钢板溢水槽

5 铁路主题情景再现雕塑

6 "未知"主题雕塑

7 地下停车场采光井与出入口

8 道北历史文化记忆园游客中心

9 "七杂院"道北居民日常生活主题展

10 水塔广场

11 "蓄水池"静水面水景

12 河南豫剧"大戏台"主题园

13 "波折"草坪入口

14 记忆园次入口(由城墙绿带方向来客)

15 大跨度景观廊桥

16 "挂坡"再现主题雕塑

17 "交融之盒"体验园

18 "融逝"主题沉思冥想园

19 中心"那园"道北的花园

20 大明宫城墙

218

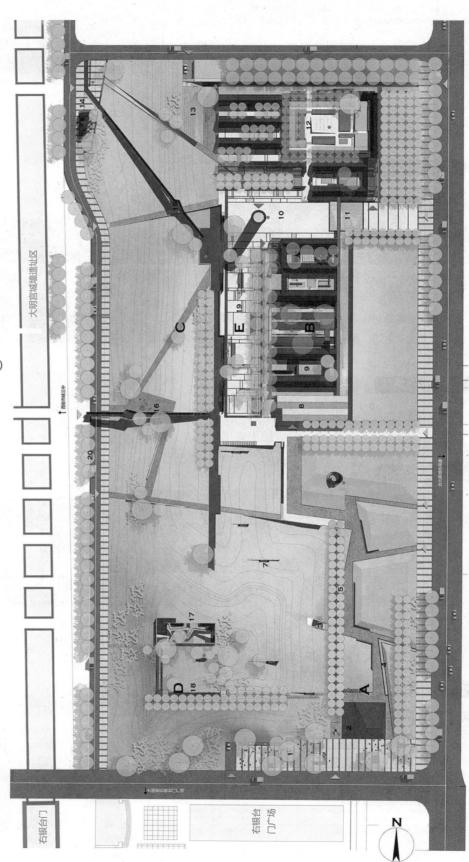

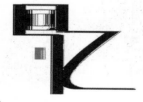

总平面图

"波折"之园 (2005~2012)

　　三条片墙最终均指向水塔（制高点和瞭望点），正是要体现电视剧《道北人》的几个主人公所代表的小人物在时代沉浮中的不同境遇。对"此地"，亦爱亦恨却最终难舍难离。

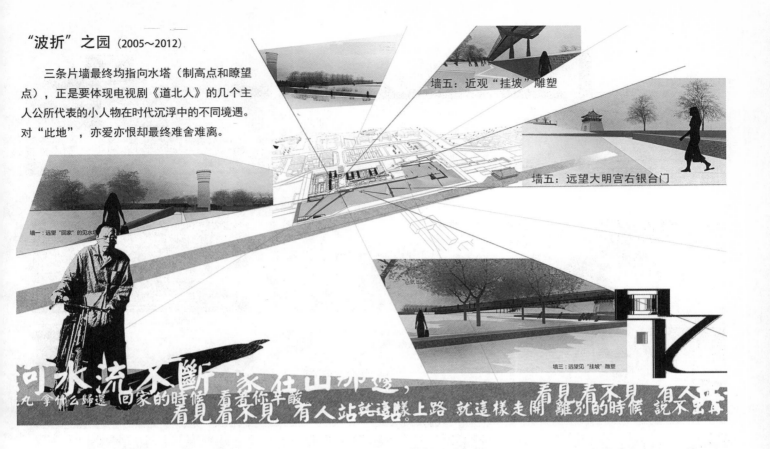

墙五：近观"挂坡"雕塑

墙五：远望大明宫右银台门

墙一：远望"回家"的见水塔

墙三：远望见"挂坡"雕塑

"融逝"之园 (2005~2012)

　　该园为整体设计的高潮和终结，如何把握氛围和情绪是设计重点，设计过程中尝试了四个不同的方案，不断充分考虑西安城市的特点，思路从封闭厚重的盒子到水景巨型雕塑到平静的室外环境，最终把握到的意境是温暖、流淌、平静而富有希望的。

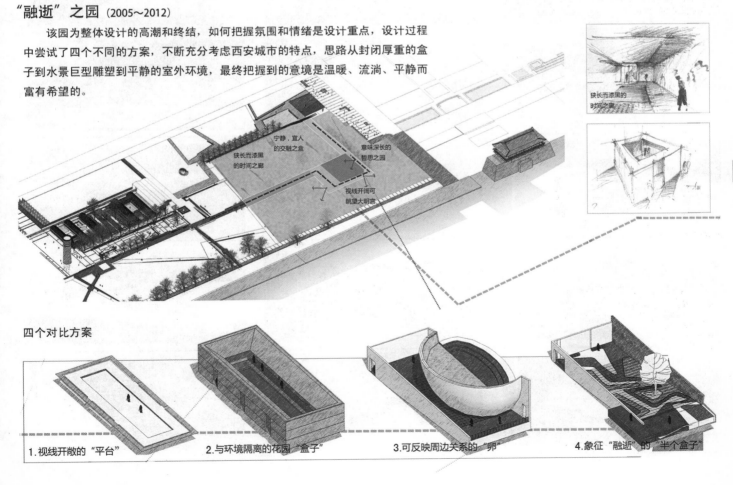

狭长而漆黑的时间之廊

狭长而漆黑的时间之廊
宁静、宜人的交融之盒
意味深长的哲思之园
视线开阔可眺望大明宫

四个对比方案

1. 视线开敞的"平台"　　2. 与环境隔离的花园"盒子"　　3. 可反映周边关系的"卵"　　4. 象征"融逝"的"半个盒子"

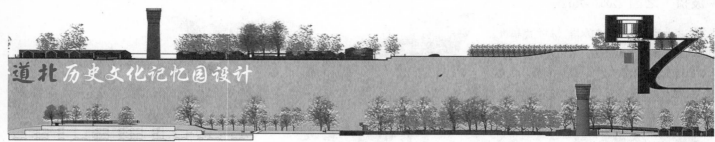

道北历史文化记忆园设计

"回忆"之路序列

入口开始

"温故" 1937～1949

"希望" 1949～1978

"波折" 1978～2005

"融逝" 2005～2012

回到原点

"温故" 1937～1949

曲折的入口序列与合光殿遗址及城墙关系

  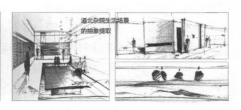

"希望" 1949～1978

道北杂院生活场景的抽象提取

  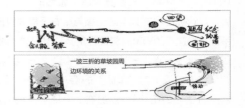

"波折" 1978～2005

一波三折的草坡园周边环境的关系

  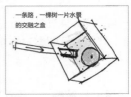

"融逝" 2005～2012

狭长而漆黑的时间之廊

一条路，一棵树一片水景的交融之盒

道北记忆园按照道北70年的发展脉络设计为四大主题园——|温故|、|希望|、|波折|、|融逝|。四大主题园主路径呈线性展开，形成环路，是与历史的暗合。

整体设计思路

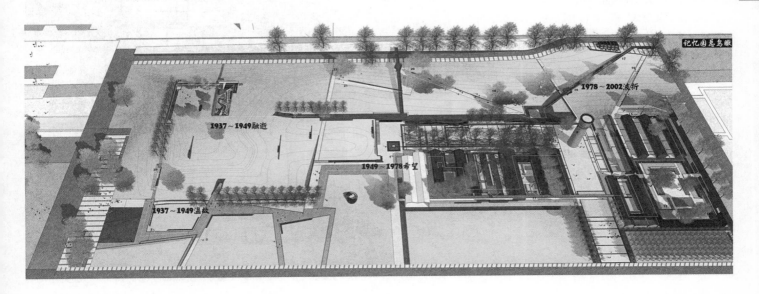

1937～1949融逝
1937～1949温故
1949～1978希望
1978～2002波折
记忆园鸟瞰

水塔设计策略 以水塔为核心点在基地内形成两条重要的视线轴线，轴线两旁植物种植以大乔木阵列围合，塔下形成宽20m的广场，便于游客观赏塔身全貌，广场铺地选用白沙，与水池，水渠一同烘托静谧气氛。水塔广场未新植植物，保留原有乔木，整个广场只有标识原有建筑的铺装线，广场以西有一片静水面作为记忆中象征性的"蓄水池"，入口处即可看到塔在水中的的倒影。广场可直接进入塔身，沿着狭窄的楼梯，登上塔顶，俯瞰整个记忆园，远眺大明宫。

城墙设计策略 在参看大明宫城墙的营建模式后，设计提出"充分考虑城墙与原有民房建筑的关系"，将建筑的砌筑材料砖瓦重新利用砌成"新的"西内苑城墙，城墙一边面临"那园"，一边为填土的草坡，城墙成为"单面"的墙，均高3m，墙面镶嵌原有道北的纪念物（以原有二马路道路两旁商店的标牌为主）。墙的砌筑简洁，原有砖模数为235×115×55（mm），比西安传统宫墙的模数小近一倍，因此通过砌法的不同，加强宫墙的横向线条，模仿大明宫城墙拉槽的做法，增加体量感。

房屋设计策略 "那园"所占用地基本全为原有铁村民房用地，在拆除城墙区的建筑后，其余部分也失去了原有的整体性，因此考虑全部拆除，但在考虑需要提示原有的建筑区域，因此采用地面标识铺砖的形式，通过利用原有建筑砖块，标识出原有建筑的地基位置，并在局部复原原有的墙体，以及通过局部加高地基，形成坐凳，可供人小憩。铺装形式通过推敲，形成疏密有秩的变化过程，逐一的标识出原有房屋的室内，半室外的小院，以及狭长的过道空间。园子西部，利用锈钢板勾画出原有建筑的山墙面轮廓线，使其与对面的展示馆墙面共同形成一条记忆中的巷道。

植物氛围营造策略 梳理原有乔木次序，使其成为整体结构的一部分，园子北部利用两株国槐，抽象出树间晾衣绳的图像，勾勒园子的入口，再通过垫高林荫道的标高，使得整个林荫道的轴线旋转90°后变为展示面，南部原有两株优美的刺桐远远的提示出水塔的方向，与其形成强烈的对比，刚柔相济。收集原有民居门前的花草，进行归类，有序种植在标识着原有房前花园的铺装方格中，营造"杂院"趣味。

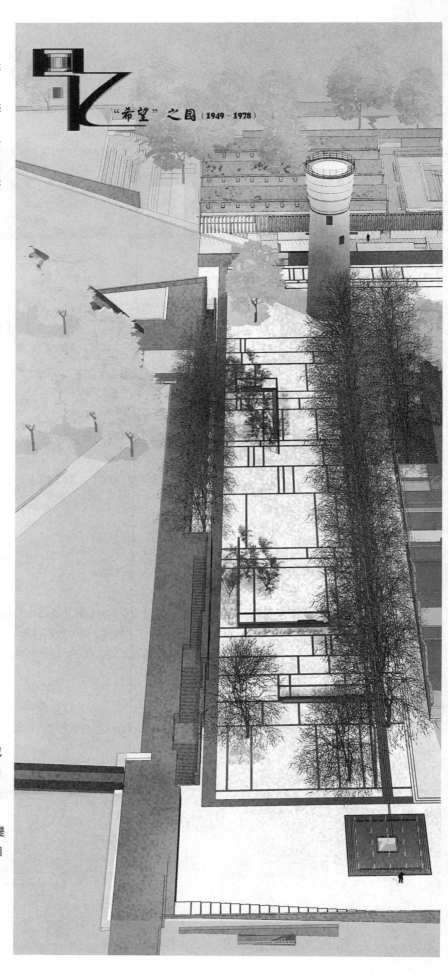

"希望"之园（1949～1978）

休闲公园景观设计

重庆大学
CHONGQING UNIVERSITY
D组

西安唐大明宫西宫墙周边地区设计

Space Reformation and Architectural Design for Old cityAreas in Harbin

指导教师：卢 峰 董世永 夏 晖

景观篇——

设计者：肖 希
2012届城市规划专业

本设计作为一个汉城绿带到大明宫过渡的带状公园，采用现代的手法，通过对生态的运用，解决场地作为绿地廊道的主要作用。另外，也满足了"摇滚公园""居民健身休闲公园""汉唐文化展示道路"等文化复合性功能。

道路规划　　　　　　　片区规划

土地利用规划　　　　　空间结构规划

西安绿地系统规划

西安的绿地系统是是以三环、八带、十廊道为原则控制的，从汉长安城到唐长安城有绿地斑块和廊道连接。

范围或地段	行道树种类	胸径大小	疏密程度	绿化效果
自强东路	国槐、泡桐、杨、柳	20~40cm	较密	较好
二马路（太华路与建强路之间）	国槐、法国梧桐、泡桐、椿	15~20cm	较疏	一般
建强路	国槐、泡桐、杨、椿	15~20cm	较疏	较差
龙首南路	法国梧桐、杨	20~30cm	较密	一般
龙首北路	国槐、泡桐、杨、椿	15~20cm	较疏	较差
政法巷	法国梧桐、泡桐、杨	15~20cm	较疏	较差
凤城南路	国槐、泡桐、杨、椿	15~20cm	较疏	较差
玄武路	国槐、泡桐、杨、椿	15~20cm	较疏	较差
其他街道	以国槐为主，零散分布泡桐、杨、椿等乔木			

植被绿化现状

城市道路绿化整体状况较差，只分布乔木，无灌草花卉等补充，层次单一，不够美观，绿化效果差，部分主干道稍好，如自强东路、龙首南路等，乔木密植，遮荫效果明显。

土地利用现状

女子监狱为特殊性质用地，对场地有一定影响。公共空间零散，没有联通的视线视廊。

现状交通

居住建筑、建筑间距小、南北朝向、外部空间规则

居住建筑、建筑间距适中、南北朝向、外部空间规则之中存在变化

图例：
居住建筑
商业金融业建筑
教育科研建筑
行政办公建筑
文化娱乐建筑
医疗卫生建筑
工业建筑
宗教建筑
特殊建筑

建筑现状

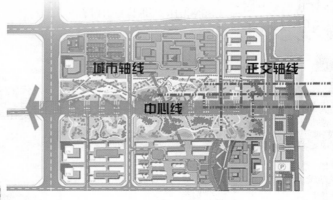

问题　场地处于从城市到大明宫遗址公园的过渡区，场地的北侧为创意和音乐产业区，南侧为居住区。是从"现代景观"到"唐文化景观"的一个过渡地带。

城市轴线　正交轴线　中心线

策略　场地作为从城市到大明宫遗址公园的过渡区，且紧邻创意和音乐产业区和居住区。通过现代手法的轴线控制过渡到正交的轴线，与大明宫遗址公园相互辉映，从而实现空间和视线上的控制。

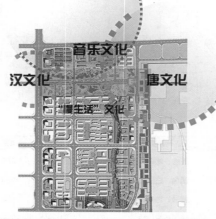

音乐文化　汉文化　唐文化　"慢生活"文化

问题　场地处于四种文化交接的地方，因此需要将四种文化处理融合。

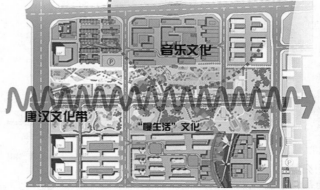

音乐文化　唐汉文化带　"慢生活"文化

策略　通过道路景观进行汉唐文化的转变，音乐文化主要在道路北侧体现，慢生活文化在道路南侧体现。

人群　活动　对应空间类型

游客　游玩　休憩　观景　汉唐文化旅游带　音乐创意公园

青年居民　休息　运动　音乐　音乐公园　运动公园

老年居民　锻炼　娱乐　散步　休憩健身公园　汉唐文化旅游带　生态公园

演出人员　交友　演出　排练　音乐公园

7:06　10:00　12:30　16:00　19:30

策略

224

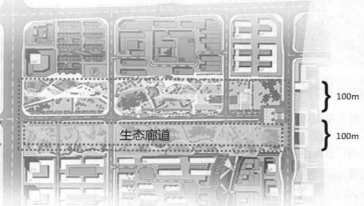

100m
生态廊道　100m

对不同学者提出的生物保护廊道的宽度及其功能总结

宽度值	功能及特点
≤12m	廊道宽度与物种多样性之间相关性接近于零
≥12m	廊道宽度与草本植物多样性的分界点，草本植物多样性平均为狭窄地带的2倍以上
≥30m	含有较多边缘种，但多样性仍然很低
≥60m	对于草本植物和鸟类来说，具有较高的多样性和林内种，满足动植物迁移和传播以及生物多样性保护的功能
≥600~1200m	能创造自然化的，物种丰富的景观结构，含有大量林内种

策略

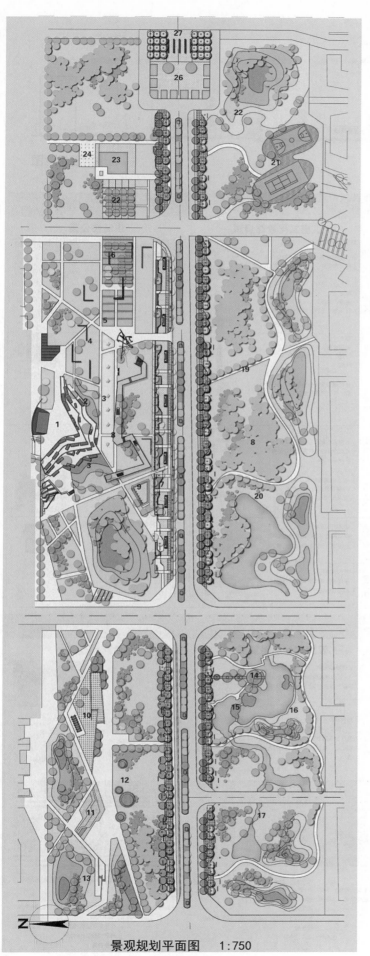

景观规划平面图　　1:750

1. 演出舞台及观演剧场
2. "花海"和灌木群
3. 音乐喷泉
4. 监狱遗址保留涂鸦墙
5. 叠水台
6. "记忆"树阵
7. 汉唐文化休闲带
8. 观演飞廊
9. 下沉式小剧场
10. 休憩式台地
11. 绿化台阶
12. "记忆之树"
13. 休憩大草坡
14. 湖心亭
15. 湖中生态三岛
16. 露台堤坝
17. 自然游憩场
18. 果园
19. 生态之道
20. 湖畔生态教学基地
21. 田野运动场
22. 极限运动场
23. "记忆"水池
24. 雕塑树阵
25. 旱喷广场
26. 入口广场
27. 门形态雕塑入口处

道路分析

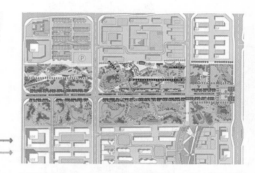

西安正交道路
现代公园道路

功能分析

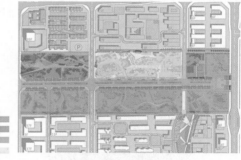

居民休闲区
生态教育区
唐汉景观区
音乐创意区

轴线分析

西安正交轴线
公园现代轴线
停留节点
入口节点

公共空间分析

入口节点
停留节点

坡地植物　生态池塘　果树　果树　4车道道路　音乐飞廊　音乐喷泉　居住区场地

场地剖面示意图

1. 小品

景观要素		文化要素					
小品		音乐创意公园		汉唐文化道路景观		生活性公园	
雕塑	现代艺术	现代造型的铜雕塑，流线的形态，暗示着现代艺术的流动性。		汉文化	汉阙：使用汉阙的变形作为雕塑，使用阵列式摆放，形成恢弘的气势。	乐活文化	森林之中，放置一些可看可玩的设施，造型简洁。
	西安记忆	监狱墙体保留，同时是"大唐文化墙"的记忆展示。		唐文化	事迹柱：将唐代的诗歌和歌舞文化抽象并且作为柱子放在重要记忆节点。		
灯饰	路灯 现代艺术	灯柱结合音箱，造型简洁，有力。		唐文化	灯笼元素：提取大唐大明宫夜晚"灯笼"意向，作为路灯元素。	乐活文化	森林之中，放置一些可看可玩的设施，造型简洁。
	庭院灯 现代艺术	地灯结合音箱，造型简洁，有力。		唐文化	唐代建筑文化作为意向，进行提取，作为庭院灯的元素。		
其他设施	指示牌 现代艺术	红色蓝色的鲜明对比，简洁的造型，醒目而又容易识别。		唐文化	采用石头和木质，用简洁的手法，通过设计的大明宫LOGO和中英文指示牌来展示。		
	座椅 现代艺术	采用坚固的石头，做成流线形状，象征现代艺术。		唐文化	木质的双面座椅，唐代故事传说作为一组团在花坛的侧壁。	乐活文化	森林之中，放置一些可看可玩的设施，造型简洁。
	垃圾桶 现代艺术	色彩鲜艳，造型简洁。		唐文化	唐代服饰元素：采用唐代服饰等花纹进行装饰和提取，作为垃圾桶的元素。	乐活文化	采用造型古朴的垃圾桶，木质和森林融为一体。
	构筑物 现代艺术	采用混凝土和玻璃，做成折现形状，象征现代艺术。		唐文化	唐代服饰元素：采用唐代服饰等花纹进行装饰和提取的元素。		

2. 铺地

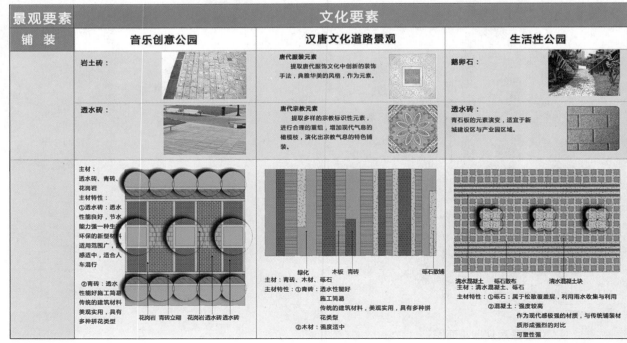

景观要素	文化要素		
铺装	音乐创意公园	汉唐文化道路景观	生活性公园
	岩土砖：	唐代服装元素：提取唐代服饰文化中创新的装饰手法，典雅华美的风格，作为元素。	鹅卵石：
	透水砖：	唐代宗教元素：提取多样的宗教标识性元素，进行合理的重组，增加现代气息的橄榄枝，演化出宗教气息的特色铺装。	透水砖：青石板的元素演变，适宜于新城建设区与产业园区域。

主材：透水砖、青砖、花岗岩
主材特性：①透水砖：透水性能良好，节水能力强是一种生态环保的新型材料，适用范围广，在质感中，适合人车混行。
②青砖：透水性能好施工简易传统的建筑材料美观实用，具有多种拼花类型

花岗岩　青砖立砌　花岗岩透水砖　透水砖

主材：青砖、木材、砾石
主材特性：①青砖：透水性能好施工简易传统的建筑材料，美观实用，具有多种花类型
②木材：强度适中

绿化　　木板　青砖　　　砾石散铺

主材：清水混凝土、砾石
主材特性：①砾石：属于松散覆盖层，利用雨水收集与利用
②混凝土：强度较高作为现代感极强的材质，与传统铺装材质形成强烈的对比可塑性强

清水混凝土　砾石散布　清水混凝土块

226

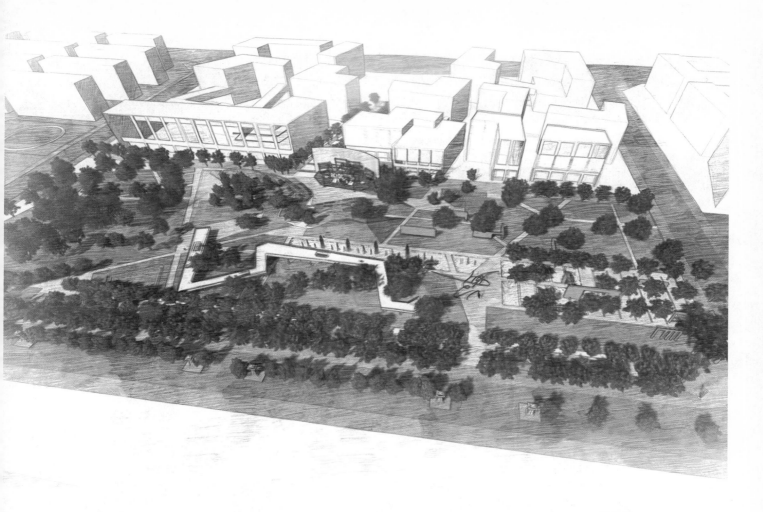

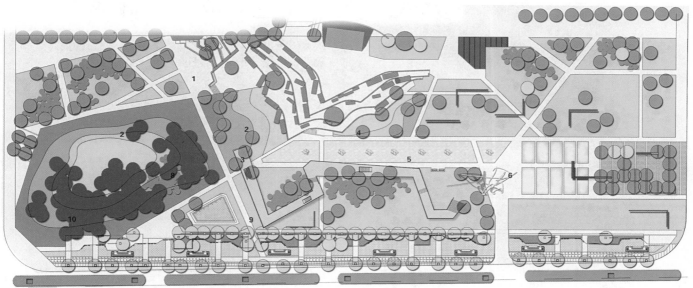

放大平面图

1. 演出舞台及观演剧场
2. "花海"和灌木群
3. 音乐喷泉
4. 监狱遗址保留涂鸦群
5. 音乐台
6. "记忆"树阵
7. 汉唐文化休闲带
8. 观演飞廊
9. 疏林草地自然休憩
10. 下沉式小剧场

功能和使用人群分析

办公人员
居民

办公休息
音乐演出
居民

大草坡
休闲游憩
水渠音乐喷泉
居民休闲游憩

唐汉文化步行带

居民
游客

空间结构分析

空间放大节点　　　　现代城市轴线　　　　西安记忆轴线　　　　监狱保留墙体

植物配置

乔木高灌配置图

编号	名称	规格			数量	备注
		胸径 (cm)	高度 (m)	冠幅 (m)		
乔木 高灌	1	月桂	10~15	10~15	6~8	11	全冠
	2	杨树	30~40	12~15	8~12	2	全冠
	3	国槐	20~30	12~15	6~8	12	全冠
	4	法国梧桐	25~35	10~15	6~10	9	全冠
	5	重阳木	5~10	2.5~3	3~4	14	全冠
	6	柳树	20~30	10~15		59	全冠
	7	泡桐	15~20	6~8	4~5	54	全冠
	8	无患子	10~15	6~8	4~5	70	全冠

地被低灌配置图

编号	名称	规格		备注
		高度 (cm)	面积 (m²)	
低灌 地被	1	大叶黄杨	30	560	黄色
	2	石榴	70	342	
	3	金银木	5	390	
	4	大叶黄杨	90	250	
	5	丁香	30	210	
	6	迎春	50	180	
	7	鸢尾	40	780	紫色

小品示意图

西部文化休闲中心

重庆大学
CHONGQING UNIVERSITY
E组

景观篇——
设计者：李 洁
2012届景观建筑设计专业

西安唐大明宫西宫墙周边地区设计
Space Reformation and Architectural Design for Old cityAreas in Harbin

指导教师：卢 峰 董世永 夏 晖

设计场地位于城市设计中的景观休闲轴和文化体验轴上，功能定位为小型休闲商业，使人工河有机的结合，创造宜人的商业步行空间。场地紧邻大明宫，场地中心主轴景观大道与大明宫形成视线和道路的连接。大明宫是城市的文化核心和绿色核心，将其文化和绿色引入场地，分别向上形成历史文化展示轴，向下形成绿色休闲轴。提取西安传统空间进行变形组合为新的空间形式提取对唐文化、大明宫的元素符号运用于雕塑、小品、展示墙等，使场地具有文化历史氛围感和商业活力感。

城市设计前期分析

规划背景

第三产业发展迅速，生活从单一性向多元性转变。

现在我国人均GDP 已经超过3600美元，法定假日115 天，应该说是"有钱有闲""休闲时代"到来。

全球定位：大西安城市定位为一世界城市、文化之都。
全国定位：具有"承东启西、连接南北"的重要战略地位。西部定位：国务院批准建设立具有战略意义的三角形经济区。

区域定位
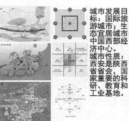
城市发展目标：国际旅游城市；生态宜居城市；中国西部经济中心。城市性质：陕西省省会、国家重要的科研、教育和工业基地。

上位规划解读

基地概况
设计基地为唐大明宫西宫墙周边地区，东接大明宫遗址公园，南临以北的自强路，西至玄武路，北至未央路，北至玄武路，面积约2.3平方公里。

交通分析
市域交通：对外2小时辐射圈，内部一小时通勤圈、主城区半小时通达的一体化综合交通。

经济产业背景
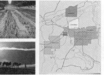
经济发展：GDP日益上升，最终消费却逐年下降。
产业结构调整：产业结构从"二三一"模式转变为"三二一"模式。

休闲资源

通过右侧表格的横向比较，我们看到，西安和国内其他大城市一样，市民已经具有足够的购买力。而人均消费性支出与人均社会消费零售额两项指数的比较，西安出现了少的顺差现象，名示着西安的本地消费市场有巨大的发展潜力。

城市生活
民风民俗，西安人粗犷豪爽、实惠淳朴，街边下棋随意买卖。广场聚集着唱秦腔的老人，都表明了这是一个充满闲适的城市，充满着对生活的热情。

市场需求

文化背景
西安的历史文化资源具有世界性、唯一性、至高性和丰富性的特点，西安正在致力建设成为国际化大都市，因此西安市具有成为西部文化休闲中心的条件。

世界历史文化：西安、开罗、雅典、罗马并称为世界著名四大文明古都，浓缩着整个人类文明的发展史。
西安历史文化：3100年的都市发展史，1200年的建都历史。

遗址分布

西安历史遗址丰富，从西安市区范围看，以西安为中心，北面有汉阳陵博物馆，东北有骊山兵谏亭、华清池、秦始皇陵、秦始皇兵马俑，东南有水陆庵、嘉午台、杜陵，西面有草堂寺、重阳宫、法门寺、杨贵妃墓和法门寺。

从西安市的范围来看，历史遗迹主要有丰京遗址、镐京遗址，阿房宫遗址，杜陵遗址和汉长安城遗址，大明宫，明代长安城遗址、古城墙和鼓楼，还包括了曲江、黄帝陵、碑林、大雁塔、小雁塔、大慈恩寺。

山水格局
八带——指依托围绕西安城区八条河流建设的生态林带。十廊道——指西安市对外联系的十条城市干道的绿化景观带。

绿地系统
规划目标：2020年，人均公共绿地面积达到12平方米；绿地率到达38%，覆盖率达到44%；进入最佳人居城市。

公共空间

景观要素

有高品质文化内涵的西安，通过在时间纵轴上，十三朝古都文化史的街区与标志性建筑组成的文化展示形成中华文化的发展史；在同一结点上，深度挖掘各类文化形式，实现其渗透和衍生的发展策略。

城市设计成果

总平面图
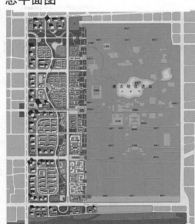

结构分析
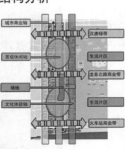
城市商业轴 / 汉唐绿带
景观休闲轴 / 生活片区
场地 / 龙首北路商业带
文化体验轴 / 生活片区
/ 火车站商业带

三轴三带两片区
场地纵向分为三轴：靠近大明宫一带为历史文化体验轴，以展览馆、博物馆、剧院群为主；场地中间为贯穿基地南北的景观休闲带，以绿化和休闲服务建筑为主；靠近未央路一带为城市商业带，以高层商业为主。
场地横向分为三带：汉唐遗址绿化带，100m宽的绿化连接汉唐遗址，具有文化、生态效应；龙首北路商业带为基地进入大明宫的主要景观带；火车站商业带主要靠近火车站，以商业为主。中间为两块生活区，解决本地居民和外来人群居住。

绿地系统

视线分析
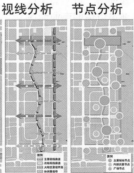

节点分析

模型展示

场地设计分析框架

绿地系统结构

交通与人流分析

视线分析

基地周边业态分析

功能活动分析

人群活动

人群		活动
外来旅游者		1、参观游览 2、学习 3、摄影 4、写生 5、餐饮 6、住宿 7、咨询 8、休闲 9、娱乐
本地居民	老年人	1、喝茶 2、健身 3、下棋 4、聊天 5、聚会 6、住宿 7、咨询 8、休闲 9、娱乐
	学龄前儿童	1、轮滑 2、游戏 3、学习 4、参观
	学生	1、学习 2、聚会 3、参观 4、休闲娱乐 5、咖啡 6、健身
	白领	1、喝茶 2、咖啡 3、健身 4、休闲购物 5、餐饮
	片区服务业从业者	1、餐饮 2、休息
S优势		丰富的历史文化资源、旅游资源，丰富的城市活动，交通便利
W劣势		古代历史与现代城市生活的链接
SOWT分析 O机遇		紧邻大明宫，带来更多的活力与生机
T挑战		历史文化展示的同时，融入城市现代生活

传统空间提取

场地定位

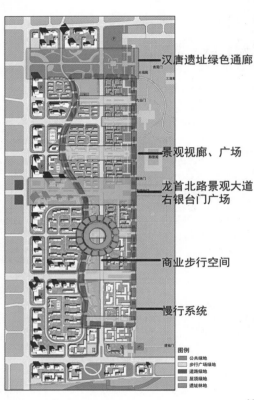

汉唐遗址绿色通廊

景观视廊、广场

**龙首北路景观大道
右银台门广场**

商业步行空间

慢行系统

230

场地紧邻龙首北路商业带，位于景观休闲轴和文化体验轴上。业态以休闲商业为主的景观休闲商业街。

城市设计导则

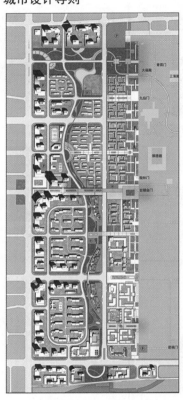

控制引导：基地南部景观休闲绿带与文化休闲带之间布置配套服务商业，建筑形态顺着绿带走向蜿蜒布置，加强与绿带之间的联系，保证地面层景观视廊的通透性；布置屋顶绿化，提升片区生态品质。

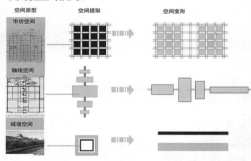

概念提取

概念：大明宫作为城市的文化中心和绿色中心，将其历史文化和绿色生机引入现代化都市，以此赋予城市活力和内涵。

方案景观结构

方案功能分区

守望大明宫——西安唐大明宫西宫墙周边地区景观设计

城市商业活动绿带景观设计

The Surrounding Areas of the Xi'an Tang Daming Palace West Walls Langscape Design

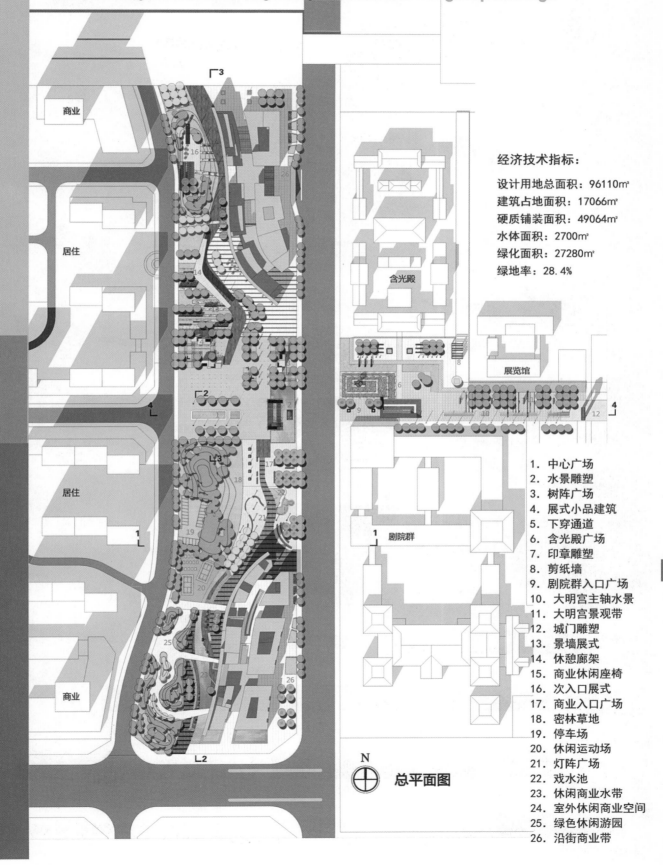

历史文化展示商业街

中心主轴景观

绿色休闲商业街

商业

居住

居住

商业

含光殿

展览馆

剧院群

经济技术指标：

设计用地总面积：96110m²

建筑占地面积：17066m²

硬质铺装面积：49064m²

水体面积：2700m²

绿化面积：27280m²

绿地率：28.4%

1. 中心广场
2. 水景雕塑
3. 树阵广场
4. 展式小品建筑
5. 下穿通道
6. 含光殿广场
7. 印章雕塑
8. 剪纸墙
9. 剧院群入口广场
10. 大明宫主轴水景
11. 大明宫景观带
12. 城门雕塑
13. 景墙展式
14. 休憩廊架
15. 商业休闲座椅
16. 次入口展式
17. 商业入口广场
18. 密林草地
19. 停车场
20. 休闲运动场
21. 灯阵广场
22. 戏水池
23. 休闲商业水带
24. 室外休闲商业空间
25. 绿色休闲游园
26. 沿街商业带

N

总平面图

231

守望大明宫——西安唐大明宫西宫墙周边地区景观设计

城市商业活动绿带景观设计

The Surrounding Areas of the Xi'an Tang Daming Palace West Walls　Langscape Design

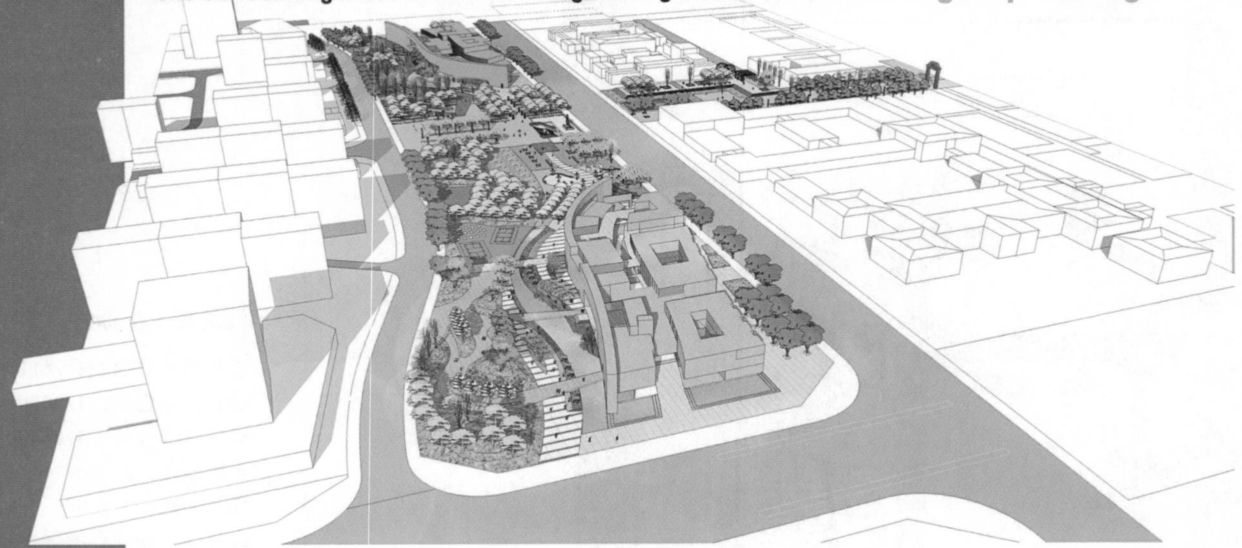

鸟瞰图

1

2

3

4

5

6

建筑

铺装

水池

树

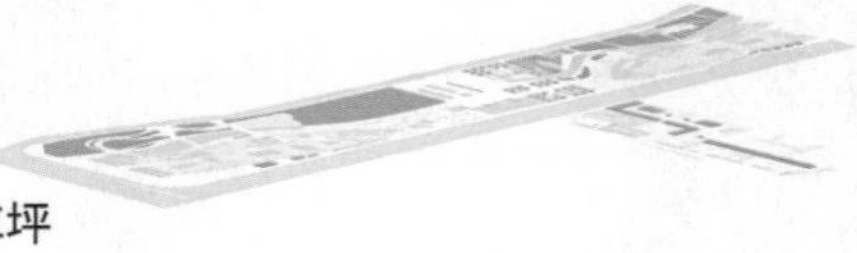

草坪

剖面图 1—1

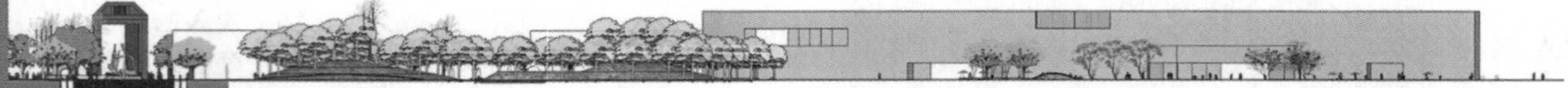

剖面图 2—2

剖面图 3—3

剖面图 4—4

守望大明宫——西安唐大明宫西宫墙周边地区景观设计

城市商业活动绿带景观设计

The Surrounding Areas of the Xi'an Tang Daming Palace West Walls **Langscape Design**

放大平面鸟瞰图

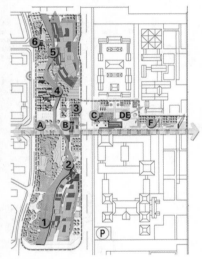

A

B

C

D

E

F

局部鸟瞰图

233

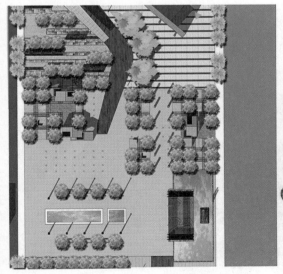

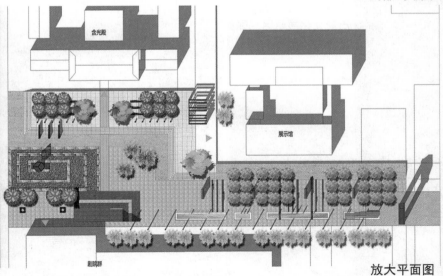

放大平面图

植物规划分区

历史文化集式商业区　含光殿遗址广场区
中心广场区　　　　绿色休闲商业区
大明宫景观带

历史文化集式商业区
商业街整合历史文化展示功能。景墙、雕塑、小品体现唐文化。植物配置主要以落叶高乔和色叶点景树为主。

中心广场区
中心广场位于与大明宫相映的景观主轴上，以树阵、雕塑、水景为主。植物配置主要以色叶骨架树和大冠幅落叶乔木为主。

含光殿遗址广场区
遗址广场位于景观主轴上，是含光殿遗址的入口广场。以常绿乔木、落叶乔木、色叶乔木混合搭配为主。

大明宫景观带
景观主轴衬托大明宫，以树阵、草坪、水池为主。植物配置以常绿乔木为主，配叶乔木与色叶乔木混为主。

绿色休闲商业区
绿色休闲商业区融合居民休闲和商业活动。水系贯穿，植物配置以常绿乔木、落叶乔木、色叶乔木混合搭配，同时配置水生植物和观花观果树种。

植物种类意向

历史文化展示商业区植物种类

乔木：国槐、栾树、樱桃、灯台树、梧桐、榆树 二乔玉兰、七叶树、阔叶合欢、银杏、西府海棠、元宝枫、柿树、金叶槐。
灌木：大叶黄杨、红瑞木、沙地柏、天目琼花、接骨木、腊梅。
地被：剪股颖、玉簪、萱草、鸢尾、二月兰。

中心广场区植物种类

乔木：刺槐、河北杨、雪松、榆树、银杏、香椿。
灌木：紫丁香、太平花、胡枝子、柳叶绣线菊、连翘、金叶女贞。
地被：羊胡子草、二月兰、结缕草。

绿色休闲商业区植物种类

乔木：国槐、河北杨、榆树、香椿、无患子、洋白蜡、卫矛、皂荚、毛梾、元宝枫、紫叶李、西府海棠、杂交马褂木、柿树、红豆杉、桧柏、二乔玉兰、望春玉兰。
灌木：大叶黄杨、紫丁香、天目琼花、接骨木、珍珠梅、腊梅、小花溲疏、连翘、金叶女贞、沙地柏、睡莲、水葱、花叶芦苇、菖蒲。
地被：白三叶、玉簪、结缕草、鸢尾、麦冬、萱草、结缕草。

含光殿遗址广场区植物种类

乔木：白皮松、华山松、奥椿、海棠、碧桃、悬铃木、金叶槐、七叶树。
灌木：金银木、猬实、珍珠梅、大叶黄杨。
地被：鸢尾、麦冬、白三叶、丹麦草。

大明宫景观带植物种类

乔木：栾树、望春玉兰、枝皮椋、月桂、龙爪槐、毛白杨、红皮云杉、榆树。
灌木：矮紫杉、铺地柏、紫株、小叶黄杨、糯米条、金叶女贞。
地被：剪股颖、麦冬、玉簪、二月兰。

小品分布图

展示小品建筑
演示雕塑
印刷雕塑、铺装雕塑
廊架
景观雕塑
石灯笼
灯具

小品详图

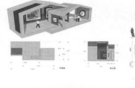
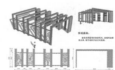
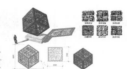

历史文化展示区鸟瞰图

植物规划　　小品设计　　历史文化展示商业带

西安唐大明宫西宫墙周边地区设计
Space Reformation and Architectural Design for Old cityAreas in Harbin

指导教师：卢　峰　董世永　夏　晖

景观篇——

设计者：王昭希
2012届景观建筑设计专业

景观设计场地处在西安北城墙、陇海铁路以北。南北两侧为商业中心，东接唐大明宫国家遗址公园西宫墙，西接城市中轴线未央路。是沟通大明宫与城市的重要地段。设计结合文化遗址展示和景观绿化游憩功能，打造大明宫遗址公园西畔的宫墙展示主题景观带。并提取西安唐文化元素符号运用于铺地、雕塑、小品等，使场地具有文化历史氛围感和商业活力感。

西安唐大明宫右银台门广场及龙首北路步行街景观设计
Xi'an Tang Daming Palace Youyintaimen Square and Longshou Road Pedestrian Street Landscape Design

规划背景
社会背景　　经济背景

区域定位
全球定位

西部定位

西安是西北通往西南、中原、华东和华北各地市的门户和交通枢纽。

西三角经济区是指把西安与重庆和成都联合，三角形经济区。

基地区位

基地概况：大明宫地区总面积19.16平方公里，现状总人口约29.89万人。唐大明宫西宫墙周边地区，面积约2.3平方公里。

上位规划解读
城市发展目标：国际旅游城市；生态宜居城市；中国西部经济中心。

城市性质：西安是陕西省省会，国家重要的科研、教育和工业基地，我国西部地区重要中心城市，国家历史文化名城，并将逐步建设成为具有历史文化特色的现代城市。

布局结构："九宫格局，棋盘路网，轴线突出，一城多心"

区位交通
市域交通：对外2小时辐射圈、内部一小时通勤圈、主城区半小时通达圈的一体化综合交通，实现以绕城高速为内核，关中环线为外核的对外交通网络。
基地周边交通现状：火车站、地铁2、4号线及站点。

文化元素

城市设计分析
城市设计总平面图

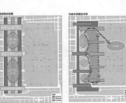

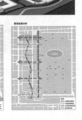

基地现状分析

交通流线及建筑主要出入口

人流活动节点及视线方向

周边建筑高度

周边建筑类型

概念构思

城市　　大明宫

联系？

问题

如何守望大明宫

问题一
如何满足"守望大明宫"的主题？

问题二
怎样结合右银台门突出场地特色？

问题三
如何现代城市与唐大明宫的对接？

氛围　盛　　步行街的游同性
语言　唐　　唐风符号的表达
符号　画　　历史文化视觉化
形态　卷　　城市与大明宫入口空间序列的联系

步行街——繁华热闹
大明宫前驱广场——大气

图纹　服饰
门墙　宫
广场的功能化需求

结构：
以唐代图案串联整个场地突出由商向庙过渡的通廊作用。

概念：
以传统图案沟通和联系现代商业空间和历史体验空间。

对策：
画卷展开的形式覆盖整个场地突出城市与大明宫的对接。

策略

商业　　大明宫

繁华热闹　过渡　大气恢弘

形态　　卷　　城市与大明宫入口空间序列的联系

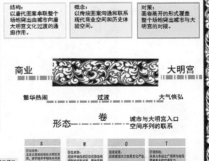

大明宫遗址是唐代长安城禁苑的组成部分，始建于贞观八年，是皇帝朝会的地方。唐昭宗年间，随着移都洛阳大明宫湮没成为一片废墟。

人群活动分析

外地游客	1、游玩	2、观景	3、文化体验	4、消费	5、摄影	6、购物		唐文化展示场地
市民游客	1、游玩	2、观景	3、休闲	4、科普	5、购物			休闲场地
商务白领	1、工作	2、休闲	3、餐饮	4、购物				工作场地
购物者	1、游玩	2、消费	3、休息					商业娱乐空间
附近居民	1、健饰	2、体憩	3、健身	4、聚会				活动场地

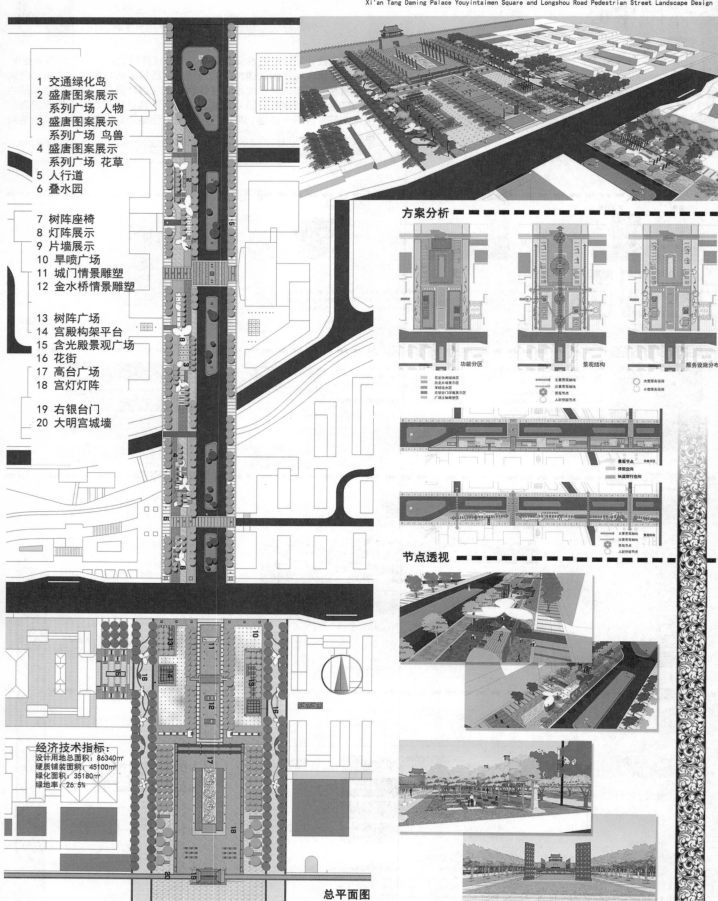

1 交通绿化岛
2 盛唐图案展示
  系列广场 人物
3 盛唐图案展示
  系列广场 鸟兽
4 盛唐图案展示
  系列广场 花草
5 人行道
6 叠水园

7 树阵座椅
8 灯阵展示
9 片墙展示
10 旱喷广场
11 城门情景雕塑
12 金水桥情景雕塑

13 树阵广场
14 宫殿构架平台
15 含光殿景观广场
16 花街
17 高台广场
18 宫灯灯阵

19 右银台门
20 大明宫城墙

方案分析

功能分区　　　景观结构　　　服务设施分布

节点透视

经济技术指标：
设计用地总面积：86340m²
硬质铺装面积：45100m²
绿化面积：35180m²
绿地率：26.5%

总平面图

236

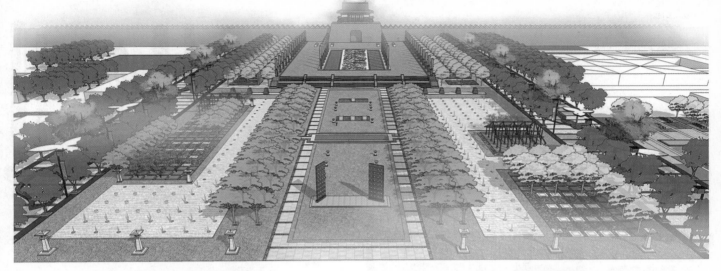

右银台门广场鸟瞰图

1 旱喷广场
2 城门 情景雕塑
3 城门基座
4 金水桥 情景雕塑
5 树阵广场
6 宫殿构架休息平台
7 含光殿景观广场
8 片墙纪念广场
9 花街
10 历史展示
11 城墙 情节雕塑
12 高台广场
13 台阶
14 繁花浮雕
15 宫灯灯阵
16 基台雕塑群
17 右银台门
18 大明宫城墙

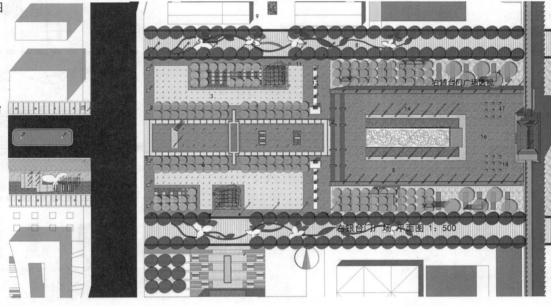

右银台门广场透视

右银台门广场 平面图 1:500

右银台门广场 平面图 1:500

E 历史纪念片墙透视

F 花坛座椅透视

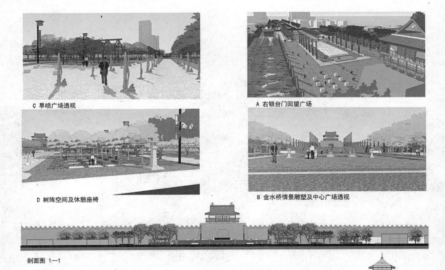

C 旱喷广场透视

D 树阵空间及休憩座椅

A 右银台门回望广场

B 金水桥情景雕塑及中心广场透视

剖面图 1—1

剖面图 2—2

植物配置规划

右银台门主广场

广场休闲绿地

中心商业步行街

休闲步行街

春			夏			秋			冬		
一月	二月	三月	四月	五月	六月	七月	八月	九月	十月	十一月	十二月

场地作为一个唐遗址公园周边的公共空间，植物配置在突出历史氛围和体现文化特征方面需要点加强。如同步行街的繁华热闹到大明宫衰弘生凉，以大明宫的历史资料为依据，参考选材，应以乡土植物为主，适地适树。通过色彩高度等不同的植物外形特点营造四个区域的氛围。例如，重要或显要位置栽植中国槐或石榴花，利用它们的象征意义与其他植物相辅相成彰地配置。

植物配置规划

中心商业步行街

花卉

草本

灌木

乔木

植物配置规划

休闲商业步行街

花卉

草本

灌木

乔木

植物配置规划

右银台门广场

花卉

草本

灌木

乔木

右银台门中心广场：
中心广场复合历史文化展示功能，景墙、雕塑、小品，体现唐文化。植物配置主要以落叶乔木和色叶点景树为主。以烘托恢弘大气的氛围为主。

广场绿化休憩区：
主要方便游客休息停留，以落叶大冠幅乔木为主，提供荫凉。
含光殿遗址广场区：植物对称种植，以常绿乔木为主，营造入口空间的序列感。
休闲商业步行街：融合了居民休闲活动和部分商业活动，以营造良好的景观效果为主。包括植物景观和雕塑小品水景等。
中心商业步行街：存在大量的人流和商业活动，以常绿乔木和彩色花卉灌木为主。包括雕塑小品水景等，营造活跃的商业氛围。

装饰材料

商业步行街

右银台门广场

主要通行空间铺地

休息空间铺装

广场两侧散步道

中心广场铺地

快速通过空间铺装

钢构架平台

花坛凉亭

雕塑

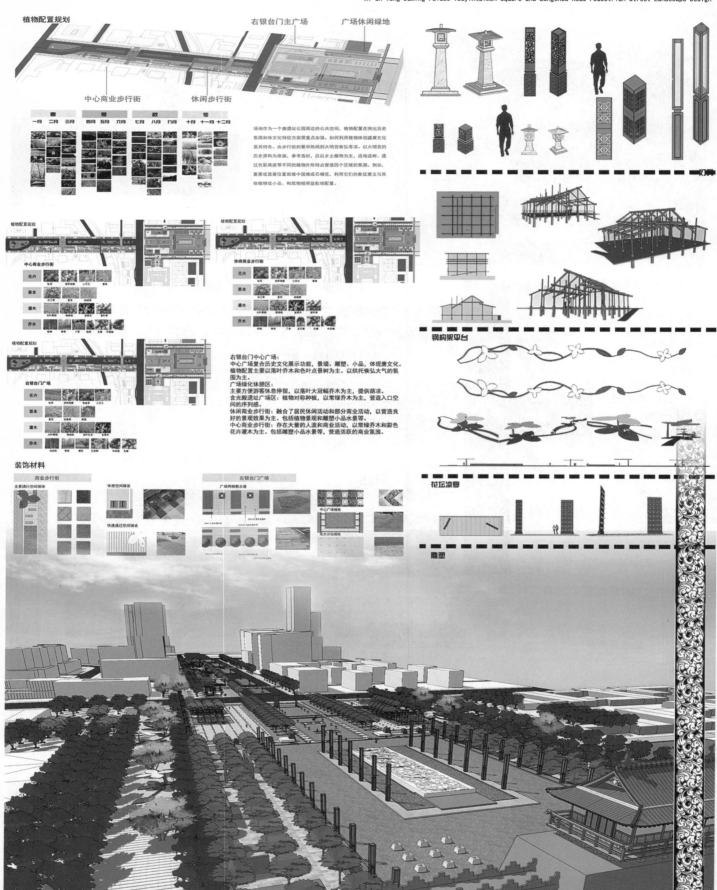

西安建筑科技大学
XI`AN UNIVERSITY OF ARCHITECTURE AND TECHNOLOGY

■ 设计团队 WORKING GROUP

何玥琪　　刘盟　　刘明佳　　邱田　　张静怡　　王珂

西安建筑科技大学A组　[捻诗行]　　　何玥琪
西安建筑科技大学B组　[行走宫门]　　刘盟
西安建筑科技大学C组　[LINE]　　　　刘明佳
西安建筑科技大学D组　[重檐叠院]　　邱田
西安建筑科技大学F组　[垣中窥城]　　王珂
西安建筑科技大学E组　[侧影]　　　　张静怡

■ 指导教师 INSTRUCTORS

沈葆菊　　　　　　　岳邦瑞

捻诗行

西安建筑科技大学
XI'AN UNIVERSITY OF
ARCHITECTURE & TECHNOLOGY
A组

景观篇——

设计者：何玥琪
2012届城市规划专业

西安唐大明宫西宫墙周边地区设计
The Surrounding Areas of the Xi'an Tang Daming Palace West Walls Urban Design

指导教师：岳邦瑞　沈葆菊

以诗意空间作为处理意向，将"捻"、"诗"、"行"的理念贯穿于设计手法、风格控制和行为引导之中，在龙首北路的现代生活中勾勒出唐诗般的背景画面。

将唐诗中蕴含的山水情怀、文人气魄体现在空间处理手法上，借街景抒山水之情，以达到在高速运转的现代城市中描摹山水、感悟大唐的目的。

1. 区位分析

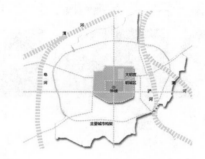

图1 区位分析图

1.1 中国－西部

西安是中国七大文明古都之一，又是西北区域中心，同时具备丰富的历史文化资源条件和旺盛的市场需求。中国西部具有广大的发展潜力，但是缺乏良好的交通环境。丝绸之路就是中国在解决西部交通问题上的早期探索成果。作为丝绸之路的起点，历史上的西安不仅是帝国的权力中心，更是具有辉煌记忆的贸易城邦。

1.2 西部－陕西

重庆经济圈、成都经济圈、以西安为中心的关中城市群联合，大西南与大西北联手，共同打造中国第四增长极。

1.3 陕西－西安

关中经济带带动了陕西省整体经济实力的提升，同时也成为西安市近期规划中确立的主要发展方向。这条贯穿东西部的经济带巩固了西安市在全国东西部联合共荣、西部大开发计划中的纽带地位。

图2 唐代河流水系分布图　　图3 唐代与现代河流关系图　　图4 西安现代城市山水格局图　　图5 西安市第四轮总体规划主城区绿地系统规划图

图6 显示大遗址分布图　　图7 现代城市轴线图　　图8 历史城市轴线图

1.4 大西安－市区

陇海高新技术轴贯穿西安市区，与秦岭生态轴共同勾勒出西安市的空间构架。由主城区向周边辐射的带状发展轴统领着城市各大功能片区共同发展。秦岭在西安市的整体空间构架中起着至关重要的作用，但也正是这座山脉是西安历代营建新城选址都无法突破的屏障。

1.5 市区－大明宫

大明宫是西安大遗址廊道上的一个重要节点，同时也是城市南北中轴线上最大的城市公园，并能够辐射周边地段成为城北一环外、二环内的重要城市级服务中心，对北郊的城市功能、空间构架起到整合作用。

2. 城市景观格局研究

三环——西安市的一环、二环和正在建设的三环绿化景观带，是主城区生态绿地系统的重要组成部分。

八带——依托围绕西安城区八条河流建设的生态林带。在水体保护的基础上，使河岸绿化与城市景观相结合，形成一条条既保留田园化自然景观，又具有现代化城市风貌，同时富有历史、民族文化特色的城市绿化景观廊道。

十廊道——西安市对外联系的十条城市干道的绿化景观带

3. 西安大遗址保护研究

目前在第四轮城市总体规划中被定为重点保护对象的有丰京遗址、镐京遗址、秦阿房宫遗址、汉长安遗址、唐长安遗址、明城墙等。

大明宫意义重大，是因为它是唐长安城位移单独的、完整的宫殿遗址，同时它在现代城市构架中新旧城市中心之间的纽带作用也不可忽视。

基地西面紧邻未央路轴线，东面紧邻遗址核心，并位于改造示范区，龙首北路承担了连接遗址与未央路轴线的重要作用，展示了道北新风貌。

4. 大明宫区域研究

4.1 现代城市轴线

大明宫地区位于西安市明城的北部，陇海铁路线以北，城市中轴线未央路两侧，距钟楼3km。大明宫段位于长安龙脉轴和唐文化次轴之间，向南辐射大雁塔，向西连接汉长安遗址。大明宫位于西安市火车站北侧，向南与大雁塔连接，这条南北向贯通的解放路--雁塔路轴线也正是唐长安仅次于朱雀大街的次级轴线。

4.2 历史城市轴线

大明宫位于西安市火车站北侧，向南与大雁塔连接，这条南北向贯通的解放路-雁塔路轴线也正是唐长安仅次于朱雀大街的次级轴线。大明宫区域处在明清西安中轴线和唐长安次轴线之间，具有对话古今的历史意义。

5. 汉唐长安时空关系分析

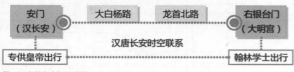

图9 汉唐长安宫门关系图

6. 大明宫宫门体系

右银台门唯一性

宫门周边土地开发强度低，右银台门周边以棚户住宅为主并正对道路，淹没于城市建设中，需要历史昭示区，还原历史功能，置入现代活动，引导人群进入。

7. 基地现状分析

龙首北路唯一性

龙首北路片区是基地内包含城市功能最丰富、待开发潜在价值最大的片区。它将基地内最主要的三大功能连接在一起——北侧商务行政、东侧文化遗址昭示、南侧居住生活。

8. 现状资源整合

	HOW	WHAT	WHY
可继承资源	行政办公资源	未央区政府	行政中心可提高地段活力，带来除居民日常生活以外的更多群体的需求
	居住人群资源	密集的住区	提供密实的人群基础，为地段商业、体闲、文化活动的置入提供可能性
待开发资源	遗址展示资源	右银台门	地段文化内涵的重要体现，是地段与基地、大明宫乃至西安的最关键纽带
待改造资源	地段商业资源	沿街底商	地段公共生活最主要目的的承载体，造成街道空间、流线纽织的单一乏味
	交通网络资源	地段公交	地段与公交站点未能辐射整个地段，导致地段活力衰弱
	空间界面资源	街道肌理	界面缺乏整体控制，三类界面尤其需要增强导向性以提高街道通行效率

9. 景观规划及控制体系

高度——建筑高度沿龙首北路向东逐渐降低，基地西端的商务用地高度控制为70 m，东端文化用地控制为16 m，其余的商业用地高度控制在16 m以下。

界面——界面控制区分别是龙首北路与未央路、龙首中路、建强路的交叉口处。控制区内需在道路两侧留有至少30 m的开敞空间，建筑体块不得越界。

标志——龙首北路地段标志体系的布置围绕右银台门展开，由中央绿带步行廊道的景观序列引入，逐渐导向右银台门。

色彩——色彩应与西安本土建筑色调相协调，主要采用灰色、土黄为主体建筑色调，局部需要强调的构筑物可采用其他颜色，如唐时盛行的茜红、绛紫等。

形态——建筑形态需与景观布局相协调，必要的出入口、广场处要有相应的联系。

视线——在建筑形态布局时需考虑对眺望右银台门视线的避让，右银台门前120 m范围内不再有遮挡物出现。

照明——景观照明主要对三个界面控制区进行修饰，道路照明在龙首北路沿线需采用与城市道路照明不同的形式，需体现与大明宫景观要素的结合，适当采用相似的风格、材质。

10. 定位研究

龙首北路地段是地处大明宫西侧中段汉唐遗址轴线的围绕右银台门为核心的唐翰林文化遗址展示、城市生活景观游憩及右银台门遗址文化展览活动功能为主，兼具商业服务及商务办公功能的城市级主题文化游憩廊道。

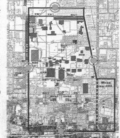

图10 汉唐长安时空关系图　　图11 大明宫主要宫门分布图　　图12 西安市市区商业圈分布图

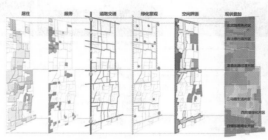

图14 大明宫西宫端片区现状叠加图　　图13 西安市重要行政机关分布图

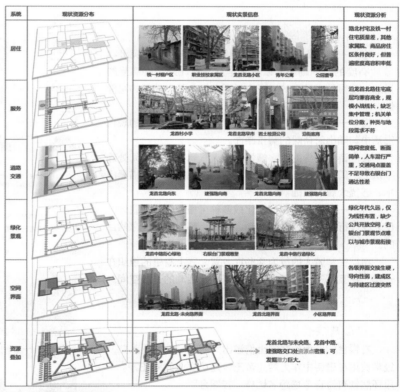

图15 龙首北路地段资源叠加图

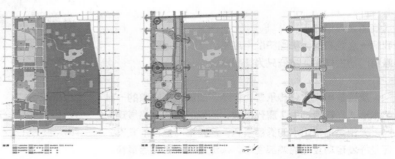

图16 用地规划图　　图17 用地规划结构图　　图18 景观规划结构图

11. 概念生成

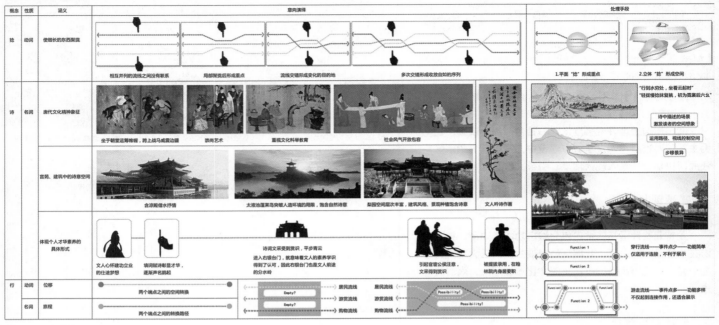

图19 概念生成推导图

11.1 设计愿景

捻——通过简单的带状空间组织手段，形成重点突出、收放有度的空间场所，以达到丰富龙首北路空间感受的目的，使得原本单一的街道空间拥有植入更多功能的可能性。

诗——以诗意空间作为处理意向，在龙首北路的现代生活中勾勒出唐诗般的背景画面。

将唐诗中蕴含的山水情怀、文人气魄体现在空间处理手法上，借街景抒山水之情，以达到在现代城市中描摹山水、感悟大唐的目的。

行——将简单的步行演化成多种可植入功能的载体，使人在步行的过程中达到活动、观赏、感受历史气息的目的。

将居民和游人的行为活动在龙首北路上有机的组织在一起，在互不干扰的前提下提供可进行活动的开敞空间。

11.2 唐文化提取

右银台门作为翰林学士们进出大明宫院的主要入口，经常被用在唐诗中作为朝见帝王、建功立业的象征。段怀然就有诗将金榜题名比作"挂银台"：

《挽涌泉寺僧怀玉》
我师一念登初地，佛国笙歌两度来。
唯有门前古槐树，枝低只为挂银台。

唐诗是唐代文化传承最为广泛，成就最为耀眼的一种艺术形式。在唐诗中，唐代豪放、洒脱的时代风格展现无遗。无论是描摹山水的秀丽景色，还是书写盛世的安泰，还是抒发建功立业的鸿鹄之志，都流露着一种盛唐情怀。

唐诗是盛唐时代精神的承载体，而卷轴则是唐诗文字的承载体。

图20 功能策略分析图

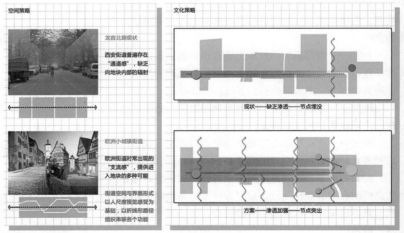

图21 空间策略分析图   图22 文化策略分析图

文化缺失：
设计——突出右银台门的历史地位和现实空间地位
昭示——引人入胜，层层递进烘托右银台门

在地段设计中体现对右银台门核心地位的重视，加强资源点向外界的渗透并补充文化设施。

12. 总平面布局

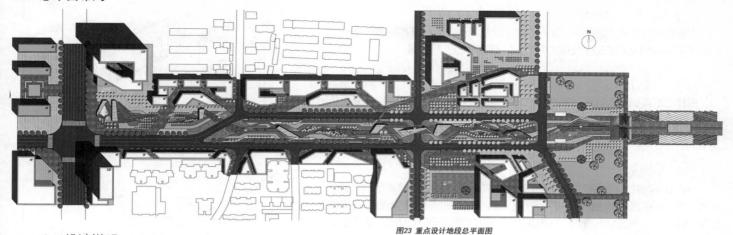

图23 重点设计地段总平面图

12.1 设计说明

选择龙首北路作为设计地段，目的是昭示大明宫西侧的主入口右银台门。运用与唐文化、右银台门息息相关的诗词文化作为空间序列主题展开设计，使每个游人都体验到大明宫的历史气息，步移景异，久久萦绕。

技术经济指标：

用地面积	24.9 ha	容积率	1.24
总建筑面积	309442 m²	绿地率	26.71 %
建筑密度	24.29 %	——	——

12.2 功能结构

功能结构主要表现各功能节点之间的组织关系，沿未央路布置大型的商业、商务中心，沿建强路布置大型文化娱乐、展示节点，绿地、广场贯穿龙首北路中央，形成游赏流线贯穿组织地块功能的结构模式。

12.3 空间结构

空间结构主要阐述各类型空间和游赏流线的组织关系，沿未央路和建强路部分以功能集中的封闭空间为主，沿龙首北路两侧为了增强地块内部可达性主要布置功能多样、出入灵活的半封闭空间，中央绿带以开敞的广场和半开敞的绿化组团构成以游憩活动为主要功能的游赏流线。

12.4 流线结构

流线结构主要体现城市生活主流线向大明宫宫苑景观流线的过渡关系，通过汉唐文化体验流线联系在一起，并由内部游赏流线和滞留节点组成的人群活动网络覆盖基地内部。

12.5 节点设计

入口处诗卷主题景观雕塑"捻诗行"吸引未央路上的人群进入龙首北路，同时也是整个中央景观廊道的开端。

通向右银台门的路径中分段布置不同形式的半封闭休憩节点，供游人停留，同时也是周边地段的标志性景观构筑物。

右银台门前构筑物架高，提供眺望节点，视野开阔。

通过右银台门路径后直接导向大明宫遗址公园西入口，其间有气势宏大的"金榜题名"雕塑群，以体现对唐代文人围绕右银台门、翰林院追求功名梦想的回忆。

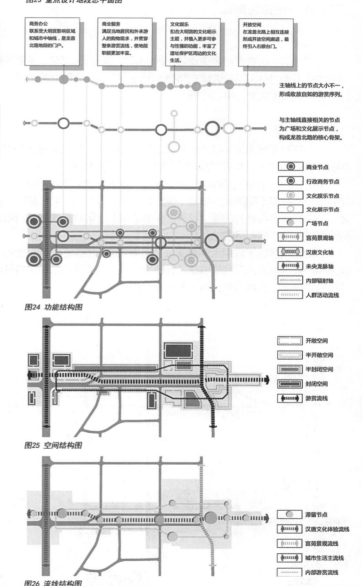

图24 功能结构图

图25 空间结构图

图26 流线结构图

图27 标志性节点展示图

243

13. 概念生成

13.1 诗卷生成过程

将卷轴的柔软特性运用到了景观廊道空间组织当中，将原本只有一个最终目的地的平淡带状空间扭转形变成为有节点、有节奏的步行空间。

13.2 视线组织

视线组织遵循了人群活动焦点与景观节点相关联的设计手法，将主要建筑出入口、重要道路的门户场所作为核心景观带上各个节点的主要方向，使人流最密集的区域获得景观构筑物的最佳视角。

13.3 水景设计

水体在基地中的运用较多，但是由于西部城市的特性并没有活水贯通整个水景体系，只采用平面上的形态互相呼应，运用减法形成连贯的整体。在局部升起的构筑物上，设置落水景观，在构筑物下方形成虚实呼应的空间，使流水成为引导人群视线的软质铺装。

13.4 照明设计

景观照明系统着重对中央绿带上的构筑物进行灯光装饰，主要目的在夜间视觉效果不佳的情况下强调景观序列上的核心节点，同时对周边用地的主要出入口广场进行适当的景观照明修饰。

13.5 铺地设计

核心的景观廊道构筑物采用混凝土砌块构成，红色表皮是篆刻着诗句的面砖石材铺砌而成的。局部假期的构筑物则采用钢架结构。

铺地依照空间组织结构的划分，在中央景观游憩廊道和两侧的基地内部贯穿环线分别采用不同形式的铺地，使步行中的人们在行走的过程中受到无形的引导，也使空间层次更为明晰，场所之间的边界通过视线最底端的铺地去循序渐进的改变行人的方向和目的地。

铺地的材质除了采用大明宫遗址公园内部使用的碎石、混凝土条纹砖外，还采用一些较为传统的地砖拼花。地砖大多以阵列式存在，不采用核心式铺砌手法，只靠简单的砖缝拼接纹路来区分铺装的导向。

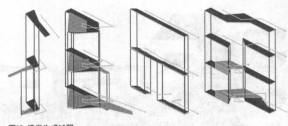

图32 诗卷生成过程

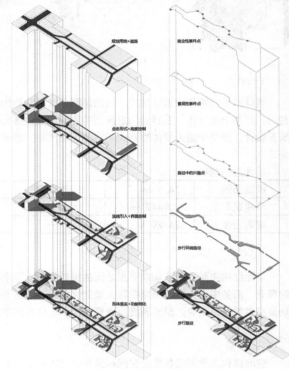

图33 建筑体块生成过程　　图34 路径组织分析

244

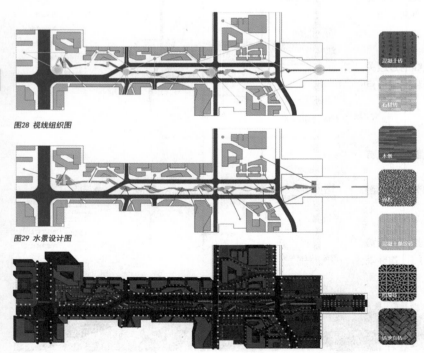

图28 视线组织图

图29 水景设计图

图30 照明设计图

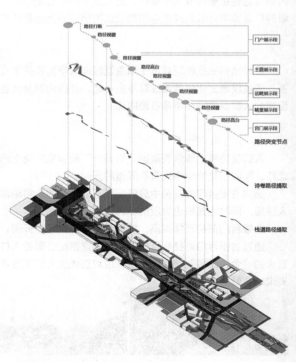

图31 铺地设计图　图35 核心路径分析图

14. 总平面布局

14.1 景观雕塑

小品采用与唐代宫廷文化、中国科举制度、唐诗文人相关的景观雕塑，着重在水景和广场布置，以增添开阔场所的趣味性。主题雕塑有灯谜长安、皇室出巡、皇家马队、曲水流觞、金榜题名、举杯邀月对影三人等等。

14.2 城市家具

家具均采用较为传统、保守的材质，如木材、玻璃，但考虑到木材维护成本较高，因此可替换为钢管喷仿木漆。家具形式简洁，但同时体现中国古典元素，与诗意的空间组合在一起更能突出盛唐包容、博大的气质。

14.3 绿化种植

绿化均采用唐长安中常见的一些树木、植株作为行道树和景观树木，并且每种树木的运用都有相应的诗句与之相匹配，并在该植株种植的同一地段营造与诗句意境相似的场所空间。

图36 景观雕塑意向图

图37 城市家具设计图

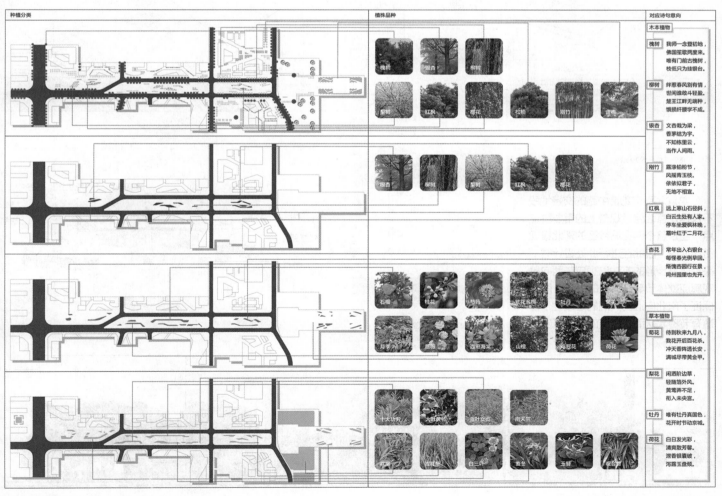

图38 绿化种植设计图

245

15. 节点设计

图39 重要节点透视图

15.1 节点设计概述

构筑物与水景景观结合，在核心景观构筑物出现前以水景作为序列中的预先提示。落水景观与高架构筑物相结合，使实体空间和景观虚体要素完美的结合。构筑物的出现顺应具体的使用功能，集眺望、通过、下穿三大核心功能为一体，将十字路口的复杂流线疏导剥离，同时优化了地段整体景观氛围。

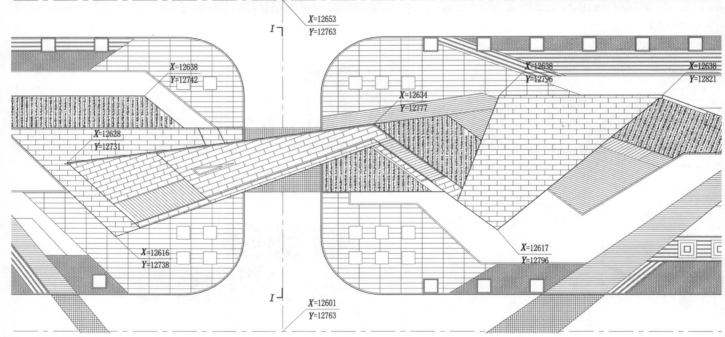

图40 重要节点总平面工程图

15.2 设计说明

龙首北路与龙首中路的交接地段不仅是龙首北路景观带上的重要眺望点，还是整个西宫墙片区的南北景观衔接地段。因此在进行此处设计时，采用架高步道的方法以顺应东西向景观廊道整体节奏在此处的升华，同时保证了南北向道路景观的延续性，营造有节奏起伏而不突变的行走氛围。

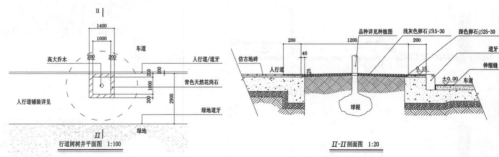

图41 行道树树井构造图

图42 重要节点I-I剖面图

16. 效果展示

17. 结语

　　"捻诗行"是本次设计的概念，也体现了对盛唐诗词文化、宫苑文化的回归。设计中对空间。细节的处理也正是围绕着"捻诗行"进行的。主题概念不仅是对空间设计的指导，也是设计与唐文化衔接的桥梁。

　　大明宫西墙周边地段不仅是西安城市发展构架中的亮点，也为我们指引了遗址保护、规划设计、景观领域的新方向。相信不久的未来，像这样对城市记忆、历史氛围起到唤醒昭示作用的建设项目，将会如雨后春笋般出现，我们的城市也会因此而绽放光彩。

图43 节点透视图

247

图44 鸟瞰图

行走宫门

西安建筑科技大学
XI'AN UNIVERSITY OF
ARCHITECTURE & TECHNOLOGY
B组

景观篇——

设计者：刘 盟
2012届城市规划专业

西安唐大明宫西宫墙周边地区设计
The Surrounding Areas of the Xi'an Tang Daming Palace West Walls Urban Design

指导教师：岳邦瑞　沈葆菊

观念设计缘起于考古遗存的形态特征即遗迹基址，而又结合龙首北路终点——右银台门的历史昭示，遗址以及人群活动路线，提出"行走宫门"的观念，这主要包含了两层意思；一是"行走的宫门"，重点在宫门，将历史放大于眼前，吸引人们从历史走向现代；二是"行走于宫门"，重点在行走，同时满足人群各种活动需求，使"行走"这一简单的活动丰富多彩。

一、区位分析

1. 世界—唐朝

唐朝（公元618～907年），是世界公认的中国的最强盛时代之一。唐21位皇帝有17位在此主政，是当时世界重要政治经济活动中心，举世闻名的丝绸之路发端于此，把中华文明、希腊文明、恒河文明、波斯文明联系贯通，促进了古代东西方文明的交流，影响极其深远。

2. 中国—南北—西安

西安地处我国中部，关中平原之核心区，南依秦岭，北临渭河，东起灞河山地，西至黑河以西的太白山地。在冷兵器时代，其易守难攻的地理环境优势及其关中平原发达的农业基础成就了其千年帝都的美名。西安人文荟萃，华夏初祖黄帝曾居住于此。西周和秦汉时期其社会经济文化都曾经达到过盛世。但使这个城市成为世界之巅的，当属唐代伟大的长安城。

3. 西安—大明宫

西安是中国历史上建都朝代最多且历史最久的城市，先后13个王朝在这里建都1140年之久。大明宫是西安大遗址廊道上的一个重要节点，同时也是城市南北中轴线上最大的城市公园，并能够辐射周边地段，成为城北一环外、二环内的重要城市级服务中心，对北郊的城市功能、空间构架起到整合作用。

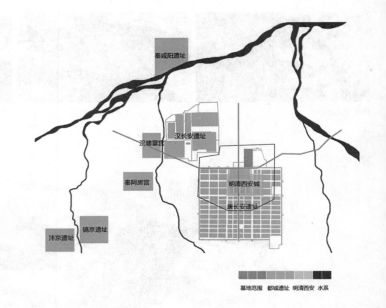

基地范围　都城遗址　明清西安　水系

二、历史沿革

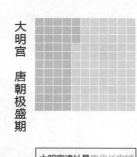

大明宫　唐朝极盛期

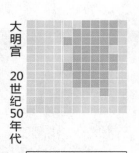

大明宫　20世纪50年代

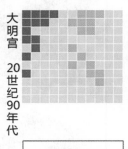

大明宫　20世纪90年代

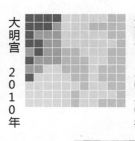

大明宫　2010年

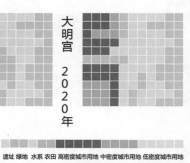

大明宫　2020年

基地范围　都城遗址　明清西安　水系

遗址　绿地　水系　农田　高密度城市用地　中密度城市用地　低密度城市用地

大明宫遗址是唐代长安城禁苑的组成部分，是皇帝朝会的地方。而西侧则是皇家游猎苑囿区。唐昭宗年间，随着移都洛阳，大明宫逐渐成为一片废墟。

陇海铁路运营后，许多工厂在此地域迅速发展。大量河南籍难民涌入，定居道北，棚户区进一步侵蚀遗址，形成独特的道北文化。

中科院对遗址进行考古发掘，复原了大明宫遗址。然而随着城市的建设，区域被建材市场包围挤压，沦为与城市脱节的农田。

2010年10月1日，大明宫国家遗址公园开园。

通过对片区的合理开发，还原其历史格局，提升地块活力，从而达到昭示历史，满足当下的需求。

历经沧海桑田，大明宫先是被人为毁灭，成为一片废墟，以后又转变为农田及村落。20世纪30年代，河南黄泛区难民流落西安，大明宫遗址又成为难民聚集的贫民窟。改革开放后，伴随着飞速发展的城市化进程，文物保护与城市开发的矛盾加剧，唐大明宫遗址的保护和昭示迫在眉睫。

三、道北记忆

繁华—西安城北的历史悠久,早在春秋战国前,便有人类在此繁衍生息,9个王朝曾在此建都,历时361年。

衰落—但及至近代,由于战争等原因的影响,大批外地难民逃荒迅速进入城北,再加上交通联系的不便,让城北区商业也日渐衰落。

遗忘—到了解放后,城北被定为仓储区和农业区,但是因为交通原因,特别是铁路交通造成的不畅,使该地区没有发挥出自己的优势,逐步的被人所忘记,这也让整个区域的发展处于严重滞后的状态。

四、景观格局

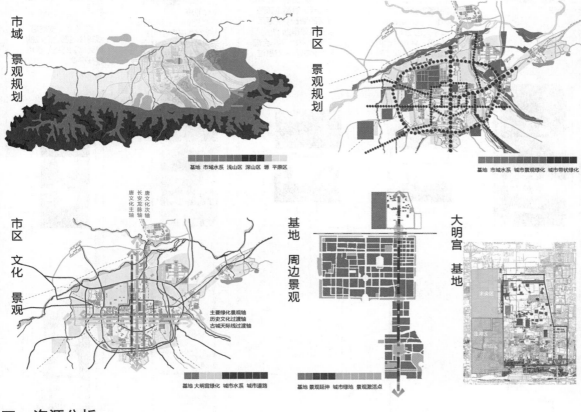

1. 景观格局
市域八带五塬生态绿地系统,基地位于龙首塬之上。主城区生态绿地系统格局:生态基质+绿色廊道=绿色板块。

2. 大明宫区位
大明宫地段位于西安市明城的北部,陇海铁路线以北,未央路西侧,距钟楼3km;位于长安龙脉轴和唐文化次轴之间,向南辐射大雁塔,向西连接汉长安遗址。

3. 基地区位
基地位于大明宫西侧,北临玄武路,南接陇海铁路,东至建强路,西临未央路,是大明宫西侧与城市中轴线衔接地段,也是未央、莲湖、新城三区交界的地段。

五、资源分析

1. 基地 资源区位

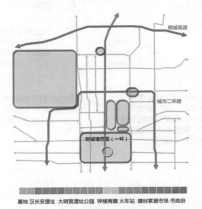

基地在城市中所处的区域内分布数座大型公共服务设施,在规划时可依托这些先期建设的公共服务设施,聚集人气并拓展旅游市场,带动地块综合发展。

2. 基地 周边资源

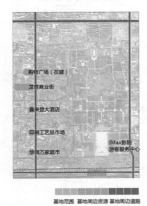

基地周边现已存在一定数量的公共服务设施,未来基地的规划可结合分布现状,充分利用这些公共服务设施进行功能布局。

3. 基地 历史资源

历史资源分布
大明宫中轴线:紫宸殿、含光殿、宣政殿;
景观水系:龙首渠,太液池;
临大明宫资源:翰林苑,右银台门,西夹城,含光殿。

地段围绕右银台门遗址展示及翰林故事展开历史昭示与文化活动,使龙首北路地段成为大宫西侧历史昭示前驱空间。

249

现状分析

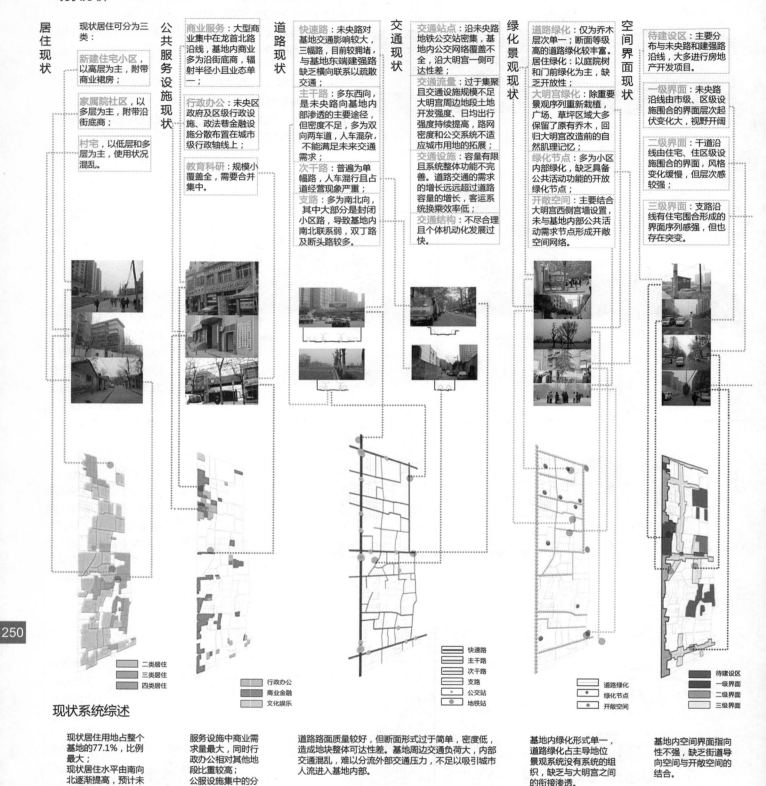

居住现状

现状居住可分为三类：

新建住宅小区，以高层为主，附带商业裙房；

家属院社区，以多层为主，附带沿街底商；

村宅，以低层和多层为主，使用状况混乱。

公共服务设施现状

商业服务：大型商业集中在龙首北路沿线，基地内商业多为沿街底商，辐射半径小且业态单一；

行政办公：未央区政府及区行政设施、政法巷金融设施分散布置在城市级行政轴线上；

教育科研：规模小覆盖全，需要合并集中。

道路现状

快速路：未央路对基地交通影响较大，三幅路，目前较拥堵，与基地东端建强路缺乏横向联系以疏散交通；

主干路：多东西向，是未央路向基地内部渗透的主要途径，但密度不足，多为双向两车道，人车混杂，不能满足未来交通需求；

次干路：普遍为单幅路，人车混行且占道经营现象严重；

支路：多为南北向，其中大部分是封闭小区路，导致基地内南北联系弱，双丁路及断头路较多。

交通现状

交通站点：沿未央路地铁公交站密集，基地内公交网络覆盖不全，沿大明宫一侧可达性差；

交通流量：过于集聚且交通设施规模不足大明宫周边地段土地开发强度、日均出行强度持续提高，路网密度和公交系统不适应城市用地的拓展；

交通设施：容量有限且系统整体功能不完善。道路交通的需求的增长远远超过道路容量的增长，客运系统换乘效率低；

交通结构：不尽合理且个体机动化发展过快。

绿化景观现状

道路绿化：仅为乔木层次单一；断面等级高的道路绿化较丰富。居住绿化：以庭院树和门前绿化为主，缺乏开放性。

大明宫绿化：除重要景观序列重新栽植，广场、草坪区域大多保留了原有乔木，回归大明宫改造前的自然肌理记忆；

绿化节点：多为小区内部绿化，缺乏具备公共活动功能的开放绿化节点。

开敞空间：主要结合大明宫西侧宫墙设置，未与基地内部公共活动需求节点形成开敞空间网络。

空间界面现状

待建设区：主要分布于未央路和建强路沿线，大多进行房地产开发项目。

一级界面：未央路沿线由市级、区级设施围合的界面层次起伏变化大，视野开阔；

二级界面：干道沿线由住宅、住区级设施围合的界面，风格变化缓慢，但层次感较强；

三级界面：支路沿线有住宅围合形成的界面序列感强，但也存在突变。

图例：

二类居住 / 三类居住 / 四类居住

行政办公 / 商业金融 / 文化娱乐

快速路 / 主干路 / 次干路 / 支路 / 公交站 / 地铁站

道路绿化 / 绿化节点 / 开敞空间

待建设区 / 一级界面 / 二级界面 / 三级界面

250

现状系统综述

现状居住用地占整个基地的77.1%，比例最大；
现状居住水平由南向北逐渐提高，预计未来基地南部住宅改造力度大；
二类居住用地占主导，说明基地内生活配套设施较完善。

服务设施中商业需求量最大，同时行政办公相对其他地段比重较高；
公服设施集中的分布在未央路沿线，基地内部缺乏规模较大的集中商业；
文化娱乐设施极度缺乏，没有发掘大明宫周边地段的文化产业价值。

道路路面质量较好，但断面形式过于简单，密度低，造成地块整体可达性差。基地周边交通负荷大，内部交通混乱，难以分流外部交通压力，不足以吸引城市人流进入基地内部。

基地内绿化形式单一，道路绿化占主导地位景观系统没有系统的组织，缺乏与大明宫之间的衔接渗透。

基地内空间界面指向性不强，缺乏街道导向空间与开敞空间的结合。

现状街景

现状系统叠加

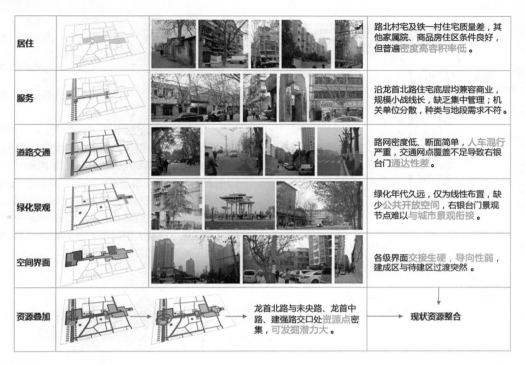

居住			路北村宅及铁一村住宅质量差，其他家属院、商品房住区条件良好，但普遍密度高容积率低。
服务			沿龙首北路住宅底层均兼容商业，规模小战线长，缺乏集中管理；机关单位分散，种类与地段需求不符。
道路交通			路网密度低、断面简单，人车混行严重，交通网点覆盖不足导致右银台门通达性差。
绿化景观			绿化年代久远，仅为线性布置，缺少公共开放空间，右银台门景观节点难以与城市景观衔接。
空间界面			各级界面交接生硬，导向性弱，建成区与待建区过渡突然。
资源叠加		龙首北路与未央路、龙首中路、建强路交口处资源点密集，可发掘潜力大。	现状资源整合

地段现状综述

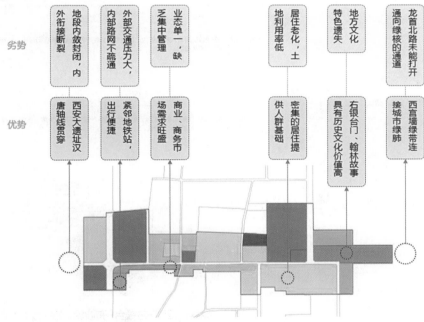

劣势	外衔接断裂 地段内敛封闭，内	外部交通压力大，内部路网不疏通	业态单一，缺乏集中管理		地利用率低 居住老化，土	特色遗失 地方文化	龙首北路未能打开通向绿核的通道
优势	西安大遗址汉唐轴线贯穿	紧邻地铁站，出行便捷	商业、商务市场需求旺盛		密集的居住提供人群基础	右银台门、翰林故事具有历史文化价值高	西宫墙绿带连接城市绿肺

龙首北路片区是基地内包含城市功能最丰富、待开发潜在价值最大的片区。它将基地内最主要的三大功能连接在一起——北侧商务行政、东侧文化遗址昭示、南侧居住生活。

地段定位

定位:龙首北路地段是地处大明宫西侧中段汉唐遗址轴线的围绕右银台门为核心的唐翰林文化遗址展示、城市生活景观游憩及右银台门遗址文化展览活动功能为主，兼具商业服务及商务办公功能的城市级主题文化游憩廊道。

        功能定位：文化遗址展示；景观休闲游憩;商业服务; 商务办公。
        形象定位：新未央形象景观街区; 新道北门户景观序列; 新西安大遗址景观廊道。
        风格定位：唐文化风貌与现代城市街景结合互补。
        形象定位：部分原有居民及新建小区入户;大明宫游客; 区级行政办公人员。

观念缘起

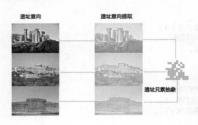

遗址意向   遗址意向提取

遗址元素抽象

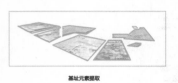

基址元素提取

翰林院   西宫墙   麟德殿   含耀门

蓬莱山
太液池

含光殿

东朝堂

清思殿

大明宫内部考古遗存

人群分析

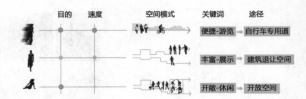

	目的	速度	空间模式	关键词	途径
				便捷-游览	自行车专用道
				丰富-展示	建筑退让空间
				开敞-休闲	开放空间

地段人群根据其目的性与行进速度可分为三类：第一类是目的强的通过人群，多为周边居民及上下班人群。设计中规划出自行车专用道使其在满足速度的同时欣赏周边景观；第二类是参观游览的游客，多通过右银台门进入大明宫内部，故在右银台门西侧增加吸引留驻的建筑空间；第三类是附近的漫步休闲人群，由于地段处于基地中段重点位置，此类人群可覆盖整个基地，故以休闲绿带及开敞空间满足此类人群活动特征。

问题分析

1 地段缺乏公共开放活动空间

借用遗址的基址形式，打造丰富的公共活动空间，包括主题庭园，休闲平台及兼容小卖饮品的架空建筑，与游憩密林，林下空间，景观花林及滨水空间等相互融合形成丰富景观序列，作为进入大明宫西入口的景观序厅。

2 地段人群活动缺乏引导

利用大明宫的资源优势及人群吸引力，以及龙首北路丰富景观，将自行车道环绕景观平台及游憩密林，使游客及市民活动丰富有趣。

3 地段核心遗址：右银台门缺乏景观昭示

将右银台门这一基本形象演绎并置前，使龙首北路这一景观序厅里充满了各种右银台门的不同昭示，使人们在行走中回望历史，如同历史在行走。

观念生成——行走宫门

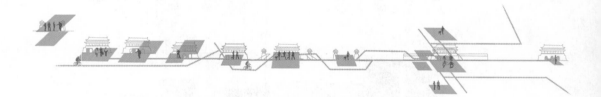

功能结构

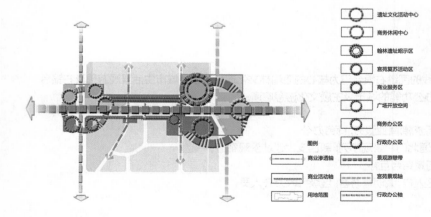

图例	
⊚	遗址文化活动中心
⊚	商务休闲中心
⊚	翰林遗址昭示区
⊚	宫苑复苏活动区
⊚	商业服务区
⊚	广场开敞空间
⊚	商务办公区
⊚	行政办公区
	图例
▬	商业渗透轴
▬	商业活动轴
▭	用地范围
▬	景观游憩带
▬	宫苑景观轴
▬	行政办公轴

两环：西侧右银台门前遗址文化活动中心，东侧商务休闲中心。由西向东是现代风貌向唐遗址风貌的碰撞与过渡。

一带：龙首景观游憩带，重要的景观引导轴线。

两轴：南北向城市行政办公轴、大明宫宫苑景观轴，分别体现现代城市风貌与遗址景观风貌。

多点带动：以文化展示、商业活动、开放广场等各种功能复合，带动地段发展。

功能渗透：多种功能相互成轴成环，并向地段外部渗透。

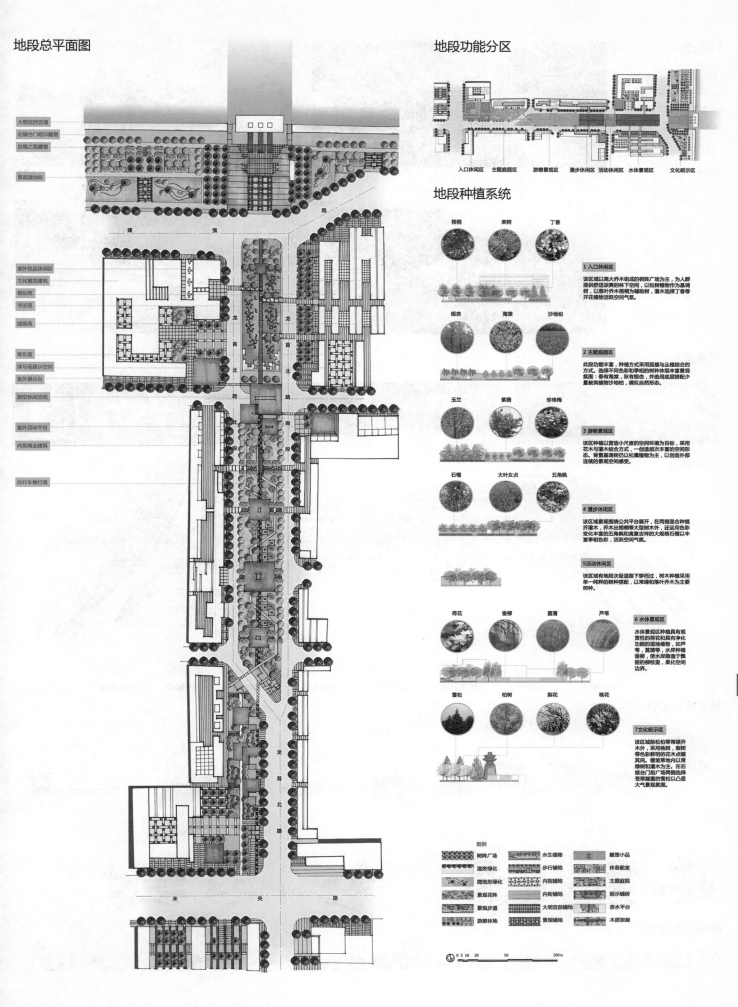

地段总平面图

大明宫西宫墙
右银台门昭示雕塑
丝绸之路雕塑
景观覆地形

室外饮品休闲区
文化展览建筑
棋坛苑
书法苑
国画苑
琴乐苑
球马场展示空间
室外展示台
架空休闲空间
室外活动平台
内街商业建筑
自行车慢行道

建 张 路
龙 首 北 路
龙 首 北 路
北 段 西 段
未 央 路
龙 首 北 路

地段功能分区

入口休闲区　主题庭园区　游憩景观区　漫步休闲区　活动休闲区　水体景观区　文化昭示区

地段种植系统

梧桐　栾树　丁香

1 入口休闲区
该区域以高大乔木组成的树阵广场为主，为人群提供舒适凉爽的林下空间，以松树植物作为基调树，以落叶乔木梧桐为辅助树，灌木选择丁香等开花植物活跃庭院气氛。

银杏　海棠　沙地柏

2 主题庭园区
此段功能丰富，种植方式采用孤植与丛植结合的方式。选择不同色彩和季相的树种体现丰富景观氛围：春有海棠，秋有银杏，并选用底层搭配少量丛属植物沙地柏，模拟自然形态。

玉兰　紫薇　珍珠梅

3 游憩景观区
该区种植以营造小尺度的空间环境为目标，采用花木与灌木结合方式，一创造层次丰富的空间形态。背景基调树仍以松类植物为主，以创造外部连续的景观感受。

石榴　大叶女贞　五角枫

4 漫步休闲区
该区域景观围绕公共平台展开，在两侧混合种植乔灌木，乔木出槛梧桐大型树木外，还运用色彩变化丰富的五角枫和寓意吉祥的大规格石榴以丰富季相色彩，活跃空间气氛。

5 活动休闲区
该区域有地段次级道路下穿而过，树木种植采用单一纯树的树种搭配，以常绿和落叶乔木为主要树种。

荷花　垂柳　菖蒲　芦苇

6 水体景观区
水体景观区种植具有观赏性的荷花和具有净化功能的混地植物，如芦苇，菖蒲等，水畔种植垂柳，使水岸隐逸于飘摇的柳枝里，柔化空间边界。

雪松　柏树　梨花　桃花

7 文化昭示区
该区域除松柏等常绿乔木外，采用桃花，梨树等色彩鲜明的花木点缀其间。缓坡草地内以常绿树和灌木为主。在右银台门前广场两侧选择苍翠凝重的雪松以凸显大气景观氛围。

253

图例
树阵广场　水生植物　雕塑小品
道旁绿化　步行铺地　休息舱室
微地形绿化　内院铺地　主题庭院
景观花阵　内街庭前铺地　昭示铺砖
景观步道　大明宫前铺地　亲水平台
游憩林地　景观铺地　木质架廊

0 5 10　20　　50　　　　100m

节点透视

A点透视

B点透视

C点透视

D点透视

景观意向

景观结构

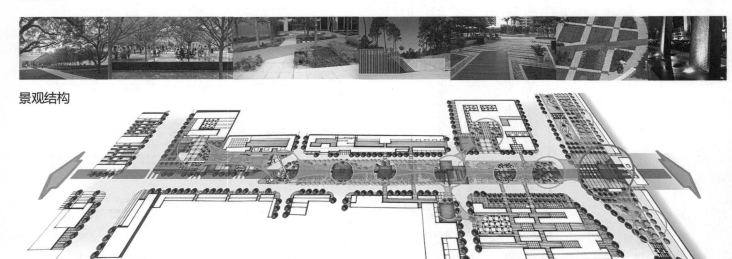

图例 一级景观核心 二级景观核心 三级景观核心 景观主轴 景观联系轴 广场景观区 植物景观区 水体景观区

景观节点设计

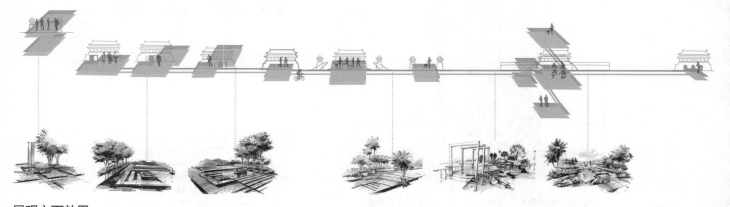

景观立面效果

入口效果

右银台门节点详图

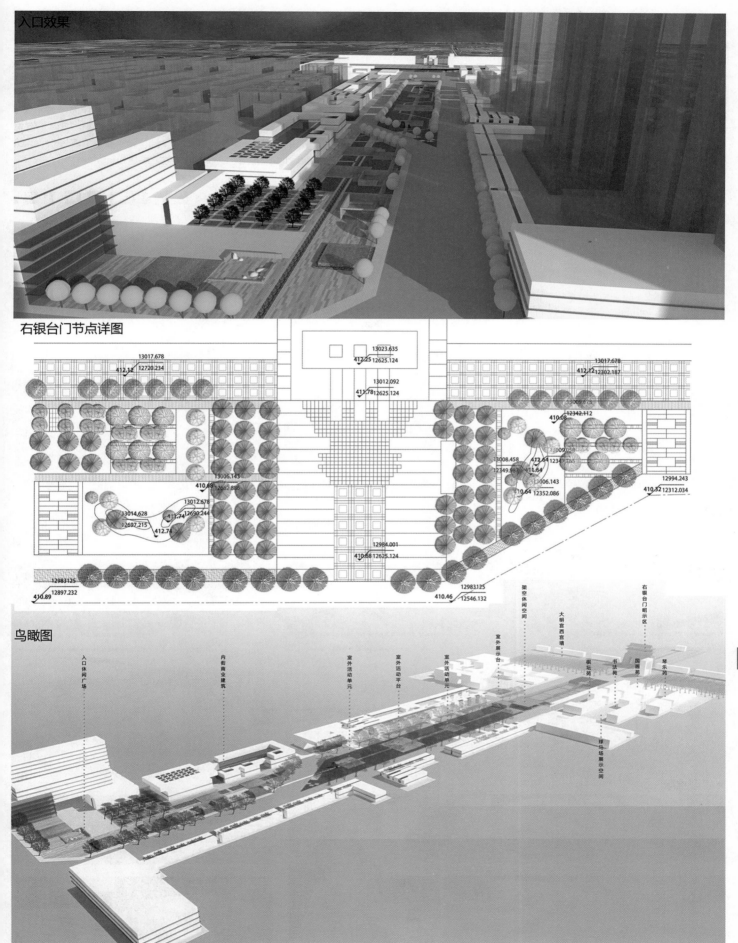

鸟瞰图

LINE

西安建筑科技大学
XI'AN UNIVERSITY OF
ARCHITECTURE &
TECHNOLOGY
C组

景观篇——

设计者：刘明佳
2012届建筑学专业

西安唐大明宫西宫墙周边地区设计
The Surrounding Areas of the Xi'an Tang Daming Palace West Walls Urban Design

指导教师：岳邦瑞　沈葆菊

利用夕阳时西宫墙影子的轮廓线，作为景观主要形象；并用"line"作主题，突出其线性空间。把西宫墙以及大明宫作为一件展品，那么我们所设计的西宫墙景观带就会是一个展台。通过把"line"作为线索，设计了"5line"——sight line（视线）、wall line（墙线）、shaft line（轴线）、side line（边线）、green line（绿线）。

LINE | 2012.

THE EXPRESSION OF WALL LINE

THE EXPRESSION OF GREEN LINE

THE EXPRESSION OF SHAFT LINE

THE EXPRESSION OF SIDE LINE

THE EXPRESSION OF GREEN LINE

THE EXPRESSION OF GREEN LINE

■ 模型推敲

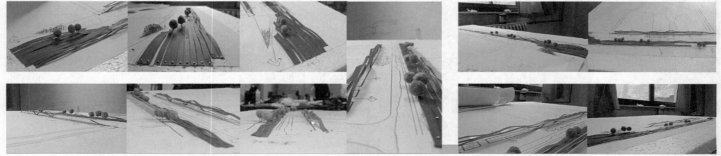

■ 景观工作框架

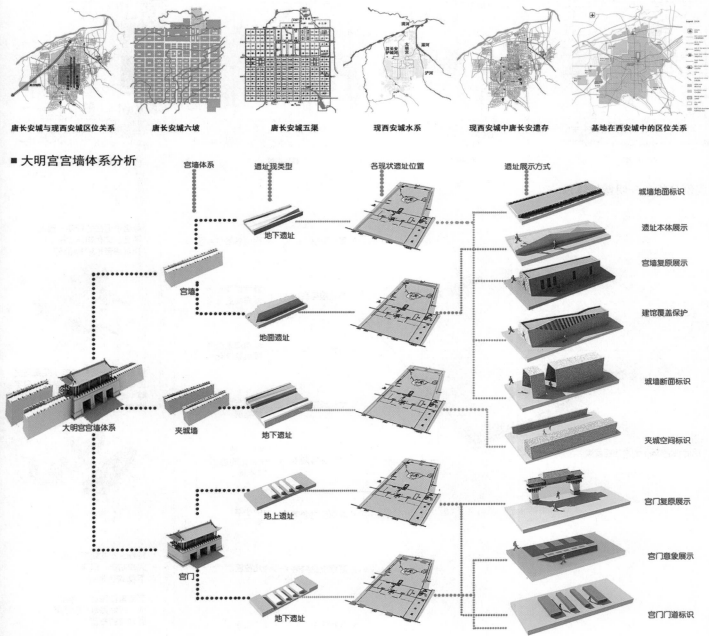

现状研究
- 土地利用
- 宫墙界面
  - 交通系统
  - 居住系统
  - 绿化景观系统
  - 公共服务设施系统

历史演进分析
- 大明宫历史遗迹
- 道北城市记忆

上位规划研究
- 城市总体规划的影响
- 西宫墙片区规划的影响

城墙遗址昭示体系解读
- 西安明城墙体系分析
- 唐城墙绿带体系分析
- 大明宫宫墙体系分析
- 宫墙段落差异性与唯一性

资源评价与市场导向

小结

- 资源评价（昭示缺失）
- 市场导向（满足当下）
- 缺位因素与发展契机

西宫墙南段片区规划定位

■ 地理区位分析

唐长安城与现西安城区位关系　　唐长安城六坡　　唐长安城五渠　　现西安城水系　　现西安城中唐长安遗存　　基地在西安城中的区位关系

■ 大明宫宫墙体系分析

257

宫墙体系　　遗址现类型　　各现状遗址位置　　遗址展示方式

大明宫宫墙体系

宫墙
- 地下遗址
- 地面遗址

夹城墙
- 地下遗址

宫门
- 地上遗址
- 地下遗址

- 城墙地面标识
- 遗址本体展示
- 宫墙复原展示
- 建馆覆盖保护
- 城墙断面标识
- 夹城空间标识
- 宫门复原展示
- 宫门意象展示
- 宫门门道标识

■ 现状系统分析

历史遗迹分布　　　　　景观现状　　　　　绿地现状分布　　　　公共服务设施现状分布

道路交通　　　　　建筑类型　　　　　建筑层数　　　　建筑密度

■ 案例分析——明城墙体系

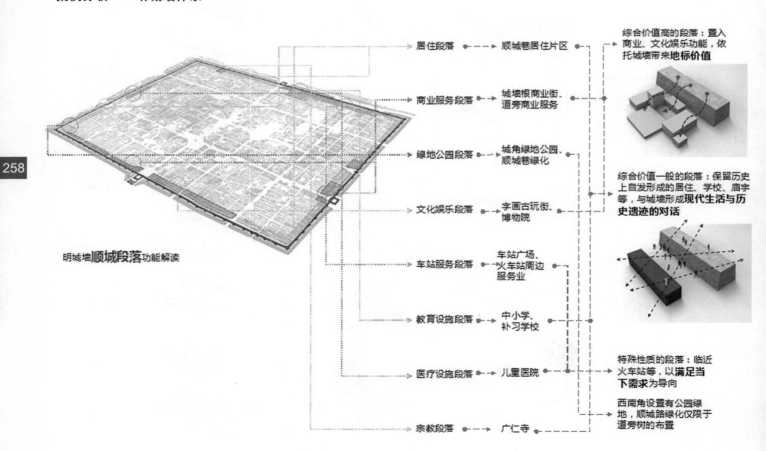

明城墙**顺城段落**功能解读

居住段落 → 顺城巷居住片区 → 综合价值高的段落：置入商业、文化娱乐功能，依托城墙带来地标价值

商业服务段落 → 城墙根商业街、道旁商业服务

绿地公园段落 → 城角绿地公园、顺城巷绿化

文化娱乐段落 → 字画古玩街、博物院 → 综合价值一般的段落：保留历史上自发形成的居住、学校、庙宇等，与城墙形成**现代生活与历史遗迹的对话**

车站服务段落 → 车站广场、火车站周边服务业

教育设施段落 → 中小学、补习学校

医疗设施段落 → 儿童医院 → 特殊性质的段落：临近火车站等，以满足**当下需求为导向**

西南角设置有公园绿地，顺城路绿化仅限于道旁树的布置

宗教段落 → 广仁寺

258

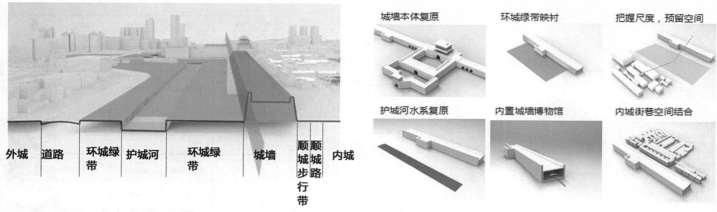

| 外城 | 道路 | 环城绿带 | 护城河 | 环城绿带 | 城墙 | 顺城步行带 | 顺城路 | 内城 |

城墙本体复原　　　　环城绿带映衬　　　　把握尺度，预留空间

护城河水系复原　　　内置城墙博物馆　　　内城街巷空间结合

■ 景观控制

分类	北宫墙	南宫墙	东宫墙	西宫墙北段
影响因素和宫墙位置				
周边用地性质	居住用地	西安火车站	太华南路主干道、城市商业用地	居住用地
宫墙功能定位	城市运动广场、北夹城遗址	形象入口广场	宫墙赋予商业性质	体憩、展示

分类	功能定位	形象定位	人群定位	景观主题	支撑要素
龙首北路景观片区	文化遗址展示；景观休闲游憩；商业服务；商务办公	新未央形象景观衔区；新道北门户景观序列；新西安大遗址景观廊道	部分原有居民及新建小区入户；大明宫游客；区级行政办公人员	唐翰林文化	植物、水体、铺装
西宫墙景观片区	文化展览，遗址展示，休闲游憩	宫墙展示，游憩观光场所	大明宫遗址公园游客，周边居民，火车站旅客，前来参观的市民	围绕西宫墙展开唐文化展示	植物、水体、地形、铺装

■ 景观控制要素分析

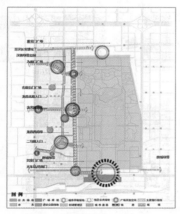

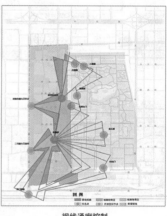

建筑高度控制　　　　开放空间控制　　　　标识体系控制　　　　视线通廊控制

■ 现状资源评价

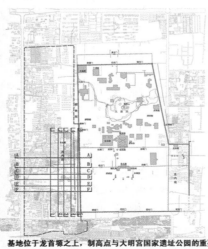
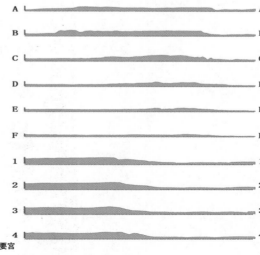

基地位于龙首塬之上，制高点与大明宫国家遗址公园的重要宫殿——含元殿相呼应，是较为重要的景观资源。

重点设计地块　　　制高点

分类	名称	历史功能	现状	照片
A	右银台门	右银台门是朝廷的象征之一，也是翰林学士出入宫城的主要门户	大明宫国家遗址公园入口广场	
B	西宫墙南段	大明宫边界	石块限定宫墙位置	
C	西宫墙南段	大明宫边界	被近代建筑叠压	
D	西宫墙西南角	大明宫边界	书法博物馆	
E	兴安门	兴安门是通往大明宫后宫区的宫门	遗址展示、入口广场	

历史遗迹现状及分布

VIEW A

VIEW B

VIEW C

VIEW D

VIEW E

VIEW F

VIEW G

VIEW H

VIEW I

VIEW J

设施分布图

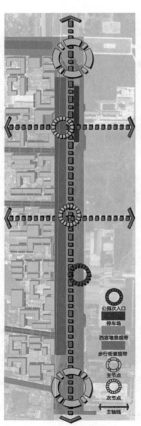
功能分区结构图

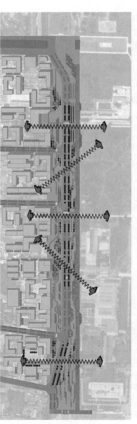
视线分析图

行为活动分布图

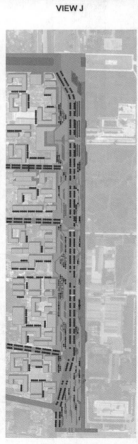
树木种植分布图

LINE|2012.

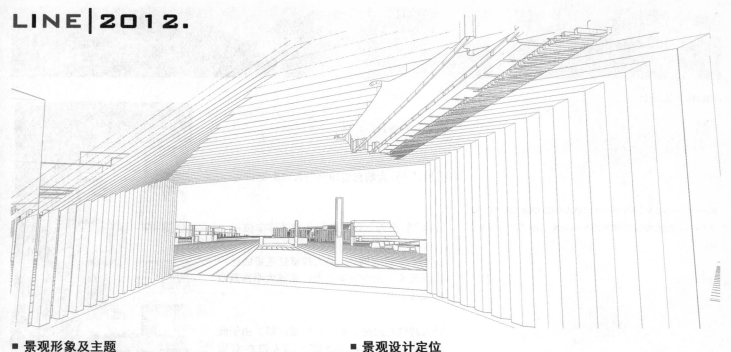

■ 景观形象及主题

——利用夕阳时西宫墙影子的轮廓线，作为景观主要形象；并用"LINE"作主题，突出其线性空间。

■ 景观设计定位

把西宫墙以及大明宫作为一件展品，那么我们所设计的西宫墙景观带就会是一个展台。如何设计这样一个"展台"，让它更好的突出大明宫；以及如何在"展台"之上，让人们在观赏之中，更好地了解大明宫，是本次设计主要要探讨的。即以感受遗址文化氛围为目标，以宫墙遗址展示、人文旅游休闲功能为主的大明宫遗址文化体验街。

■ 景观设计导引——5 line

延续大明宫东西向轴线，对其轴线界面上的主要形象给予抽象表达。

在靠近西宫墙的20m景观绿化带中，设计了对大明宫历史变迁的一个故事讲述轴线。

西宫墙及大明宫作为一个"展品"，对其关键点做了视线上的引导。

对于西宫墙的标识，给予两种展示方式：一是宫墙内赋予功能；二是3/4宫墙断面展示。

建强路西边40m景观带，做为重点地段的景观边界处理，在与东西向轴线交接处给予节点表达。

■ 种植形式与视线分析

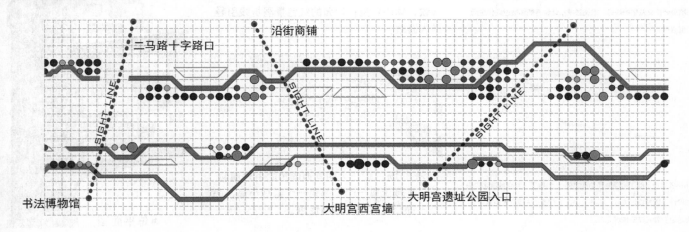

■ 景观小品设计

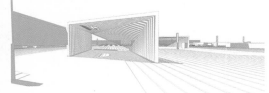

在green line表达中，主要是利用小品讲述大明宫的历史变迁故事；每个小品通过固定形状的镂空屋顶投射到地面的影子和文字来讲述故事发展。

在shaft line表达中，把东西向历史截面图形设计在了路面上，并结合了斑马线。

在side line表达中，除了红色沥青铺地之余，也加入了水元素，做了小型旱喷，并结合了水循环生态系统。并且，置放了玻璃墙小品，上面雕刻着唐朝诗文及壁画等等，增强触感，让游客能够透过现代生活品味大唐盛世。

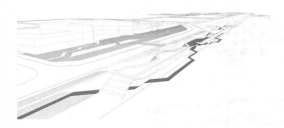

在wall line表达中，除了宫墙赋予功能之外，也做了一种宫墙断面的未完成式的设计，通过设计流线，引导人们走上宫墙，去观看大明宫内外。红色的铺地是引导人流的景观元素。

大明宫右银台门广场；

玉竹广场，大明宫右银台门入口南侧；

停车场，分为三区，共76个室外停车位；

3/4宫墙断面展示，游人根据红色折线这一景观元素，上到宫墙之上，俯览大明宫宣政殿轴线景观；

游人游线在此处，都转入宫墙内部，由于此段之后，宫墙是断面处理，游人可在宫墙内部不同高度上更好地观赏大明宫；

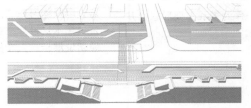

结合斑马线在路面上设计了含元殿立面图案，对大明宫重要东西向轴线进行表达；

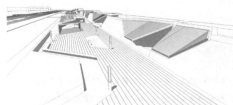

西宫墙，延续了大明宫南宫墙的处理方式，表皮主要反映了夯土的肌理，并且内部植入餐饮、休闲功能；地面的红色景观折线引导游人游线；

书法广场，配合大明宫西南角的书法博物馆，广场上每一个字都是一个景观小品，高低不同，可供游人自由使用。

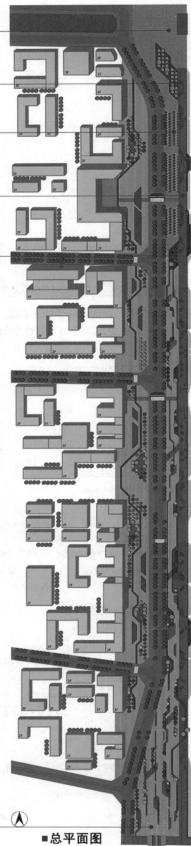

■ 总平面图

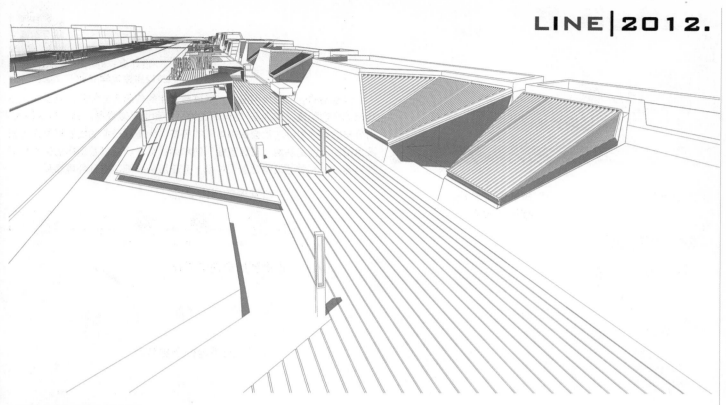

■ 景观小品构造细部

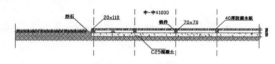

木质铺地与草坪交接构造图

木椅平面详图

木椅与木质铺地交接构造图

木椅与沥青铺地交接构造图

■ 地面地图

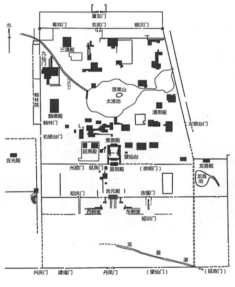

由于大明宫南北轴线较长，人们走在宫外时，并不知晓已走到大明宫内对应的哪个位置；藉此设计了地面地图——当人们在西宫墙景观带，走到对应大明宫重要宫殿的位置时，会有地面地图提示，帮助人们在宫外就能形成完整的大明宫映像。

■ 树种分析

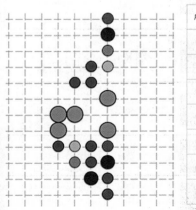

序号	名称	学名	科别	树形	特征
	玉韵竹	P.sulphureacv.houzeauana	禾本科	单生	玉韵竹地径一般为2-10分，高度达12m，竹杆灰色带有绿色条纹，3年以上的玉韵竹的竹杆在阳光的哺育下，光泽绚丽，金光闪闪，给人一种既壮观又柔和的感受。
	白玉兰	Magnolia denudata	木兰科	伞形	破耐寒，怕积水。花大洁白，3~4月开花，适于庭院观赏。
	广玉兰	Magnolia grandiflora	木兰科	卵形	常绿乔木，花大，白色清香，树形优美。
	国槐	Sophora japonica	豆科	伞形	枝叶茂密，树冠宽广，适作庭荫树、行道树。
	女贞	Ligustrum lucidum	木犀科	卵形	花白色，6月开花。适作绿篱或行道树
	悬铃木	Platanus acerifolia	悬铃木科	卵形	喜温暖，抗污染，耐修剪，冠大荫浓，适作行道树和庭荫树。
	垂柳	Salix babylonica	杨柳科	卵形	抗寒性强，较耐盐碱，喜光不耐荫，自古即为重要的庭院观赏树。亦可用作行道树、庭荫树、固岸护堤树及平原造林树种。

重檐叠园

西安建筑科技大学
XI'AN UNIVERSITY OF
ARCHITECTURE & TECHNOLOGY
D组

西安唐大明宫西宫墙周边地区设计
The Surrounding Areas of the Xi'an Tang Daming Palace West Walls Urban Design

指导教师：岳邦瑞　沈葆菊

景观篇——
设计者：邱 田
2012届建筑学专业

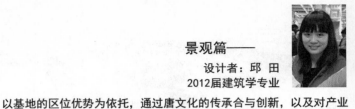

以基地的区位优势为依托，通过唐文化的传承合与创新，以及对产业功能的合理配置，实现基地与周边地区的和谐高效发展。通过对基地人口分布的合理引导和社会保障体系的完善，为基地产业的发展提供人力资源保障的，创造基地"宜居宜业"的和谐社会环境。以基地内历史文化遗迹为基础，完善基地绿化景观体系，完善服务设施，提升环境品质。

区位分析

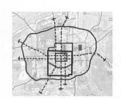

唐长安与其他都城的关系

唐长安

唐长安选址　　唐长安建造　　六坡

唐朝文化与艺术

西安城的历史变迁

城市	秦咸阳宫	汉长安城	唐长安城	明西安城	今西安城
	周秦	西汉	隋唐	明清	现今

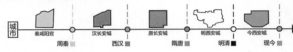

唐朝历史遗迹遗存

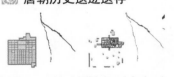

大明宫及基地的历史变迁

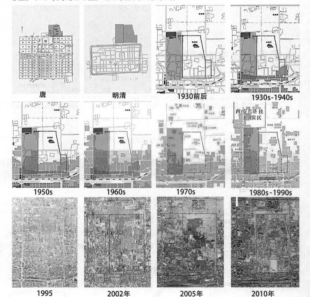

唐　　明清　　1930前后　　1930s-1940s
1950s　　1960s　　1970s　　1980s-1990s
1995　　2002年　　2005年　　2010年

规划思路

城市北扩
街接纽带　北城门户
交通区位　大明宫　交通区位
商业中心　文化基地
周边现状　市场需求

规划定位

a. 大明宫国家遗址公园与城市中轴线（未央路）之间的衔接纽带

b. 展现"新北城"形象的重要门户

c. 北郊的城市次级商业中心

d. 文化主题展示区与城市文化聚集地

景观定位

功能定位　　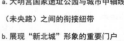
景观主题
形象特征　　
支撑要素　　

景观控制要素

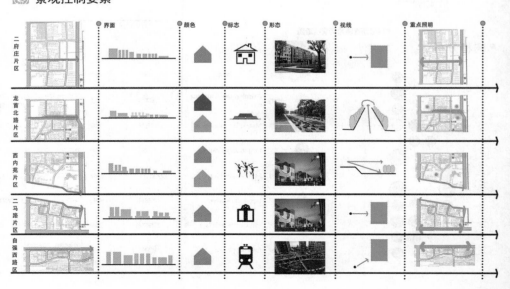

	界面	颜色	标志	形态	视线	重点照明
二府庄片区						
龙首北路片区						
西内苑片区						
二马路片区						
自强西路片区						

264

基地规划

片区划分

功能划分

连接轴线

重要节点

历史要素

景观规划

景观轴线

景观斑点

小区绿地

常绿乔木　遗址展示　常绿乔木
景观视线

龙首北路地块功能设计

基地外功能　基地内功能
历史旅游　文化　商务　服务业　办公　博物　大组团　居住　常住　休闲

龙首北路地块公共空间设计

原先的城市肌理中
缺乏休闲空间

绿地
居住　游憩

广场　人行道
商业街　下沉广场　街头绿地

街头绿地　商业街　广场

人行道　下沉广场

广场

商业街

居民休闲

文化景观

龙首北路地块路线组织

单一流线

车行流线

人行流线

人群分析

游客　上班族　居民　市民

游览　午休　游戏　娱乐

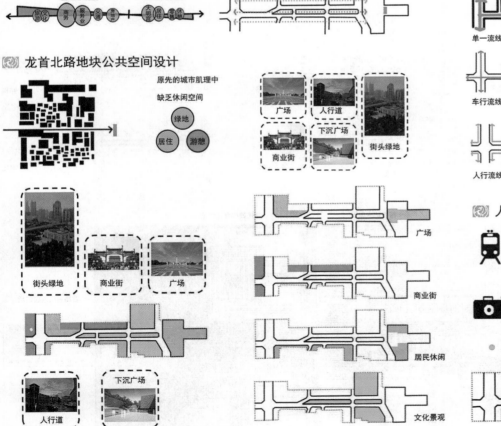

分层定位

功能定位：文化遗址展示；景观休闲游憩；商业服务；商业办公。

形象定位：新未央形象景观街区；新道北门户景观序列；新西安大遗址。
景观廊道。

风格定位：唐文化风貌与现代城市街景结合互补。

人群定位：部分原有居民及新建小区入户；大明宫游客；区级行政办公人员。

规划定位

定位：龙首北路地段是地处大明宫西侧中段汉唐遗址轴线的围绕右银台门为核心的唐翰林文化遗址展示，城市生活景观游憩及右银台门遗址文化展示活动功能为主，兼具商业服务及商务办公功能的城市级主题文化游憩廊道。

形态设计

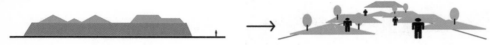

古人对皇宫屋顶的印象被应用于景观形态的塑造。

元素提取

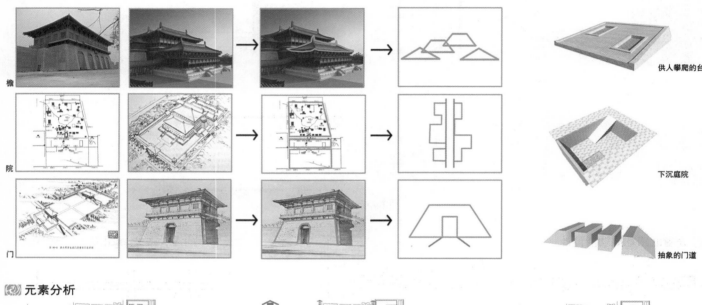

元素分析

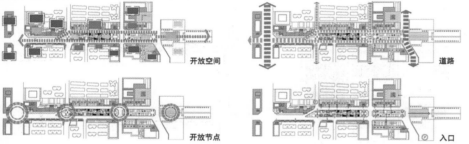

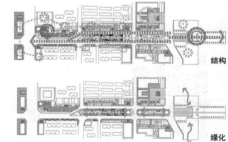

总平面图

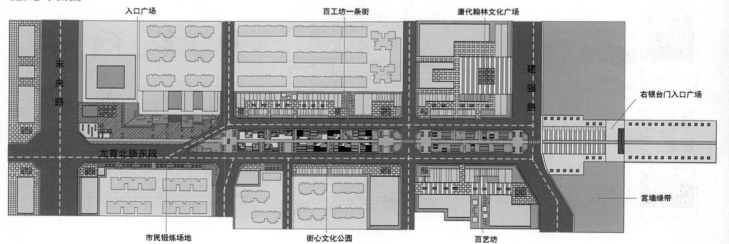

设计愿景

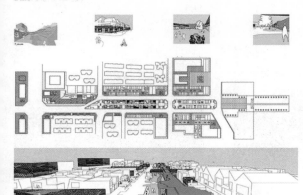

立面设计

不同标高上的景观要素

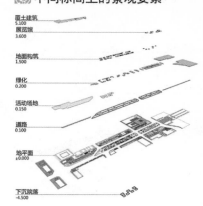

街心公园东西剖面A

街心公园东西剖面B

街心公园东西剖面C

元素提取

灯具的设置

广场及座椅

屋顶及缓坡

绿地

道路

下沉庭院

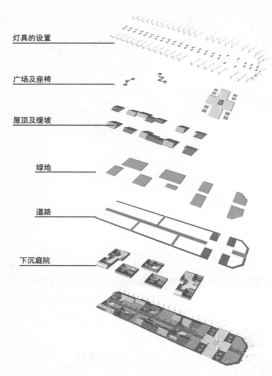

景观分层图

由起伏的屋顶演变出的景观构筑物

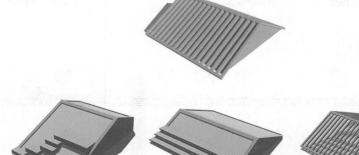

类型一   类型二   类型三

植物的选择

高大乔木起隔音与这音效果

常青树与四季树搭配

中等灌木可以塑形，起观赏效果

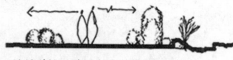

连续种植一种树木给人强调的感觉

不同树种的对比丰富环境

铺地的选择

类型一

类型二

类型三

类型四

类型五

类型六

类型七

类型八

文化信息系统思考

STEP1 基本休闲活动　STEP2 了解历史典故　STEP3 了解唐的历史　STEP4 了解唐的精神　STEP5 精神升华

局部效果展示

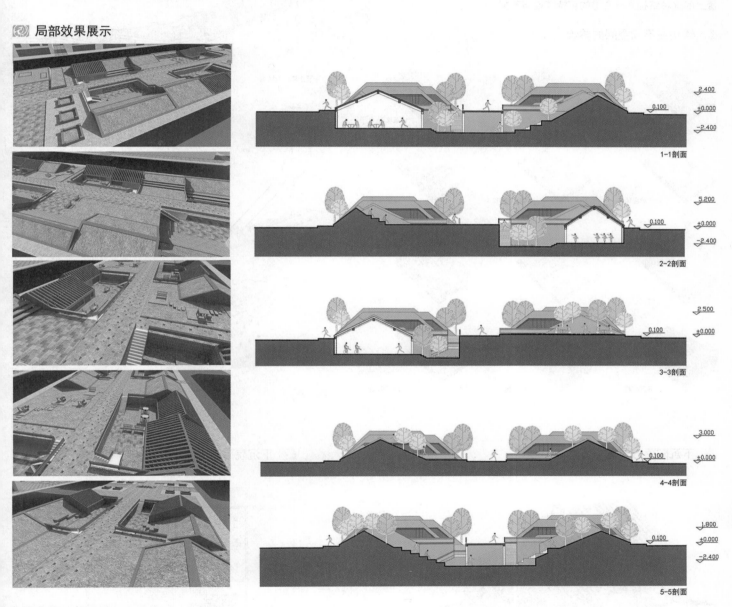

1-1剖面

2-2剖面

3-3剖面

4-4剖面

5-5剖面

节点平面图

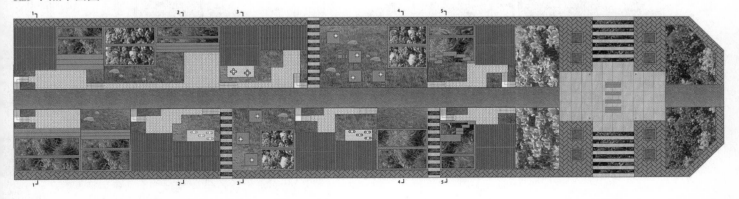

覆土景观

宫外的百姓看大明宫，只能看见露出的屋顶，层层叠叠的屋顶成为皇宫给人的印象。将屋顶这个元素放入景观设计中，使在通往大明宫的道路上就能体会重叠的感觉。由此产生了坡形的覆土景观形式。

绿化与铺地的结合在街心花园中根据功能的不同，形成了各式各样的绿化景观。使得整个街心公园绿化带地形变得丰富。同时，覆土的这种结构充分考虑的可持续性与节能。

绿化在不同空间的体现

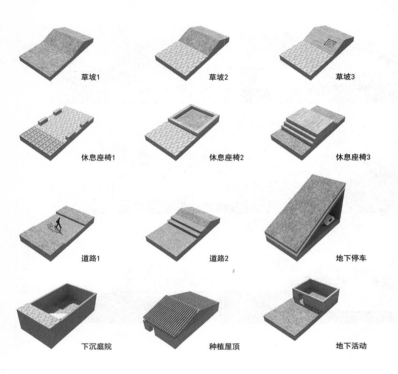

技术说明

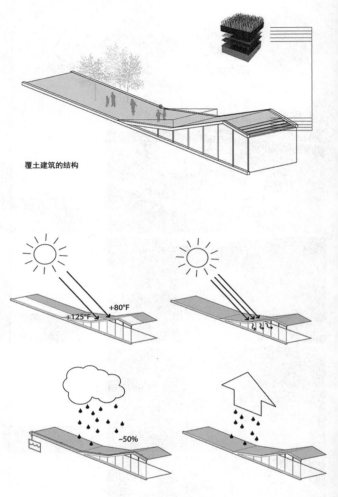

覆土建筑的结构

下沉院落分层图

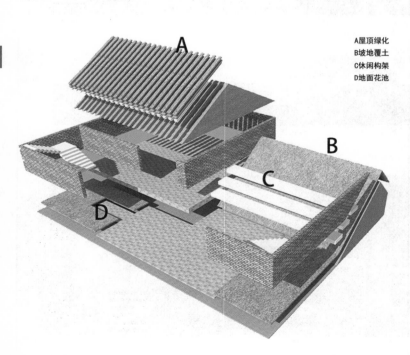

A屋顶绿化
B坡地覆土
C休闲构架
D地面花池

下沉院落平面图

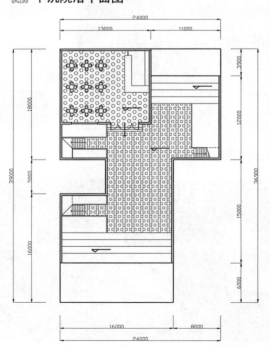

景观细节设计

该景观设计的方向大明宫的重建使当初的唐代风采有机会展现在市人的面前，并且提供给市民一个大型的城市绿化公园。

节点设计为龙首北路街心绿带中的下沉庭院部分。在这处节点中，地形高低起伏最为丰富，有高于地面的绿坡，有下沉庭院。游人在其中穿行，领略不同标高下树木给人的不同感受。

此处节点还包括一处小广场，广场中间有门的象征雕塑，起标示作用，同时也和两边的街道形成呼应。

建筑材料类型
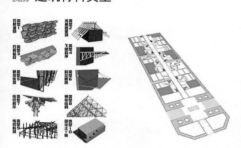

座椅类型
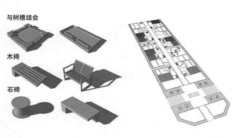

灯具类型
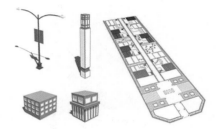

绿地类型
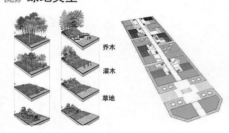

小品类型

服务设施

垣中窥城

西安建筑科技大学
XI'AN UNIVERSITY OF
ARCHITECTURE & TECHNOLOGY
E组

景观篇——

设计者：王 珂
2012届城市规划专业

西安唐大明宫西宫墙周边地区设计
The Surrounding Areas of the Xi'an Tang Daming Palace West Walls Urban Design

指导教师：岳邦瑞 沈葆菊

设计的主题为"垣中窥城"，意在设计中寻找大明宫墙遗址昭示与观城视线需求的结合，根据观城视线的方向，打破墙体视线阻碍转换为透明材质，遮蔽影响观景的要素，虚体作为窥城的介质，实体遮蔽可提供内部的场所，进行视线的引导，以达到步移景异的效果，制造行进过程中景物若隐若现的观景感受，塑造因时变化的窥城场所。

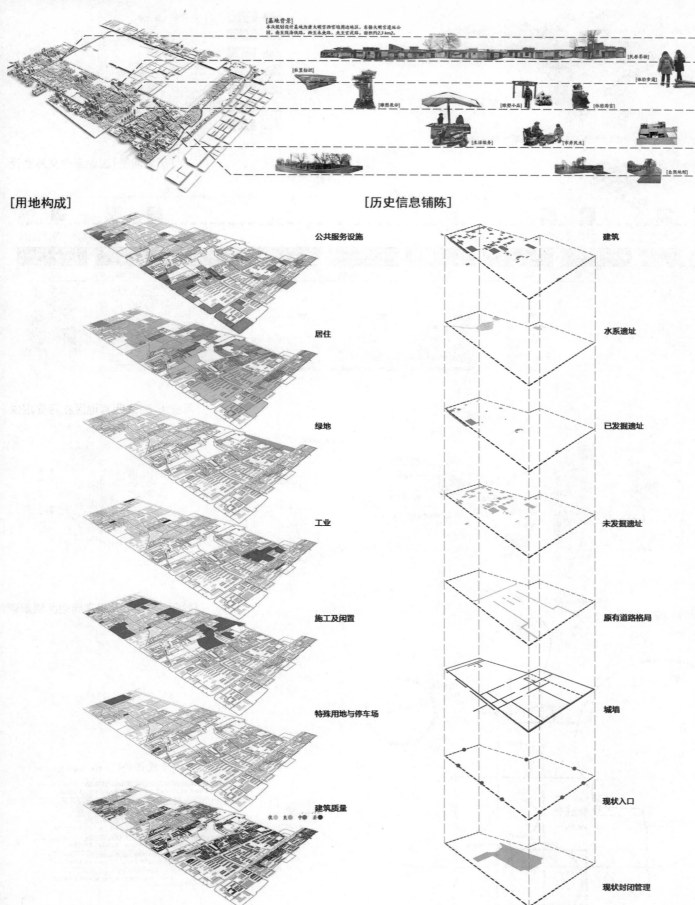

[基地现状分析图]

[基地背景]
本次规划设计基地为唐大明宫西宫墙周边地区。东接大明宫遗址公园，曲至现海铁路，西至未央路，北至玄武路，面积约2.3 km2。

[住宅标识]

[雕塑长卷]

[雕塑小品]

[体验多道]

[休憩海客]

[生活服务]

[市井民生]

[自然地明]

[民居苦丽]

[用地构成]

公共服务设施

居住

绿地

工业

施工及闲置

特殊用地与停车场

建筑质量

[历史信息铺陈]

建筑

水系遗址

已发掘遗址

未发掘遗址

原有道路格局

城墙

现状入口

现状封闭管理

273

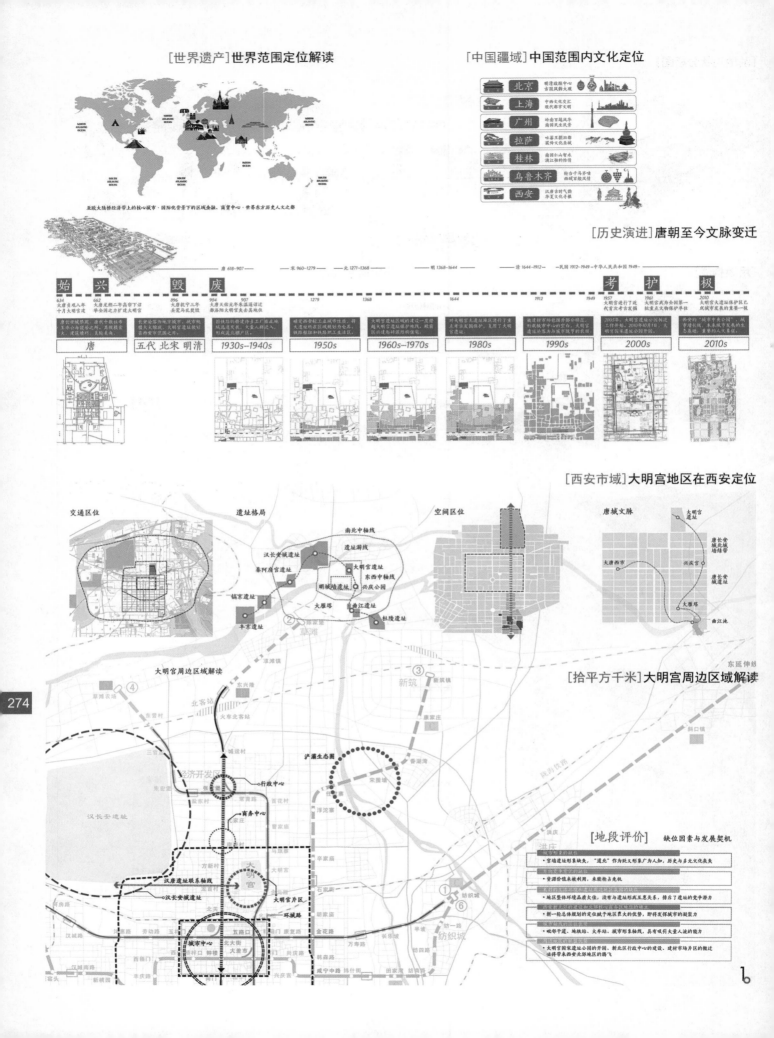

[世界遗产]世界范围定位解读

[中国疆域]中国范围内文化定位

[历史演进]唐朝至今文脉变迁

[西安市域]大明宫地区在西安定位

[拾平方千米]大明宫周边区域解读

[地段评价] 缺位因素与发展契机

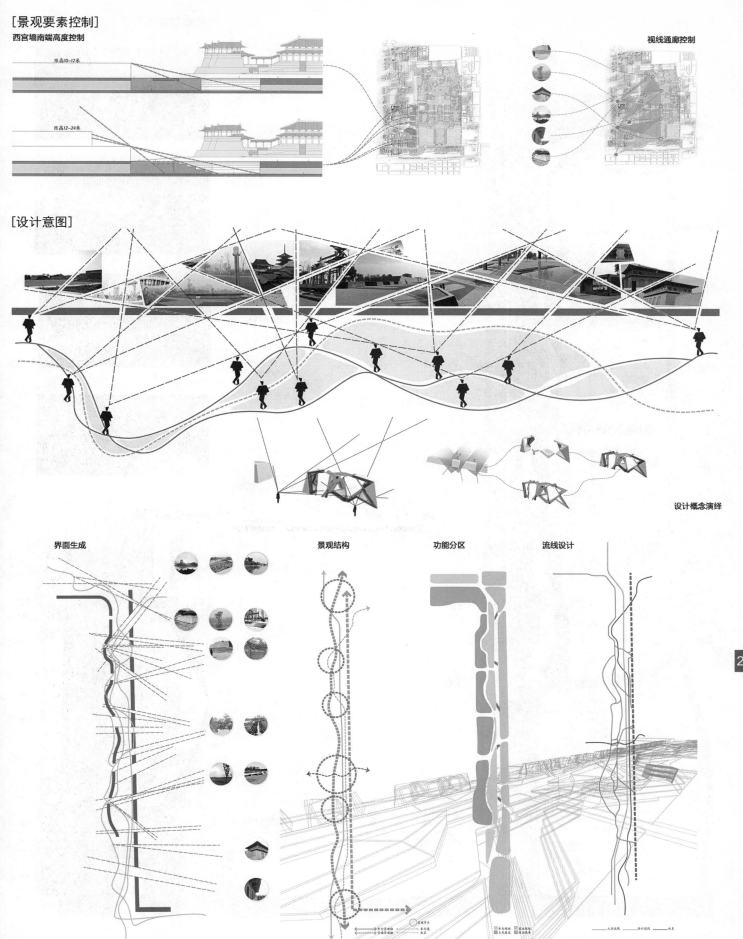

[景观要素控制]

西宫墙南端高度控制

限高10-12米

限高12-24米

视线通廊控制

[设计意图]

设计概念演绎

界面生成

景观结构

功能分区

流线设计

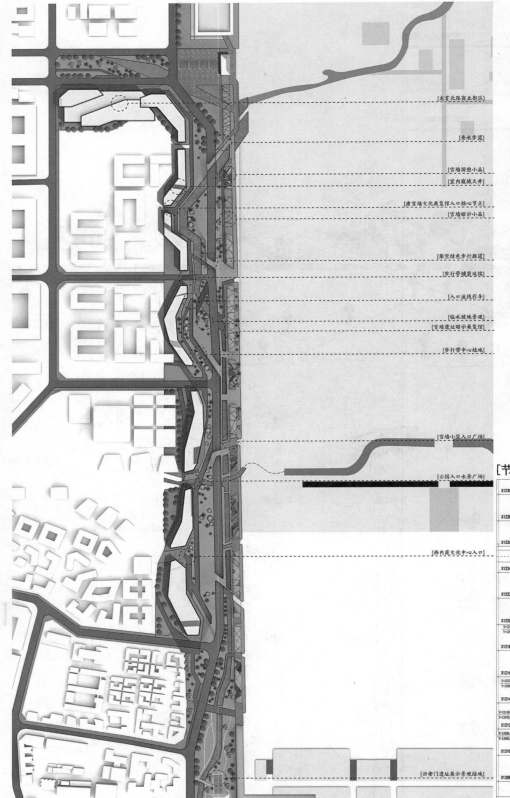

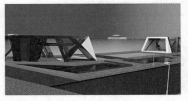

[龙首北路商业街区]

[亲水步道]

[宫墙游憩小品]
[室内庭院天井]

[唐宫墙文化展览馆入口核心节点]
[宫墙昭示小品]

[架空绿色步行廊道]

[步行雪镇莞坯续]

[入口流线引导]

[临水坡地景观]
[宫墙遗址昭示展览馆]

[步行雾中心绿地]

[宫墙小筑入口广场]

[公园入口水景广场]

[西内庭文化中心入口]

[兴安门遗址展示景观绿地]

1:1500

[节点详细设计图]

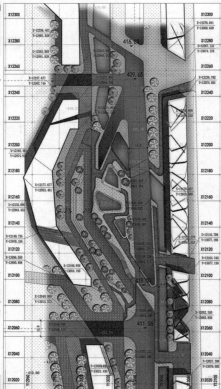

["垣中窥城"设计概念效果]

[设计要素分层]

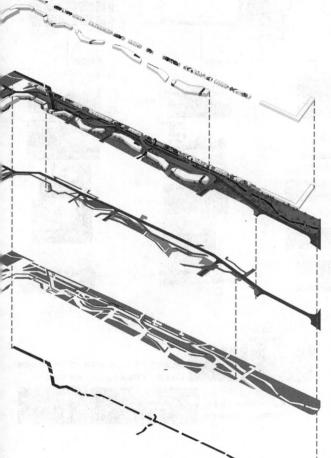

建筑层

宫墙建筑与宫墙沿街面建筑界面建筑采用具有连续感的缓和折面，以分割冗长的线性空间，轻微围合产生场所感，其中融合视线概念设计与功能分区的考量。

景观效果

两种尺度的窥城空间，大范围内对视大明宫遗址公园内大尺度建筑与雕塑，宫墙本身的透光材质设计提供慢速对园内小节点的窥视。

交通引导层

结合景观要素营造慢速步行带，与车行交通流有一定高差绿地作为遮蔽和分隔，入口处以及过街绿色廊道处做入口提示，节点处营造广场景观。

绿地层

利用自然地形坡地与水体，交通流分割，形成富有层次变化丰富的绿地网格，局部高起绿地地下赋予停车场，零售业等功能，联系被机动车道分隔的步行绿带和城墙绿带。

水系层

太液池水，与护城河联通，与步行带相互穿插交叠产生丰富的水景景观。

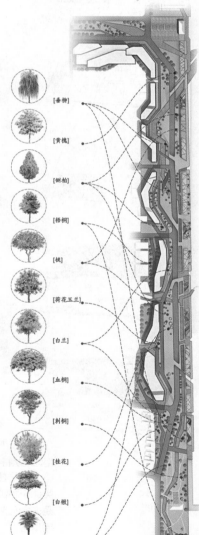

[番柳]
[黄槐]
[侧柏]
[梧桐]
[槐]
[荷花玉兰]
[白兰]
[血桐]
[刺桐]
[桂花]
[白榆]
[棕榈]

[种植设计图]

277

[宫墙典型立面图]

侧影

西安建筑科技大学
XI'AN UNIVERSITY OF
ARCHITECTURE & TECHNOLOGY
F组

西安唐大明宫西宫墙周边地区设计
The Surrounding Areas of the Xi'an Tang Daming Palace West Walls Urban Design

指导教师：岳邦瑞　沈葆菊

景观篇——

设计者：张静怡
2012届建筑学专业

本方案设计概念来源于对遗址的解读：唐大明宫殿前区和宫殿区规模巨大，纵向的空间序列和之间巨大的宫殿一方面象征着皇权的至高无上，另一方面映射出唐代的繁华昌盛。基地位于大明宫西宫墙西侧地带，方案的主题主要是从侧面去观赏游览大明宫殿前区及宫殿区，景观设计的节点主题也与中轴线上的空间序列所呼应，最终以多种方式去欣赏唐大明宫的"侧影"。

1. 基地分析

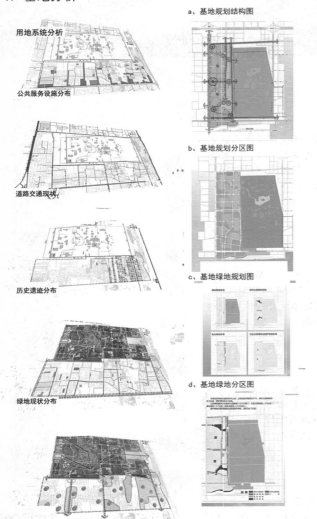

用地系统分析

公共服务设施分布

道路交通现状

历史遗迹分布

绿地现状分布

a、基地规划结构图

b、基地规划分区图

c、基地绿地规划图

d、基地绿地分区图

用地现状特征：

　　a. 居住用地主要有两类，一类是多层和高层居住用地，另一类是未拆迁的村宅和部分企业职工住宅用地；

　　b. 商业用地主要位于未央路一侧，以及零散位于其他街道两侧的小商户；

　　c. 行政办公主要在未央路两侧，整体功能结构比较零散，不成系统；

　　d. 少量遗留的工业用地有的零散交错分布在居住用地中间。

2. 20公顷基地分析

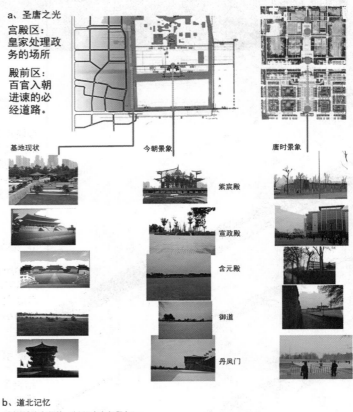

a、圣唐之光

宫殿区：
皇家处理政务的场所

殿前区：
百官入朝进谏的必经道路。

基地现状　　　　今朝景象　　　　唐时景象

紫宸殿

宣政殿

含元殿

御道

丹凤门

b、道北记忆

城市形象如何扭转，生活记忆如何留存？

特色街巷空间展示——保留现状街巷尺度，将建筑翻新或重建，可局部展示曾经道北的居住生活。

生活记忆展示——将代表道北记忆的元素融入景观设计，如使用建筑

3. 西宫墙南段定位

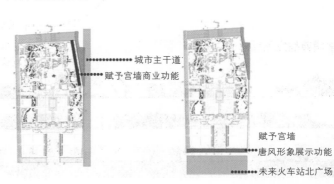

城市主干道

赋予宫墙商业功能

赋予宫墙

唐风形象展示功能

未来火车站北广场

278

西宫墙地带用地现状

1、道路

次干道　支路

2、居住系统

三、四类居住组团

3、公共服务设施系统

分布零散，不成系统

4、绿地系统

绿地景观极少，宫墙的昭示在此处断裂

4. 宫墙展示方式研究

a、明城墙

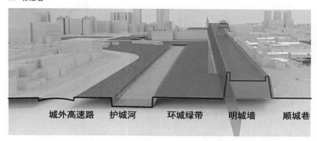

城外高速路　护城河　环城绿带　明城墙　顺城巷

b、唐城墙

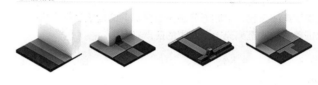

c、唐大明宫宫墙

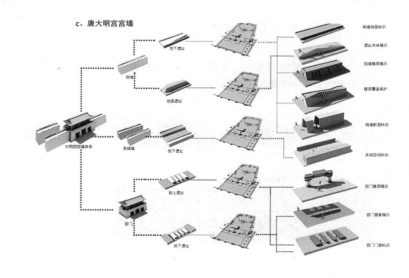

居住区
城市运动广场和北夹城遗址
赋予展示北夹城规模边界功能

西宫墙南段周边地带定位

规划定位：结合文化遗址展示和景观绿化游憩功能，寻找遗址昭示和周边功能需求的平衡点，打造大明宫遗址公园西畔的宫墙展示主题景观带。

功能定位：文化展览，遗址展示，休闲游憩

形象定位：宫墙展示，游憩观光场所

人群定位：大明宫遗址公园游客，周边居民，火车站旅客，前来参观的市民。

概念生成:

1. 守望什么

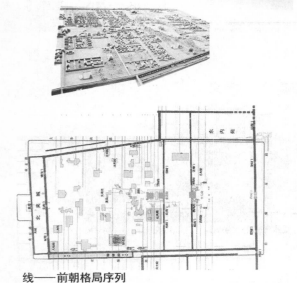

线——前朝格局序列

总管汉唐明三代,前朝部分逐步加强纵向的建筑空间层次
象征着皇权的至高无上,帝国的庄严神圣。

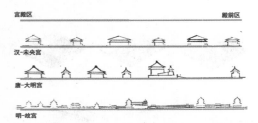

点——三朝大殿

按照周礼制度,大明宫纵向布置三朝,许多唐代帝王就是在这三
座大殿中创造了一个繁华的时代。

2. 守望意义

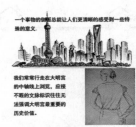

我们常常行走在大明宫
的中轴线上浏览,应接
不暇的文脉标识往往无
法强调大明宫最重要的
历史价值。

游走在西宫墙一带,感受历史的纵断面轮廓线,触摸
曾经辉煌的殿宇散射出的魅力之光。

变迁

继承

景观设计主要分为两部分,一部分沿建强路西侧,它的功能
主要是观赏游憩带,另一部分沿建强路东侧,它的功能主要是宫
墙体验区,设计手法主要采用线与点的形式来阐述概念。线表达
了大明宫整个殿前区的部分,目的是让人们感受到殿前区的宏大
与漫长,点表达了对三座大殿的昭示,从而使人们可以感受到三
座大殿当时的辉煌。

唐大明宫四季图

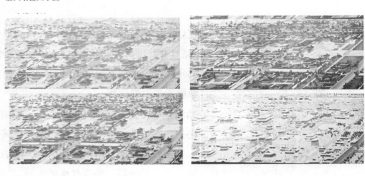

方案四季图

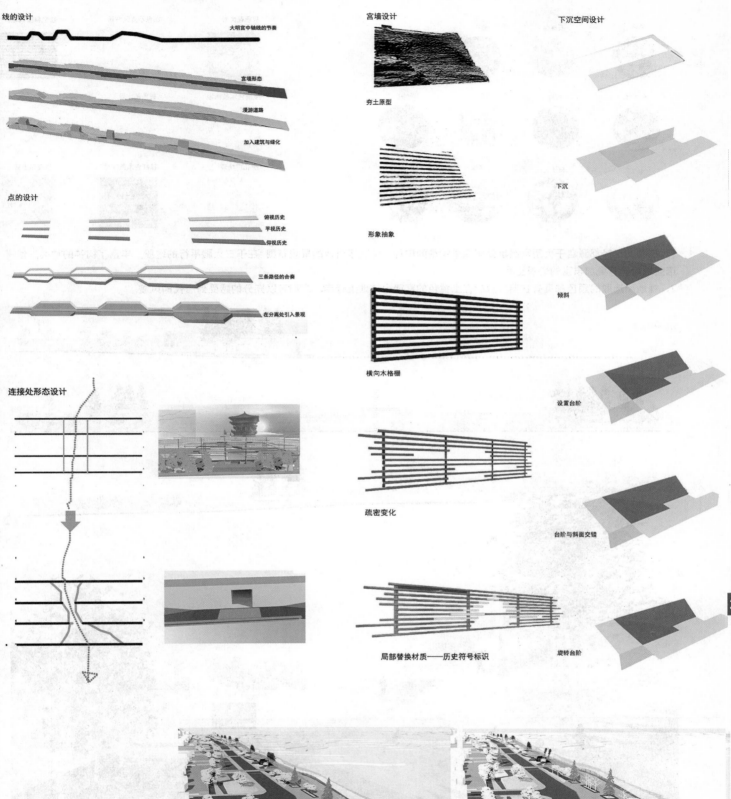

3. 守望方式

线的设计

大明宫中轴线的节奏

宫墙形态

漫游道路

加入建筑与绿化

点的设计

俯视历史
平视历史
仰视历史

三条路径的合奏

在分离处引入景观

连接处形态设计

4. 设计意向

宫墙设计

夯土原型

形象抽象

横向木格栅

疏密变化

局部替换材质——历史符号标识

下沉空间设计

下沉

倾斜

设置台阶

台阶与斜面交错

旋转台阶

281

树种与铺地设计设计：

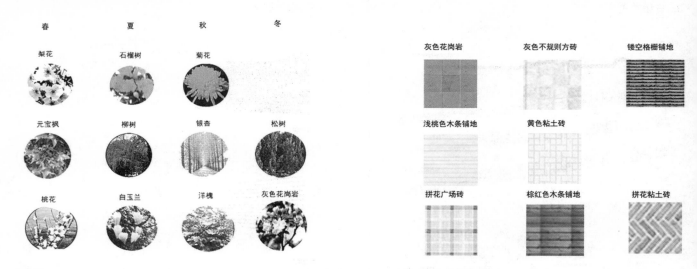

春　　　夏　　　秋　　　冬

梨花　　　石榴树　　　菊花

元宝枫　　　柳树　　　银杏　　　松树

桃花　　　白玉兰　　　洋槐　　　灰色花岗岩

灰色花岗岩　　　灰色不规则方砖　　　镂空格栅铺地

浅桃色木条铺地　　　黄色粘土砖

拼花广场砖　　　棕红色木条铺地　　　拼花粘土砖

1. 树种的选择都源自于大明宫遗址公园四季常用的树种，体现了唐代的景观氛围：在于三大殿平行的地段，丰富了树种的种类，使得这些地段具有更加丰富的景观空间。
2. 铺地所选取的颜色都具有古典气息，在土黄色的宫墙内铺地上行走，人们可以充分的感受到唐代的风貌.

宫墙分段立面

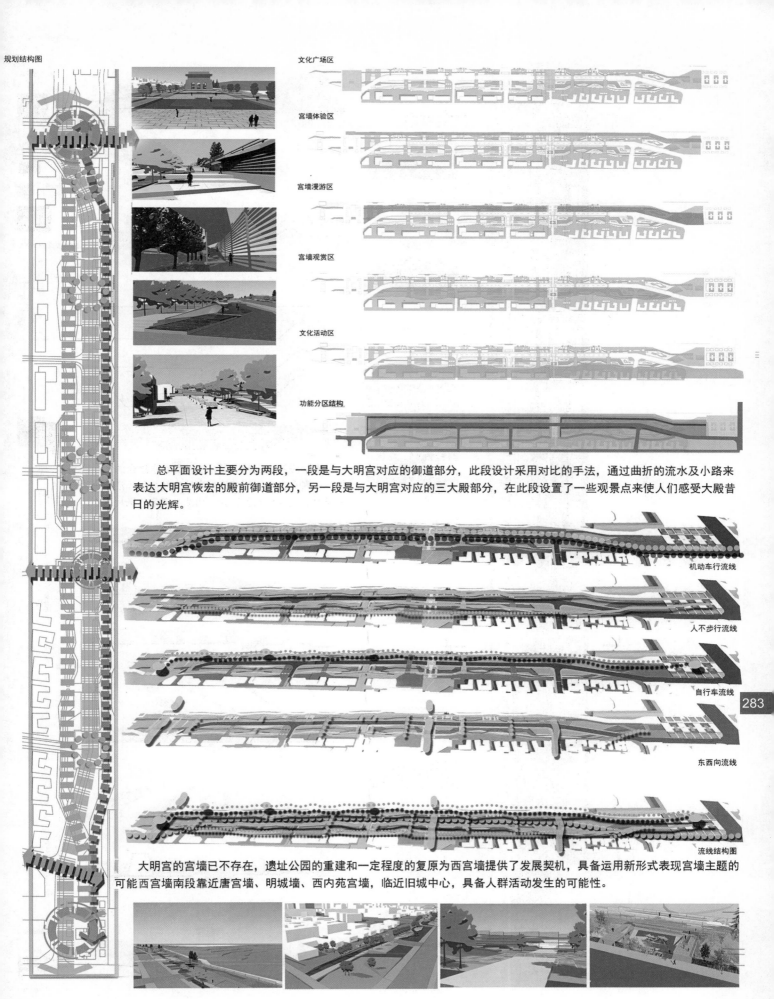

规划结构图

文化广场区

宫墙体验区

宫墙漫游区

宫墙观赏区

文化活动区

功能分区结构

总平面设计主要分为两段，一段是与大明宫对应的御道部分，此段设计采用对比的手法，通过曲折的流水及小路来表达大明宫恢宏的殿前御道部分，另一段是与大明宫对应的三大殿部分，在此段设置了一些观景点来使人们感受大殿昔日的光辉。

机动车行流线

人不步行流线

自行车流线

东西向流线

流线结构图

大明宫的宫墙已不存在，遗址公园的重建和一定程度的复原为西宫墙提供了发展契机，具备运用新形式表现宫墙主题的可能西宫墙南段靠近唐宫墙、明城墙、西内苑宫墙，临近旧城中心，具备人群活动发生的可能性。

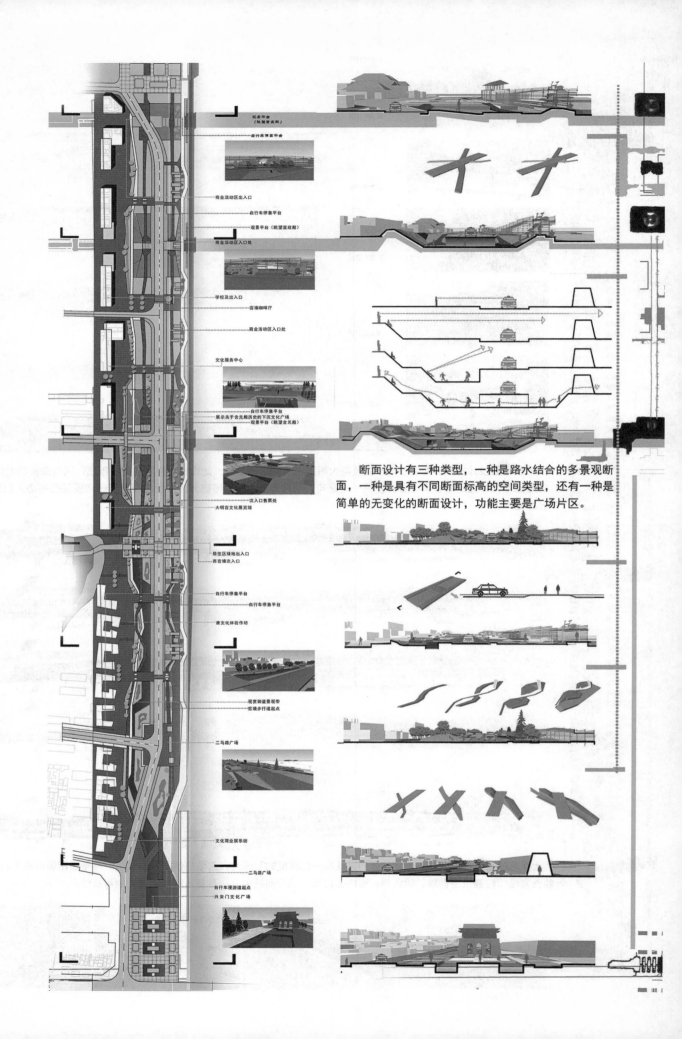

观景平台
（眺望宫殿群）

自行车停靠平台

商业活动区出入口
自行车停靠平台
观景平台（眺望宫殿）

商业活动区入口处

学校及出入口
宫墙咖啡厅

商业活动区入口处

文化服务中心

自行车停靠平台
展示关于含元殿历史的下沉文化广场
观景平台（眺望含元殿）

次入口售票处
大明宫文化展览馆

居住区绿地出入口
西宫墙次入口

自行车停靠平台
自行车停靠平台

唐文化体验作坊

观货御道景观带
宫墙步行道起点

二马路广场

文化商业娱乐街

二马路广场
自行车漫游道起点
兴安门文化广场

断面设计有三种类型，一种是路水结合的多景观断面，一种是具有不同断面标高的空间类型，还有一种是简单的无变化的断面设计，功能主要是广场片区。

宫墙节点设计：

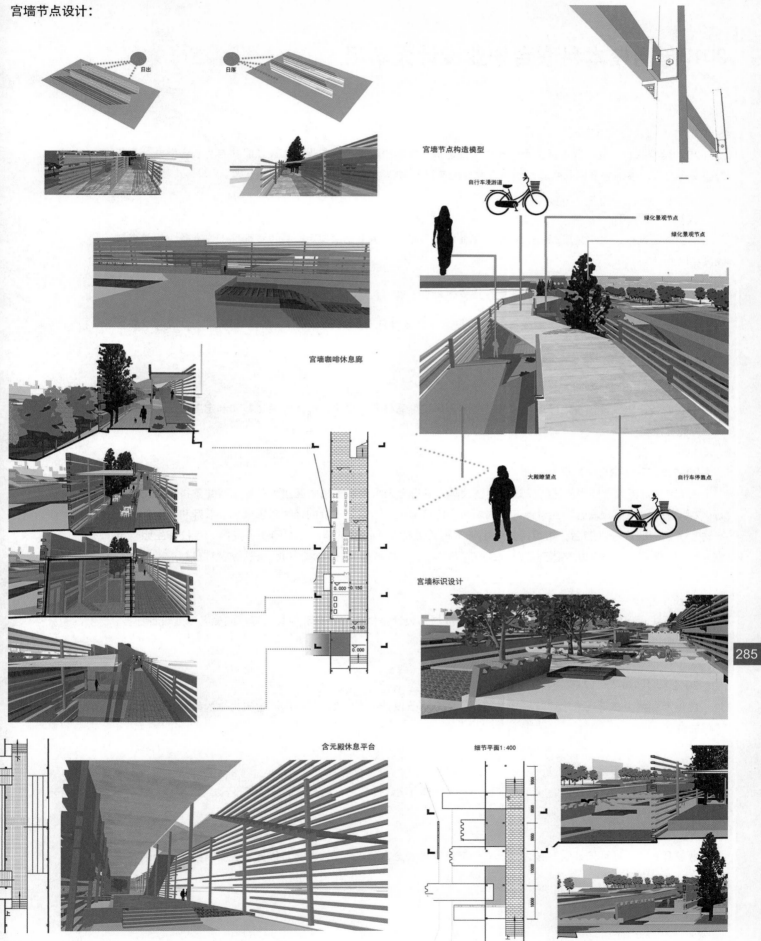

日出

日落

宫墙节点构造模型

自行车漫游道

绿化景观节点

绿化景观节点

宫墙咖啡休息廊

大殿瞭望点

自行车停靠点

宫墙标识设计

含元殿休息平台

细节平面1:400

0.000   -0.150

-0.150

0.000

2012年两校本科联合毕业设计大事记

2011年12月17~18日

2012两校联合毕业设计由重庆大学和大西安建筑科技学的建筑、城市规划和风景园林专业联合举办。教师们团聚在西安，参加丰富的师生联谊活动，并共同商讨2012两校联合毕业设计的课题选题。

2011年12月30日

由西安建筑科技大学完成2012两校联合毕业设计三专业任务书初稿拟定，并负责前期工作准备、相关资料收集和时间计划安排。

2012年2月18日

经两校教师讨论协商，最终完成2012两校联合毕业设计任务书终稿。同时，各校确定参加2012两校联合毕业设计师生名单。

2012年2月20~2月27日

进入联合毕业设计预备阶段，各校分别在各自学校熟悉任务书要求、收集相关资料和制定工作计划，为调研做好充分准备。

2012年2月28~3月5日

2月28日重庆大学师生抵达西安建筑科技大学，进行全天报到。东道主西建大组织接待并安排见面交流活动。2月29日2012两校联合毕业设计开幕式，西安建筑科技大学建筑学院的师生对重庆大学教师和同学们的到来送上了热烈的欢迎。随后，组织两校学生听了相关讲座，并布置了调研计划和任务安排。各校师生组合分组，讨论制定调研提纲，从整体到局部，进行现场调研，完成调研报告，以PPT形式进行成果汇报。

2012年3月6~4月15日

两校师生返回各自学校，自行安排讲课。完成城市设计整体结构研究等相关内容。明确各专业设计任务，分专业方案构思与建筑单体设计。

2012年4月16~4月17日

两校师生集中在重庆大学建筑城规学院进行联合毕业设计中期PPT汇报评图。重庆大学的教师给同学们做了相关讲座。

2012年4月18~6月10日

两校师生返回各自学校，完成深入设计，修改完善方案设计，按专业要求完成全部设计成果。

2012年6月11~6月12日

两校师生集中在西安建筑科技大学，进行最终成果展览，和PPT汇报评图。根据专业要求完成设计最终成果并完成出书电子排版。

后 记

　　本书是对2012重庆大学与西安建筑科技大学两校本科联合毕业设计的一次过程记录和成果展示。意在和广大的建筑、城乡规划和风景园林专业的高校师生们分享此次联合毕业设计的点滴历程及经验教训，并希望将最终的设计成果与大家分享。

　　本次两校本科联合毕业设计的主题是：对话与发展，关注点是：城市遗产地区建筑与环境创造。此次联合设计的设计题目是：守望大明宫——西安唐大明宫西宫墙周边地区设计。选择的基地在古都西安的大唐明宫的周边地区，作为城市中的遗产地区，一方面因受到重视而备受关注，往往被政府寄予厚望，另一方面却因面临的矛盾重重而步履维艰，可谓机遇与挑战并存。希望通过联合毕业设计让同学们更加深入的认识文化遗产保护问题，同时对城市中的遗产地区的保护提出自己的策略和方案。在选题之初，重庆大学和西安建筑科技大学的两校老师就针对主题做了许多准备工作，包括基础资料的收集、基地勘察、前期设想和任务书的拟定，为2012两校联合设计工作的顺利展开建立了良好的基础。重庆大学和西安建筑科技大学三个专业的师生们先后两次聚集西安，认真的进行了实地考察，并开展了积极的交流、汇报、讲座等活动，并且共同汇聚在重庆完成了中期答辩，最终在西安建筑科技大学进行了终期答辩，完成了设计成果汇报。是他们的辛勤付出、刻苦努力和执着认真形成了本书的宝贵内容，也为以后的建筑学、城乡规划和风景园林专业的莘莘学子提供了更多的借鉴资料。

　　本书得以顺利的完成并出版，首先要感谢西安建筑科技大学建筑学、城乡规划及风景园林三专业老师为两院校提供了较完备的基础资料，为联合设计的后续发展提供了顺利的条件。其次，要感谢重庆大学的领导和老师们对本次联合毕业设计的积极参与和大力支持。最后，要感谢重庆大学和西安建筑科技大学参与2012两校本科联合毕业设计的师生为本书提供的完善素材和资料。

　　本书排版是由重庆大学邓蜀阳教授及其带领的研究生邱然、刘意、李佳丽、李旭旭、黄斯思、杨崴、赵志祥等同学在各校出版的基础上最终完成的。

编 者